Rupert Riedl · Kultur – Spätzündung der Evolution?

Rupert Riedl

Kultur – Spätzündung der Evolution?

Antworten auf Fragen an die Evolutions- und Erkenntnistheorie

Piper
München Zürich

ISBN 3-492-03114-5

Gesetzt aus der Garamond-Antiqua
Gesamtherstellung: Ueberreuter, Korneuburg
Printed in Austria

Dem Andenken
Roman Sexls
gewidmet

Inhalt

Vorwort

Autoren sind oft wie Kinder. An gefährlichen Passagen nimmt man sie besser an die Hand. So bei der Wahl ihrer Buchtitel. Wie im Brief an das Christkind suchen sie eine äußerlich bescheidene Form, um dann im Inhalt den Mund nicht wenig voll zu nehmen.

Diese bescheidene (und noch dazu zweite) Aufsatzsammlung folgt im Duktus der ersten, die »Evolution und Erkenntnis« betitelt wurde. Auch diese Abgedroschenheit schon gegen das bessere Wissen meines Verlegers. Nun, da ich an »Evolution und Kultur« dachte, war's aber genug. Der Verlag überzeugte mich, daß kein Mensch mehr nach solch einem Titel greift; und gewiß ist das richtig. Ich täte das wahrscheinlich auch nicht.

So entstand, was bei uns im Laborjargon bereits »Die Spätzündung« heißt. Und das mag angehen, weil dann der Autor selbst zu jenen Spätzündern unserer Kultur zählen kann, welchen die Dinge reichlich spät eingefallen sind. Ähnlich dem ›Esprit escaliaire‹ (nicht der Treppenwitz), dem Umstand, daß einem das Beste meist erst nachher auf der Treppe einfällt. Nun haben wir's also umgedreht, und im Inhalt verhalten wir uns bescheiden. Immerhin ein gutes Zeichen.

Ich danke die Anregung zu diesem Buch KLAUS PIPER, die Herausforderung zu den folgenden Themen vielen Persönlichkeiten unserer Zeit aus Wissenschaft, Kunst und den Medien, das Verständnis für meine vielen Vortragsreisen meiner geduldigen Familie, die Betreuung der Texte BRIGITTE MADLO, das Lesen der Korrekturen ELFRIEDE BONET und nochmals meinen Verlegern den Mut zu ungewissen Unternehmungen, wie diese eben unsere Kultur bewegen.

Wien, im September 1986 — Rupert Riedl

Einführung

Das ›NIG‹ heißt in Wien ›Das Neue Instituts-Gebäude‹ der Universität Wien, wiewohl frühzeitig gealtert. Und so bescheiden die Beziehung dieser Stadt (oder nur ihrer Stadtväter?) zu ihrer Universität ist, ›Das NIG‹ wurde ein Treffpunkt von vielerlei Art; großer und kleiner Geister, großer und noch größerer Plakate- und Sprücheschreiber, sogar kleiner und größerer Treffen vieler Wiener Bürger (und weniger Agitatoren).

Ebendort hatte 1981 unser Freund, der Physiker ROMAN SEXL die ›Populären Universitäts-Vorträge‹ zu leiten; ein über die Jahre in akademischer Bescheidenheit blühender Versuch, die Stadt mit ihrer Universität bekannt zu machen. Das ›OESER-RIEDL-SEXL-Seminar‹ (›Theorie der Naturwissenschaften‹), hatte uns drei schon seit 1976 als Freunde aneinandergefügt.

Als ein ungewöhnlicher Geist und mit einem ebenso ungewöhnlichen Talent, Kernfragen der Theoretischen Physik selbst Anatomen und Verhaltensforschern klarzumachen, war uns Professor SEXL unentbehrlich geworden. Was uns umso klarer wurde, da ihn 1986 eine unheilbare Krankheit hinwegraffte. Vieles aus dem Folgenden danke ich ihm, und so ist auch vieles in seinem Andenken geschrieben.

Damals aber, 1981, war ROMAN (ULLI unter Freunden) noch ganz unter uns und hatte die Idee, mit KONRAD LORENZ, mir und dem Wissenschaftstheoretiker ERHARD OESER in einem Zyklus von drei Vorträgen ›die Evolutionäre Erkenntnistheorie‹ vorzustellen. So recht nach dem Maß von uns (alten) ›Altenbergern‹.

An einem eisigen Januarabend kamen wir zum ›NIG‹; dank unseres Lampenfiebers (für welches KONRAD nicht minder berühmt ist) viel zu früh. Aber schon fanden wir die Vorhalle voll von Menschen, und Tatarennachrichten drängten uns entgegen, der Hörsaal I sei nicht mehr betretbar; er sei längst ›gerappelt‹ voll (niederd.: in verrückter Weise überfüllt). Pedelle schwärmten aus, um die Lautsprecherübertragung in die Hörsäle II und III zu sichern und drängten uns über einen Notausgang noch bis zum Podium. Es war sichtbar: die Sache interessiert.

Wir mußten vor der Zeit beginnen; das Thema floß. Witzig und gescheit leitete ULLI die Diskussion. Diese war lebhaft und von Sympathie getragen. Nach meinem Vortrag erhob sich ein Herr mit der Frage: »Sagen Sie, Herr Professor, warum schreiben Sie nicht so, wie Sie reden; dann könnte man Sie auch verstehn.« Ja, warum schreibe ich anders? Und ich antwortete, daß es einem wohl oft unterläuft, nicht für den wohlmeinenden Leser, als vielmehr gegen den kritischen Kollegen zu schreiben. Und da führt die Bemühung um Präzision (und Unwiderlegbarkeit) leicht hinter die Brustwehr des fachlichen Rotwelsch. Es war sichtbar: Vorträge haben spezielle Funktionen. Warum also versammelt man nicht auch Vorträge zu Büchern.

Gegen Ende der Diskussion wurde diese lebhaft. Flugblätter (in München gedruckt) tauchten auf, und die (wie üblich wenigen) Agitatoren versuchten geschickt und, wie man das eben macht, strategisch von den Saaltüren aus, das Auditorium gegen uns aufzubringen. Aber noch bevor es turbulent wurde, meisterte dies ULLI souverän und erntete Gelächter und Applaus. Es war unverkennbar: Unser Thema liegt am sogenannten Pulsschlag der Zeit.

Und tatsächlich hat es in den fünf Jahren dieser Rückschau weiterpulsiert. Die Agitatoren hatten sich verlaufen; und auch mir wurden Seminare, Aufsätze und Vorträge in solcher Zahl abverlangt, daß zu bremsen war, um nicht nur noch auf Reisen zu sein. So ergab sich die Lehre vorzusorgen, daß meine aus solchen Anlässen verstreut herausgegebenen Beiträge auch gesammelt erschienen. KLAUS PIPER machte mir Mut, und der erste Band »Evolution und Erkenntnis; Antworten auf Fragen aus unserer Zeit« erschien 1982.

Damals, vor fünf Jahren, waren über tausend Hörer gekommen, und freilich war KONRAD LORENZ der Magnet. Aber bald zeigte sich's; die Sache selbst war Magnet geworden. Denn im Frühjahr 1986 erlebten wir dasselbe. LORENZ verbot bereits die Plage mit seinen Gelenken zu kommen. Doch unser Symposium ›Die Evolutionäre Erkenntnistheorie‹ zog wieder über tausend Menschen an.

Nun waren wir nicht mehr im NIG, sondern im noch neueren ›Biozentrum‹ der Universität Wien; auch schon drei Jahre Treffpunkt: von den Au-Schützern (der Hainburg-Auseinandersetzung) über die des ›Forums österreichischer Wissenschaftler für den Umweltschutz‹ bis zu den vielen fachlichen Veranstaltungen. Aber nicht nur der Ort war ein anderer geworden, auch die Zeit hatte sich gewandelt. Die Sprücheklopfer hatten sich auch verlaufen, die Sprücheschreiber waren uns ferngeblieben, und das große Institutsgebäude blieb blendendweiß, wie ›Baiser mit Schlag‹ (sprich ›Bäsee‹; Wiener Zuckerguß mit Sahne).

Denn es hatte sich auch die Hörerschaft gewandelt. Biologen füllen nun die Szene. Zwar hatten auch wir bei dem Andrang im Frühling vom Hörsaal I in drei weitere Säle zu übertragen. Nun aber bewerkstelligten dies unsere Doktoranden gekonnt mit Bild und Ton über die Monitore unserer Kurssäle. Und jene, die dort Platz finden mußten, fanden sich nun auf Laborstühlen an unseren Arbeitstischen. So sachlich war nun auch die Diskussion.

Ich erzähle dies zur Einleitung, weil das Thema dieser zweiten Aufsatzsammlung, zu welcher mich wieder Klaus Piper eingeladen hat, dasselbe ist wie in der ersten. Aber es stammt aus einer bereits anderen Zeit. Nämlich aus jenen fünf Jahren, die zwischen den beiden Veranstaltungen liegen. Einiges mögen wir dazugelernt haben, manches Argument mag sich wiederholen, manches Problem gleichgeblieben und manche Lösung gewandelt sein.

Den Wandel der Zeit aber mag man im Vergleich mitempfinden. Darum lasse ich auch alle hier versammelten Beiträge unverändert, wie sie jeweils frei gesprochen oder gelesen wurden. Redundanz ist da freilich unvermeidlich; und soll auch gar nicht vermieden werden. Denn mancher Intimus unter meinen Freunden und Schülern sagte mir, daß es in meinen Schriften noch besser ist, ein Thema auf zwanzig Plauder-Seiten zu finden, als sich durch zweihundert durcharbeiten zu müssen.

Jene Persönlichkeit, die damals, 1981, im ›NIG‹ die Frage stellte, habe ich nie kennengelernt. Sie mag auch für viele meiner Leser stehen. Hab' ich's nun besser gemacht? Seit wir uns (in unsymmetrischer Anonymität) sprachen, sind vier Bände erschienen. Damals kannten Sie »Die Strategie der Genesis«, die »Biologie der Erkenntnis · Die stammesgeschichtlichen Grundlagen der Vernunft« oder beide.

Seither habe ich zwei größere Anschlußthemen behandelt: in »Die Spaltung des Weltbildes« und in »Begriff und Welt« jeweils »die stammesgeschichtlichen Grundlagen des Erklärens und Verstehens« sowie ». . . des Erkennens und Begreifens«. Diese Texte sind nicht unbedingt leicht zu lesen. Sie sind, der ungewohnten Themen wegen, wohl Studierbücher geblieben.

Aber die beiden Aufsatzsammlungen sind nahezu Lesebücher geworden. Und wenn ich aus den Auflagen auf Ihr Urteil zurückschließen dürfte, so scheint es, daß Sie die erste Sammlung mochten. So würde ich mich freuen, wenn Sie auch diese anregend fänden.

Teil 1 Evolution und Geschichte

»Verzeiht! es ist ein groß Ergetzen – sich in den Geist der Zeiten zu versetzen.« Gewiß: ein GOETHE-Vers. Und ist es nicht so lehrreich wie notwendig, seine Zeit aus ihrer Geschichte zu verstehen?

Doch erinnert man sich, daß GOETHE im »Faust« dies dem Famulus Wagner in den Mund legte, ›dem trocknen Schleicher‹ der ›immerfort an schalem Zeuge klebt‹. Eine Warnung also. Aber um Geschichte ist nicht herumzukommen. Nichts kommt von ungefähr.

Will man die Diskussion um die Evolutionstheorie von heute richtig sehen, so ist ein Blick in ihre Geschichte sehr zu empfehlen. Freilich können nur Ausschnitte vorgelegt werden. In den ersten Beiträgen (1 bis 3) gehe ich auf das Werden und den Wandel der Selektionstheorie und des Darwinismus ein. – Und nicht minder hat die ›Evolutionäre Erkenntnistheorie‹ ihren wissenschaftsgeschichtlichen und methodischen Hintergrund. Die letzten Beiträge (4 und 5) sind in diesen Rahmen gefügt.

Diese fünf Aufsätze mag man als einen Blick in das geistesgeschichtliche Vorspiel unserer Themen begreifen (oder sie überschlagen). Freilich sind sie aus meiner heutigen, persönlichen Sicht dieser beiden Theorien geschrieben. GOETHES Warnung sei also beherzigt.

I 1 Tage des Alfred Russel Wallace

So manches verliert sich im trüben Licht der Geschichte. Ein Gemeinplatz, der Leben gewinnt, wenn man das Trübende wenigstens dessen wahrnimmt, was man den Zeitgeist nennt. Dieser hat den Helden WALLACE hinter den Strahlen des Helden DARWIN ins Dunkel gedrängt.

Als mich OTTO SCHULMEISTER um einen Beitrag für seine Zeitung zum Darwin-Jahr bat, sollte damit der Vorkämpfer geehrt werden, der durch seine Entdeckung die Veröffentlichung von DARWINS berühmtestem Werk erzwang. Der Denker DARWIN, der vielleicht in jenem trüben Licht verschwunden wäre, wurde durch ihn zum Autor DARWIN, der heute noch glänzt. Ich greife dazu auf einen Schiffbruch WALLACES zurück, weil dieser geradezu herausfordert, über Verluste zu reflektieren; und so recht über das Verhältnis von Gewinnen und Verlusten in diesem Zusammenhang unserer Geistesgeschichte. Dies leitet unser Thema ein.

Der kleine Aufsatz erschien in »Die Presse« (Wien) im Februar 1982. Er soll anregen, wenigstens über WALLACE nachzulesen und den seltsamen Zusammenhang mit DARWIN; am besten in ARNOLD BRACKMANNS lebendiger Darstellung (von der leider bislang keine Übersetzung ins Deutsche vorliegt).

Etwa um 9 Uhr morgens klopfte Kapitän TURNER höflich an die Kabinentür seines einzigen Passagiers und sagte: »Ich bedaure; das Schiff brennt.« Das war am 6. August 1852, 30° 30' Nord, 52° West – für eine Landratte so gut wie mitten im Atlantik. Der einzige Passagier auf der »Helene« war ALFRED RUSSEL WALLACE. Die »Helene«, ein kleiner Zweimaster, war vom Amazonas unterwegs nach England. Sie hatte Gummi und Balsamfäßchen geladen, und zwar nicht – wie üblich – in nassem Sand gepackt. Dieser war in Pará nicht zur Hand gewesen. Die Chance, das Feuer einzudämmen, war daher gering.

ALFRED WALLACE war ein armer Teufel. Als Käfersammler kannte man ihn; er hatte nicht nur vier mörderische Reisejahre im Urwald (gerade noch) überlebt, sondern er hatte die bisher größte und wertvollste Sammlung tropischer Insekten und Vögel an Bord. Den Ursprung der Arten zu entdecken, war er aufgebrochen. Und er ahnte bereits, daß sich wohl alle Arten auseinander entwickelt haben mußten. Dieser Gedanke war ihm revolutionär erschienen. Denn erst sieben Jahre später sollte CHARLES DARWINS »Ursprung der Arten« veröffentlicht werden. Was aber mochte die Ursache des Artenwandels sein? Das quälte den Malariakranken noch in seiner engen Kabine. War solch dürftiges Ergebnis alle die Entbehrungen wert gewesen?

Als WALLACE an Deck kam, sah er Rauch um das Focksegel. Noch würde er vieles retten können, und wenn auch manches verlorenginge, schon die gewonnene Ahnung vom Artenwandel konnte das Erduldete rechtfertigen. Denn was zu retten sein wird, werde die Theorie beweisen.

Was WALLACE nicht wissen konnte, war, daß CHARLES DARWIN zur Stunde auf seinem Landsitz in Down zwar noch an einer Monographie der Rankenfußkrebse arbeitete, auf seinen Spazierwegen aber über den Wandel der Arten nachdachte. Da WALLACE als Landvermessergehilfe sich bislang nur mit Büchern über Systematik befaßt hatte, wußte er nicht, daß DARWINS Großvater ERASMUS schon Lehrgedichte über jenen Wandel veröffentlicht hatte. Er wußte auch nichts von LAMARCK, der schon um 1800 in Paris Vorlesungen über Evolution gehalten hatte. Damals schon fast blind, von einer Tochter zum Katheder geführt, war er von Baron CUVIER lächerlich gemacht worden, und die Lehre wurde unterdrückt. Und noch weniger wußte WALLACE, daß dies schon bei LUKREZ zu lesen gewesen wäre, das Evolutionskonzept in Hexametern des ersten nachchristlichen Jahrhunderts.

Wallace bewegte vielmehr die Frage, was von den Zwecken, den Zielen, die er erreichen wollte, noch zu retten wäre. Er mußte unter Deck zu seinen Sammlungen. Kapitän Turner ließ die Vordeckluke öffnen – Rauch schlug ihnen entgegen. Zu den Sammlungen war von da aus nicht mehr zu gelangen. Was also nun? Sie enthielten Wallaces verbliebenes Vermögen. Was würde ihm bevorstehen, gelänge die Rettung des Wesentlichsten nicht?

Er konnte nicht wissen, daß es gerade diese Situation war, die ihn schon in fünf Jahren in den Malaiischen Archipel bringen sollte, daß er in Sarawak die Entdeckung vollenden, einen Brief an Darwin senden würde, der wie ein Donnerschlag die Stille des Hauses in Down treffen sollte, und daß diese Studie in unserer Geistesgeschichte wieder ein neues Kapitel eröffnen werde. Denn einflußreiche Gelehrte in London, wie Thomas Huxley und Lyell, würden nun Darwin, der ihrer vermögenden Gesellschaft viel näherstand, zwingen, zu veröffentlichen und damit seine Priorität zu retten. Andererseits war es wieder gut, daß Wallace dies alles nicht voraussehen konnte, denn damit wußte er auch nicht, was ihm in Englands Gesellschaft noch widerfahren sollte.

Jetzt ging es vielmehr darum, von seinem Lebenszweck zu retten, was zu retten war. Turner öffnete nun selbst die Achterdeckluke. Das war ein Fehler. Das Schiff machte noch Fahrt, Wind fachte durch den Rumpf, und sogleich brodelten die Balsamfässer wie Kochkessel. Die Aussicht, löschen zu können, war vertan. Nun durfte man nicht länger zögern. Die Langboote wurden zu Wasser gebracht, Zwieback und Trinkwasser hineingeschafft. Wallace eilte zu seiner Kabine – weiter kam er nicht mehr. Ein Vermögen von Tausenden genadelten Raritäten brutzelte bereits in den Kisten. Was er noch retten konnte, waren Skizzenbücher über Palmen, Fische und den Verlauf des Rio Negro.

War alles andere verloren, aller Sinn seiner Mühen? Dies muß ihn beschäftigt haben, als er, mit nur dürftiger Dokumentation unter dem Arm, um 12 Uhr mit der gesamten Besatzung in die Boote befohlen wurde. Was in Wahrheit schon verloren und was gerettet war, konnte Wallace nicht wissen. Gerettet war seine noch kaum geborene Theorie, und zwar nicht, weil er bald von Sarawak an Darwin schreiben würde, sondern weil er ein Sohn jenes viktorianischen England war, das die Industrialisierung durchgesetzt hatte, das auch durch jene, die sich durchsetzten, das Proletariat geschaffen hatte und damit neues Unrecht und eine Moral der Erfolgreichen, die nun dringend einer Legitimierung bedurfte. Kurz, die erfolgreiche Gesellschaft wartete bereits auf eine Sanktionierung der Rechte des Stärkeren. Und WALLACE hatte das Naturgesetz vom ›Überleben des Tüchtigeren‹ schon so gut wie in der Tasche. Was er unterm Arm hatte, war kaum ein Teil davon; das konnte er aber nicht wissen.

So wußte er noch viel weniger, was alles schon längst verloren war. Er sah wohl seine Sammlung in Flammen stehen, aber ganz anderes war geschehen. Hätte WALLACE gewußt, daß er mit seinem Bündel unterm Arm Geschichte machen werde, so hätte er doch – wie noch jeder, der Geschichte gemacht hat – nicht wissen können, welche Geschichte er machen würde. War er nicht Vermessungsgehilfe im Boom des Eisenbahnbaues gewesen? Hatte er da nicht bemerkt, was durch den technischen Gewinn schon vertan worden war? Wohl kaum.

In seiner Zeit war man der Ansicht, sich die Erde untertan machen zu müssen und dadurch den Menschen glücklich. Der Mensch sollte durch das Machbare frei werden. In Frankreich waren dafür die Köpfe gerollt. Die Enzyklopädisten hatten die Revolution durch die Idee von der ›Befreiung durch Wissen‹ vorbereitet. Diese Idee der Aufklärung ist freilich alles, was die Herrschaft NAPOLEONS und die nachfolgende Restaurierung Europas überlebt hat. Aber daß wir im Zuge des Uns-die-Erde-untertan-Machens nun Untertanen unserer Industrie werden würden, das zu verstehen ging über WALLACES Möglichkeiten – wie es auch heute noch über die Möglichkeiten vieler unserer Zeitgenossen geht.

Man wurde also in die Boote befohlen und mußte an einem Tau die Schiffswand hinunter. WALLACE, geschwächt und taumelig vom Fieber, faßte nicht fest genug, glitt am Seil aus und landete hart auf den Planken, mit tief aufgeschürften Handflächen. Oben schlugen die Flammen durchs Verdeck. Nun schien alles verloren. Die Boote mußten abstoßen.

Verloren war aber in Wahrheit längst eine Weltsicht, die selbst Vorbedingung jener Enzyklopädisten gewesen war. Sie war jedoch schon in der Rennaissance verlorengegangen. Dieselben MEDICEER, die MICHELANGELO förderten, hatten GALILEI gefördert und damit die viel frühere Revolution des ›Meßbar-Machens‹; ein Weltbild aus Kräften, welches auf die Welt der Zwecke und des Sinns, aus Gründen der Metrik, zu verzichten hatte. Dies wurde dann die Welt der PRIESTLEY und CAVENDISH, die der LAVOISIERS, der Pulverkapitäne – und auch die der DIDEROTS, der Enzyklopädisten. Mit dieser Weltsicht entstand der Positivismus, jene Erkenntnistheorie, die den Szientismus der ›exakten Naturwissenschaften‹ legitimierte. Daran konnte WALLACE – obwohl er Geschichte machte – nicht gedacht haben. Aber denken wir daran?

Was aber war bereits besessen, daß hier von Verlusten die Rede sein kann? Verloren war das Weltbild der Antike, das mit ARISTOTELES, ja schon mit den Vorsokratikern die Welt aus Kräften und Zwekken sowie deren Wechselwirkungen gemeinsam erklärte. Aber die Scholastik hatte alle Ursachen dieser Welt den Zwecken und diese dem Letztzweck Gottes untergeordnet, so daß die GALILEIsche Revolution nur wieder der Gegenzug gewesen war.

Aber zurück zu WALLACE, Sohn des viktorianischen Englands, fast dessen Proletariats. Das Boot war abgestoßen. Droben auf dem brennenden Deck war der lebende Teil seiner Sammlung in Panik geraten. Affen, Vögel irrten in die Flammen. Ein Papagei machte sich los, fiel ins Wasser; er wurde aufgefischt – alles andere verbrannte.

Aller Lebenszweck WALLACES knisterte zwischen den nun lichterloh brennenden Planken der »Helene«.

Wie hätte nun WALLACE die Gewißheit beruhigen können, dennoch an der großen Wende unserer Geistesgeschichte teilhaben zu können, fast an jenem Taumel der Zustimmung, die DARWIN in sieben Jahren umglänzen und das matte Licht der Geschichte auch auf ihn, den Mittellosen, werfen werde. Wie gut andererseits, nicht zu wissen, was ihre Nachfolger, die Darwinisten, aus der WALLACE-DARWINschen Lehre machen würden. – Was die beiden unabhängig voneinander zu entdecken dabei waren, hat als das »Selektionprinzip« der Evolutionstheorie Geschichte gemacht. Sie waren aber gescheit genug, um zu wissen, daß Auswahl allein noch keinen Wandel bewirkt. Die stete Abänderung alles Lebendigen macht Selektion erst effizient. DARWIN selbst war – mehr als später WALLACE – Lamarckist und erklärte sich die Abänderung wie jener durch den fördernden Gebrauch und den abbauenden Nichtgebrauch der Organe.

DARWIN war sogar noch lamarckistischer als LAMARCK, als er mit seiner ›Pangenesistheorie‹ zu erklären suchte, wie denn jener zweifellos zweckmäßige und so offensichtliche wie sinnvolle Adaptierungserfolg des Individuums seinen Nachkommen erhalten bleiben könnte. Das aber sollte das viktorianische England ebensowenig interessieren wie seine wissenschaftlichen Nachfolger. Im Gegenteil, sobald die Mutationen, die spontanen Zufallsänderungen des Erbgutes, eine Generation später entdeckt waren, schloß man jede Rückwirkung vom Körper auf das Erbgut aus – und die Neodarwinisten schämten sich des Unfugs ihres Meisters. Dieser Teil der Theorie wurde vertuscht. So, wie das naturwissenschaftliche Weltbild es vorschrieb, durfte der Artenwandel nur aus einer einzigen Ursachenrichtung erklärt werden: von den Zufallsänderungen des Erbgutes über die Auswahl durch die Zufallsbegegnung mit neuen Milieubedingungen bis hin zum Stammbaum der Organismen. Diese Verluste der Weltsicht durch die szientistische Methode waren damals noch eine Sache der Zukunft; sie waren aber in dem sich technisierenden England aufgrund der Aufklärung und der GALILEIschen Revolution vorbereitet worden.

Das Boot mit Kapitän TURNER und ALFRED WALLACE war nun schon weit von der brennenden »Helene« abgekommen und lief immer wieder voll Wasser. Abwechselnd mußte gerudert und geschöpft werden. WALLACE – fieberschwach, durchnäßt, mit aufgerissenen Händen, mit einem geretteten Papagei und Bleistiftskizzen. Die Nacht senkte sich über den Atlantik. Was also war gerettet worden? Hatte sein Überleben noch einen Sinn? Ihm mußte in solcher Lage – die »Helene« glomm nunmehr fern in der Finsternis – der Sinn des Überlebens im allgemeinen vor Augen gestanden haben. Aber war er nicht eben vom Orinoko mit der Entdeckung der Zweckmäßigkeit, der zweckmäßigen Anpassung alles Lebendigen, zurückgekommen? Lag nicht der letzte Zweck der Anpassung im Zweck des Überlebens? Ist der unmittelbare Sinn des Lebens nicht das Überleben selbst? Ob dies WALLACE in der ersten Nacht im Rettungsboot wirklich durch den Kopf gegangen ist, vermag ich nicht zu sagen. Es ist aber durchaus möglich.

(Der Leser sieht sicher längst, daß sich, während ich ALFRED RUSSEL WALLACE weiter auf dem Atlantik treiben lasse, auch sein geistesgeschichtlicher Hintergrund weiter verwirren wird. So ist es. Gerade darum scheinen mir Tage unserer Kulturgeschichte wie jener 6. August 1852 aufschlußreicher zu sein als zum Beispiel der 2. Dezember 1805, der der Welt außer einem Gemetzel bei Austerlitz nichts gebracht hat; Daten, mit denen uns noch immer der Blick auf unsere Geschichte getrübt wird.)

Der Gewinn WALLACES war in Wahrheit also unverlierbar: Eine erste Ahnung von der Herkunft und Durchsetzung der Zwecke in dieser Welt, des Sinns der Kreatur. Daß dieser geradezu idealistische oder geisteswissenschaftliche Ansatz einer naturwissenschaftlichen Lösung bald verlorengehen würde, das konnte er nicht ahnen, auch nicht, daß er und DARWIN bald als Gewährsleute der materialistischen Ideologie beansprucht werden würden, und zwar einerseits über ERNST HAECKEL vom Deutschen Monistenbund – der ERNESTO HAEKKEL im September 1904 in Rom zum Gegenpapst(!) ausrief: *Ecco il grande Tedesco!*–, auf der anderen Seite von MARX' und ENGELS' Dialektischem Materialismus. (Von dem fünf Jahre älteren MARX hörte WALLACE erst viel später, und HAECKEL hatte 1852, als WALLACES Sammlung brannte, eben erst in Merseburg Abitur gemacht.) Die Verluste, die unserer Zivilisation diese Spaltung in zwei Subkulturen bringen würde, waren nicht vorherzusehen.

Als die erste vom Schöpfen und Sprühwasser feuchte Nacht dem Morgengrauen wich, war die »Helene« verschwunden, und das bange Warten auf ein Segel am Horizont begann. Kein Segel erschien. Es kam die zweite Nacht, ein zweites Morgengrauen: wieder kein Segel. Gedanken über den Papagei und die nassen Zeichenbücher mischten sich nun wohl mit Fragen der Existenz.

Mag sich nun WALLACE in Gottes Hand gedacht haben oder als Abkomme variierender Rassen der Affen? Mochte er sich als Sohn der Schöpfung oder als Kind der Evolution gewähnt haben? Das wissen wir nicht; aber ähnliches mochte ihn wohl beschäftigt haben. War des Menschen Würde in Frage gestellt mit tierischen Ahnen? Oder war sie, selbst verdient vom Gebrüll zur Kantate, von der Höhle zum Dom, nicht noch wertvoller? Verpflichtete das über unendliche Mühen Geschaffene nicht ebenso wie eine Menschenwürde als Gottesgeschenk? Folgte denn nicht auch in der Genesis auf das Werden des Meeres das der Kontinente, dann das des Getiers und zuletzt das des Menschen?

Man denke sich den neunten Tag im Rettungsboot. Kein Schiff

war sichtbar geworden. Es war der 15. August, die Hurrikansaison stand bevor.

WALLACE konnte nicht wissen, ob sie überleben würden. Er konnte auch nicht ahnen, daß er den Anstoß zu einer jahrhundertlangen Diskussion ›Schöpfung versus Evolution‹ geben werde, daß sein Brief aus Sarawak DARWIN zwingen werde, gleichzeitig mit ihm zu veröffentlichen, daß bald darauf Bischof SAMUEL WILBERFORCE DARWIN lächerlich machen werde. »Würden Sie«, fragte dieser in öffentlicher Auseinandersetzung den Aristokraten THOMAS HUXLEY und Verteidiger DARWINS, »Ihre Affenabstammung auf die väterliche oder eher auf die mütterliche Linie zurückführen?« Wie hätte WALLACE sich vorstellen sollen, daß HUXLEY antworten würde: »Vor die Wahl gestellt, einen Affen oder einen perfiden Großvater zum Ahnen zu haben, würde ich gewiß dem Affen den Vorzug geben.« Das alles wird sich erst in acht Jahren, am 30. Juni 1860, abspielen.

Es wird sich weiter fortsetzen im Kampf des Monistenbundes nach der Jahrhundertwende, im Daytoner ›Affenprozeß‹ um 1920, und es werden die Fundamentalisten in den USA nach 1980 nochmals einen Kulturkampf entfachen. Es würden also mehr als ein Jahrhundert lang Menschen über die Herkunft der Würde des Menschen zu Gericht sitzen! Das konnte WALLACE wirklich nicht voraussehen. Er war dazu auch ein viel zu bescheidener, schüchterner Mensch – und im Augenblick wohl mit seinem eigenen Schicksal beschäftigt. Nicht einmal träumen lassen hätte er sich, welche Vertiefung des Menschenbildes die Auseinandersetzung um seine Ideen bringen werde.

An jenem 15. August 1852 jedenfalls konnte er noch nicht wissen, daß sie am 16. das erste Segel sichten und daß sie die »Jordeson« durch den erwarteten Hurrikan nach England bringen werde, noch weniger, daß sein Agent STEVENS in London seine Sammlung auf den Wert eines kleinen Vermögens versichert hatte. WALLACE war also gerettet, seine nächste abenteuerliche Urwaldreise bald angetreten, der Brief von Sarawak geschrieben. Die Geschichte unseres Weltbildes nahm ihren Lauf. Wir halten uns zugute, sie zu kennen.

Wir meinen sogar, ein Teil dieser Geschichte zu sein, ein klein wenig sogar an ihren kleinsten Hebeln zu schalten – und doch sind wir alle nur in sie hineingestolpert. Wir sind auch, um unsere Geistesgeschichte gemacht zu haben, nicht gescheit genug. Oder ist diese Geschichte so wirr, weil wir sie nicht gemacht haben?

I 2 Darwin ein Hypochonder?

Dieser und der nächste Beitrag kreisen um das Thema des Darwin-Jahres. Wie ist DARWIN *mit seiner Lehre zu verstehen, und was ist aus ihr geworden? Dabei geht es mir insbesondere darum, gegen Verzerrungen des historischen Zusammenhanges aufzutreten und gegen die Unterschlagungen geistesgeschichtlicher Tatsachen.*

Hier suche ich den Menschen DARWIN, *den Grund seines Zögerns und seines reduzierten Lebensgefühles zu verstehen sowie die Frage zu beantworten, was ihn krank machte. Und ich meine, die Ursache in den Spannungen zwischen seinem Werk und seiner tiefen Bildung zu finden. Zwischen seiner kreationistischen Lebenswelt und seiner evolutionistischen Lösung. Nicht minder aber auch zwischen seiner selektionistischen Theorie und seiner Einsicht, daß diese einer lamarckistischen, wie er es nannte, ›pangenetischen‹ Grundlage bedarf, um die seine Sorge nicht ruhte.*

Den Aufsatz hatte man für die »Naturwissenschaftliche Rundschau« erbeten, in deren September-Heft 1982 er erschien. Das Thema konzentriert sich auf das dem Biologen weniger Geläufige.

Unter dem Stichwort ›Darwinismus‹ findet man im »Brockhaus« (1968): »die von CH. DARWIN ... aufgestellte Theorie über die Ursachen der Entstehung und Umwandlung der Organismenarten«. Dies ist nicht ganz richtig. Denn im Sinne der Darwinisten war CHARLES DARWIN nicht nur ein schlechter Darwinist, er war Lamarckist. Wenn jener ›-ismus‹ einen bestimmbaren Vater hat, so ist es ALFRED RUSSEL WALLACE. Dies aber wiederum nicht deshalb, weil er das Selektionsprinzip schon vor DARWIN formulierte; vielmehr weil er der erste war, der dieses Prinzip zur Erklärung der Evolution nicht nur für notwendig, sondern auch für hinreichend hielt.

Der Gegenstand meiner Darstellung soll CHARLES DARWIN sein, wie er zu rekonstruieren ist; nicht, wie das vergangene Jahrhundert ihn haben wollte. Und ich meine, daß man sich beim Studium sich wandelnder Weltbilder weniger täuscht, wenn man zweierlei Wahrheiten in Betracht zieht; die Wechselwirkung der ›individuellen Wahrheiten‹ der wenigen Kulturschöpfer mit den ›kollektiven Wahrheiten‹ oder kulturellen Selbstverständlichkeiten der als Kulturträger bezeichneten Menge.

CHARLES DARWIN empfänden wir heute unter uns als Außenseiter. Als 1817 die Mutter stirbt, ist CHARLES erst acht, der patriarchalische Vater schon über fünfzig. CHARLES kommt in die Unitarier-Schule. Die Einheit Gottes (der Natur?) wird ihm deutlich gemacht. In der Schule ist er langsam und verträumt. In Vaters Garten wird er Sammler und Erfinder unwahrer Geschichten. Das Wechselspiel von Phantasie und Kindereinsamkeit? Wir wissen über diese wichtige Phase zu wenig.

Mehr ist aus seiner College- und Hochschulzeit erhalten. Den Träumer taxierten die Lehrer als »einen sehr gewöhnlichen Jungen, eher etwas unter dem Durchschnitt«. Und als sein verehrter Vater zur Einsicht kam: »Du wirst dir selbst und der ganzen Familie zur Schande!« muß ihn das sehr getroffen haben. Käfer und Schmetterlinge werden seine Leidenschaft, sie vor dem Nadeln töten zu müssen, eine Belastung. Als er später seine erste Schnepfe erlegt, kann er kaum nachladen, so zittern ihm die Hände.

An der Universität findet er die Vorlesungen »fürchterlich und unerträglich langweilig«. Dies läßt sich als ein hoffnungsvolles Zeichen deuten wie als ein übles. Medizinstudium. Es wird aufgegeben, als er nach der zweiten Operation nicht mehr zusehen konnte (an einem

Kind; ohne Narkose!). Zu dieser Zeit beginnt die »Zoonomia« seines Großvaters ERASMUS ihre Wirkung zu entfalten. CHARLES war siebzehn. ERASMUS war zwar schon sieben Jahre vor CHARLES Geburt gestorben. Aber seine Werke hatten ihren Ehrenplatz in der Familie behalten; Lehrgedichte im Sinne der Deszendenz, das Werden und Wandeln der Kreatur besingend.

Der große Gedanke des Franzosen war die Einheit der Abstammung gewesen. Wir sagen heute: der Stammbaum. Wie man weiß, hat ihn CUVIER lächerlich gemacht; und dessen Einfluß hatte gereicht, LAMARCK so auszulöschen, daß ihn nicht einmal GOETHE bemerkte. Dies war in den ersten zwei Jahrzehnten des 19. Jahrhunderts. Aber der Gedanke sickerte durch. Er war so faszinierend wie revolutionär. Wer in die neue Zeit blickte, ahnte Natur als Naturgeschichte. Wir schreiben nun 1827. LAMARCK wie CUVIER standen am Ende ihres Lebens. Wer wollte da unter den jungen Leuten noch CUVIERS Sintflut-Katastrophen und fortgesetzten Neuschöpfungen derselben Klassen anhängen? Gerade in England, da LYELL die Geologie revolutionierte; sein Hauptwerk war fertig (erschienen 1830).

Aber CHARLES DARWIN war kein Kämpfer. Er suchte eine stille Lebensform, und so folgte er, ohne zu leiden, dem Wink des Vaters, sich nach Cambridge ins Theologiestudium zu verfügen. Nach erbetener Bedenkzeit, ob sein »Glaube an alle Dogmen der Kirche von England« ausreichend sei, fand er ihn ausreichend und ging nach Cambridge. Er erwartete als Landpfarrer ein Maximum an Muße für seine naturgeschichtlichen Liebhabereien. In diese Szene gehört der dreizehn Jahre ältere JOHN HENSLOW, anglikanischer Geistlicher und zugleich Professor für Botanik. CHARLES wurde durch ihn an universelle Bildung herangeführt, wie sie für Akademiker des damaligen Englands charakteristisch war.

Hier schließt nun die bekannte Einladung an, die »Beagle« auf ihrer Weltreise zu begleiten. Freilich auf eigene Kosten. HENSLOW empfiehlt ihn wärmstens; der Vater winkt ab, CHARLES sinkt der Mut, sein Onkel WEDGWOOD setzt es durch. Wieder einer jener gebildeten, frei blickenden Männer. CHARLES begleitet der Aufbruch des naturhistorischen Denkens und LYELLS neue »Prinzipien der Geologie« mit dem Aktualitätsprinzip im Vordergrund. Die Kabine teilt er mit dem Kapitän, und es folgen Jahre der Diskussionen über Gott und die Natur mit diesem rigiden Puritaner.

Die Hauptstationen sind geläufig: die Feuerländer, marine Fossilien hoch in den Anden, die Finken auf den Galapagos, Riffentstehung im Pazifik. Zwischen zermürbender Seekrankheit und beseligenden Ritten durch urweltliches Südamerika gewinnt die Frage Gestalt: Was bewirkt den Ursprung der Arten? Das war, wie man weiß, in den Jahren 1832–1836; DARWIN war Mitte Zwanzig.

In diesen Jahren wurde ein kleiner armer Junge in England zum leidenschaftlichen Käfersammler: jener ALFRED RUSSEL WALLACE. Als sich die Familie seinen Besuch der Dorfschule nicht mehr leisten konnte, brachte er sich als Tischler- und Landvermessergehilfe durch. Ein gutes Herbarium entstand bei jenen Zügen durch England. Er war neunzehn, als der Vater starb und er einen ähnlich stillen Jungen traf, mit denselben hingebungsvollen Ambitionen. Das war 1842; der Junge hieß HENRY BATES. Die beiden Freunde rätselten über das Werden der Arten und träumten von den Urwäldern der Tropen, die den Schlüssel enthalten mochten.

Inzwischen war CHARLES DARWIN längst heimgekehrt, arbeitete an seinem Reisetagebuch, lernte ALEXANDER VON HUMBOLDT und LYELL kennen und machte die ersten Notizen zur ›Entstehung der Arten‹. 1838 wird er Sekretär der Geologischen Gesellschaft. Im Jahr darauf, dreißigjährig, heiratet er EMMA WEDGWOOD. Die »Reise eines Naturforschers um die Welt« erscheint. Sie enthält zur Artenentstehung nichts. Seine Erkrankungen häufen sich. Finanziell gesichert in der Familie der Porzellandynastie, zieht er sich mit seiner rasch wachsenden Kinderschar in das Landhaus in Down zurück. 1842 publiziert er über Korallenriffe und vulkanische Inseln. Die erste Bleistiftskizze seiner Theorie entsteht.

1848 verliert DARWIN den Vater. Schwindel und »häufige schwere Anfälle von Übelkeit« verzeichnet sein Tagebuch.

In diesem Jahr hatte sich der Landvermessergehilfe im Boom des Eisenbahnbaus 100 Pfund erspart. Der Traum wird Wirklichkeit: WALLACE und BATES erreichen den Amazonas. Vier Jahre unglaublicher Entbehrungen und Risiken erwarten die beiden. Sie sind nun Anfang Zwanzig. BATES beginnt das Wesen der Mimikry zu verstehen, WALLACE das des Werdens der Arten.

Als WALLACE 1852 als letzter zurückkehrt, mit einer noch nicht dagewesenen Sammlung neuer Arten tropischer Insekten, geschieht es, daß das Schiff Feuer fängt und alles verbrennt; alle Hoffnung, von ihrem Erlös leben und forschen zu können, scheint dahin. DARWIN schreibt in Down an der »Monographie der Rankenfüßer«. Aber als der schiffbrüchige WALLACE England erreicht, wendet sich das Blatt. Sein Naturalienmakler hatte die Sammlung hoch versichert. Und sofort macht WALLACE neue Sammelpläne und geht, nun allein, in den Malaiischen Archipel.

1854 erreicht er Singapur und steht vor Unternehmungen, die das Amazonasabenteuer wie einen Hyde-Park-Spaziergang erscheinen lassen werden. DARWIN war inzwischen Patient im Wasserkurort Malvern; seine Leiden waren unerträglich geworden. Die Monographie erscheint. Im Frühjahr 1855 verfaßt WALLACE seine Sarawakstudie. Das Werden der Arten scheint verstanden. Er schickt sie nach England, und sie erscheint im September in »The Annales and Magazine of Natural History«.

In den Freundeskreis DARWINS mit LYELL und HOOKER kommt Bewegung. Aber WALLACE erreicht keine Reaktion. Und als ein Jahr verstreicht, schreibt er DARWIN. Nun drängen die Freunde DARWIN zu publizieren. Das war 1856. 1858 sendet WALLACE die entscheidende Studie aus Ternate an DARWIN. Nun ist auch für DARWIN kein Halten mehr. Denn es würde, schreibt er, »damit meine ganze Originalität, welchen Umfang sie auch haben mag, vernichtet werden«. Er macht sich an den Auszug seines Entwurfes von 1856. »Es kostete mich derselbe«, erinnert er sich, »dreizehn Monate und und zehn Tage harter Arbeit ... Es ist dies ohne Zweifel das Hauptwerk meines Lebens.« 1859 erscheint »Der Ursprung der Arten«. Hätte er je ohne diesen Anstoß veröffentlicht?

Was hatte DARWIN krank gemacht? Was ließ ihn mit der Entwicklung der Theorie so lange zögern? Manche seiner Biographen halten ihn für einen Hypochonder. Die anderen lassen dies (unausgesprochen) offen. Ich dagegen meine, er litt unter den Folgen, die er vorhersah. Vor allem unter dem Konflikt mit der Schöpfungslehre, deren Dogma er sich nicht minder zu eigen gemacht hatte wie die Einsicht in die Realität der Evolution. Dies halte ich auch für einen Grund seines Zögerns; aber nicht für den einzigen.

Den Selektionsmechanismus entdeckt zu haben, das war der beiden originaler Beitrag zur Evolutionstheorie. Aber selbst das Schlagwort *the survival of the fittest* stammt nicht von DARWIN. Es war ihm von WALLACE suggeriert; und dieser, wie man weiß, hat es von HER-

BERT SPENCER. Aber nicht nur dies hinderte DARWIN. Bildung hinderte ihn.

Er kannte nämlich die Entwicklung der Evolutionstheorie genau. Er wußte nicht nur, daß der ganze neuzeitliche Ansatz von LAMARCK stammte. Er hatte vor Augen, daß die Effizienz seines (ihres) Selektionsprinzips von der Variabilität der Arten abhing; und zwar mußten die Abweichungen erblicher Natur sein, sollten sie die Evolution fördern. Und daß nach LAMARCK Gebrauch und Nichtgebrauch Organe verändert, das, so war er überzeugt, konnte jedermann sehen. Diese Variationen mußten erblich werden.

Auch in diesem Sinne war DARWIN, zum Unterschied von WALLACE, Lamarckist. Ja, er war lamarckistischer als LAMARCK, indem er Reisenden Glauben schenkte, die behaupteten, daß bei jenen Völkern, welche die männliche Vorhaut beschneiden, diese über Generationen schon kürzer geworden wäre. Dies ein Beispiel für viele. Den immer profunden DARWIN beschäftigte bis in sein Alter die Frage, wie sich wohl Änderungen der Organe dem Keimmaterial mitteilten.

Seinen Lösungsvorschlag publizierte er als ›Pangenesistheorie‹. 1868 erstmals erschienen, 1875 erweitert. Sie sieht einen inneren Evolutionsmechanismus vor; einen Fluß von Nachrichten von den Phänen zu den Genen. Man wird sich erinnern, daß schon GOETHE ein inneres, ›esoterisches‹ Prinzip für den Typus im Auge hatte. Und DARWIN kannte natürlich auch diesen Ansatz.

Die folgenden Darwinisten schämen sich dieses »linkischen, um nicht zu sagen, dilettantischen Versuchs DARWINS« (HEMLEBEN 1968, Seite 122), und aus den Lehrbüchern war er bald ganz verschwunden, da sich DARWIN für sie »als ein schlechter ›Darwinist‹ erweist« (Seite 124). Tatsächlich war der erste Darwinist ALFRED RUSSEL WALLACE. Er, der die Priorität der Selektionstheorie hätte beanspruchen können, legt die Priorität zu DARWIN und kreiert jenen ›Ismus‹. In seinem populärsten Band »Darwinismus«, 1889, sieben Jahre nach DARWINS Tod erschienen, reduziert er DARWIN bereits auf die Selektionstheorie.

DARWIN hätte die Konfrontation, die folgte, nämlich Darwinismus gegen Lamarckismus zu setzen, überrascht. Noch mehr hätte ihn die weitere Entwicklung, die Opposition des Vitalismus, die Kontroverse zwischen Holisten und Reduktionisten, der Versuch einer molekularen Lösung des Evolutionsproblems, bedenklich gestimmt. Selbst die

Morphologie, die wir heute fast vergessen haben, ist für DARWIN »die Seele der Naturgeschichte« geblieben. DARWIN muß man als eine zarte, weitausgreifende Seele verstehen, die zu einer Synthese aller Einsichten seiner Zeit strebte, die die Kontroverse mied, die schon die Ahnung kommender Diskussion krank machte. Vielleicht hätte DARWIN die Wende unserer Anschauung gar nicht eingeleitet, hätte man ihn dazu nicht gezwungen. DARWIN stand über dem Darwinismus.

I 3 Darwin ein schlechter Darwinist?

Nochmals geht es um die Geschichte der Lehre DARWINS. *Ein zweites Mal um den Anstoß zur Publikation seines Hauptwerkes und um die Kreationismus-Debatte. Was mir aber in diesem Zusammenhang aufschlußreich erschien, war der Wandel, den seine Lehre zum Darwinismus, zum Neodarwinismus und zur heutigen »Lehrbuchmeinung« durchgemacht hat.*

Dabei handelt es sich um eine zweifache Reduktion seiner Weltsicht. Und fragt man sich, warum diese Verengung sich durchsetzte, dann ist auf die Dogmen von Natur- und Geisteswissenschaft zurückzugehen und nochmals weiter auf die Dogmen der alternativen philosophischen Schulen unserer Kulturgeschichte. Und doch, wie wir sehen werden, mit einer Gerechtigkeit im geistesgeschichtlichen Wandel im Gefolge. Sie beruht darauf, daß die ›Evolutionäre Erkenntnistheorie‹ als die jüngste Fortsetzung der DARWIN*schen Lehre verstehen machte, warum diese nicht ganz verstanden wurde.*

Den Aufsatz las ich für den Österreichischen Hörfunk im April 1983. Er mag anregen, DARWINS *›Pangenesistheorie‹ (im Band über »Das Variieren der Tiere und Pflanzen ...«) im Original nachzulesen, die Unterstellungen, ein schlechter Darwinist zu sein, z. B. bei* HEMLEBEN, *den Sozialdarwinismus bei* H. KOCH *und die Positionen von* ENGELS *und* MARX *(Briefwechsel 1859, 1860), von* MONOD *und* TEILHARD DE CHARDIN *kennenzulernen.*

Pompöser Aufzug in der Westminster Abbey. Es dominiert Karmesinrot, das Ordenskleid der Ritter vom ›Bath-Orden‹; Malteserkreuze mit silbernen Flammen, Mützen, Atlasmäntel, Ordensbänder (auch karmesinrot). Dies vor eben einem Jahrhundert: Es ist der 26. April 1882. CHARLES DARWIN, *The Mount* (der Koloß), wird beigesetzt. Zehn erlesene Männer tragen, nach alter Sitte, das über den Sarg gespannte Leichentuch. Unter ihnen THOMAS HENRY HUXLEY und ALFRED RUSSEL WALLACE. Der noch immer arme ALFRED WALLACE, dem die Priorität bei der Entdeckung des ›Ursprungs der Arten‹ gebührte, wird in sieben Jahren mit seinem populärsten Buch »Darwinismus« einen ›kolossalen‹ Begriff in die Welt setzen; in all seiner Naivität.

Wird hier die Entdeckung unserer Abstammung vom Affen gefeiert? Das wohl nicht. Bereits der verflossene Abt dieser Abtei, SAMUEL WILBERFORCE, hatte getrachtet, DARWIN öffentlich lächerlich zu machen; schon 1860, ein Jahr nachdem »Der Ursprung der Arten« erschienen war. Ob er seine Affenabstammung von der väterlichen oder eher von der mütterlichen Linie ableiten würde, hatte er HUXLEX gefragt. Und jener hatte geantwortet, daß er einen Affen jedenfalls einem perfiden Bischof vorziehen würde.

Worin also bestand der tiefe Eingriff von DARWINS Lehre in das Weltbild seiner Zeit? Er gründete, wie man weiß, in der Einsicht, daß der Mensch mit aller Kreatur dieser Welt dieselbe Herkunft teilt. Nichts sonst: würden wir heute sagen. Im viktorianischen England aber konnte diese Lehre noch für viele als eine Verhöhnung der Bibel gelten; was man mitempfinden wird, wenn man bedenkt, daß auch für manche noch heute die Alternative ›Schöpfung oder Evolution‹ Geltung hat. Dabei war diese Konsequenz der Lehre damals schon zwei Generationen alt. Sie ging auf LAMARCK und DARWINS Großvater ERASMUS zurück. Nur kümmerte sich niemand um diese Einsicht. Und Einsichten, um die man sich nicht kümmert, machen auch keinen Kummer. Daß sich nun eine breite Öffentlichkeit kümmerte, und in affektbetonter Weise, das wurzelt in einer anderen Konsequenz der Theorie. Wie wir sehen werden: in DARWINS originalem Beitrag.

Woher also Erfolg (und Ehrung) in einer Auseinandersetzung, die erst so recht begonnen hatte? Königin VIKTORIA, damals schon 63, war gegen diese angebahnte geistige Revolution von jeher blind gewesen. Und selbst ihr Premierminister, der alte GLADSTONE, obwohl sie ihn für einen verschrobenen Sozialisten hielt, besaß ein trübes Bild von jenen, wie er sich ausdrückte: »heidnischen Sonderlingen und sogenannten Wissenschaftlern, die ihre Ahnen auf Troglodyten zurückführen«. Im Geistigen waren, wie so oft, auch die progressiven Staatenlenker konservativ.

Der Erfolg hatte, wie üblich, andere Gründe. Weder die Außenseiter, wie WALLACE oder DARWIN, die den zündenden Funken legten, noch die regierende Verwaltung, die Feuersbrunst fürchtete, gaben den Ausschlag. Ausschlaggebend war der See der Meinungen jener, die in Wahrheit die Macht hatten. Und dies waren im viktorianischen England die Fabrikanten; Adel wie Parvenüs. Sie hatten in zwei Generationen ein Proletariat geschaffen, dessen Jammer mit ihrer puritanischen Christgläubigkeit zunehmend in Konflikt geriet. Das ›Überleben des Tüchtigeren‹, zum Naturgesetz erklärt, mußte als willkommener Ablaß ihrer Sünden erlebt werden. Und der ›Kampf ums Dasein‹ rechtfertigte noch dazu die Blütezeit des Kolonialismus. Affenabstammung hin oder her, sie war besser als schlechtes Gewissen.

Die Helden dieser Inszenierung waren bald von der Bühne. WALLACE, ungewandt und naiv, galt als utopischer Sozialist. DARWIN dagegen hatte schon die Voraussicht auf die Folgen krank gemacht. Eingeheiratet in die Porzellandynastie der WEDGWOODS, lebte er nicht minder zurückgezogen und mit reduzierter Befindlichkeit auf seinem Landsitz in Down. Und im Unterschied zu seiner Zeit (und der unseren) war ihm nämlich noch eines klar: Die Auswahl der Tüchtigeren macht noch keine Evolution. Einmal kann die Auswahl nicht effizienter sein als das Variieren der Arten. Zum anderen mußten die Varietäten erblich und von irgendeiner ›Vernunft‹ gesteuert sein; ansonsten wäre weder ihr Erfolg noch das ›Natürliche System‹ der Organismen als das Produkt der Evolutionsmechanismen zu begreifen: wie beispielsweise beim Delphin, der ein Säugetier bleiben muß, obwohl alle seine Lebensbedingungen ihn seit vielen Jahrmillionen zum Fisch machen wollen.

Man muß gesehen haben, wie dringlich dem neugeborenen Delphin die Kiemen wären; wie die Mutter sich über den Rücken rollen muß, um das saugende Junge nicht zu ersticken; wie sie beide in solcher Lage verfolgt werden von Raubfischen und den großen Seevögeln. Doch die Kieme gibt ihm die Evolution nicht mehr zurück, obwohl sie im Embryo angelegt war.

Dies ist also der springende Punkt. Die Arten müssen zunächst variieren, sonst hätte die Auslese nichts auszulesen. Die Varietät muß erblich sein, ansonsten brächte die Auslese nur dem Ausgelesenen Erfolg; nicht seinen Nachkommen. Aber erst die Perpetuierung erfolgreicher Auslese in den Folgegenerationen macht den Artenwandel denkbar. Aber da ist noch eines: das Schwierigste an der Sache. Zweierlei weitere Mechanismen mußten neben der Selektion angenommen werden, um das Produkt, den Erfolg des Variierens und das ›Natürliche System‹, zu verstehen; die hierarchische Ordnung der Verwandtschaftsgruppen der Organismen (daß z. B. die Affen stets Teil der Säuger, diese Teil der Vierfüßer, diese Teil der Wirbeltiere sind usf.).

Den einen Mechanismus führte DARWIN im Sinne von LAMARCK fort. Daß sich Organe mit ihrem Gebrauch ändern, kann jedermann beobachten. Schneider und Schmied, wiewohl Brüder mit gleichen Anlagen, werden einen sehr verschiedenen Körperbau entwickeln. DARWIN war Lamarckist; was man heute verschweigt. Das Erblichwerden solcher Änderung betrachtete er als die naheliegende Lösung.

DARWIN befaßte sich mit diesem Problem bis in sein hohes Alter. Seinen Lösungsvorschlag publizierte er als ›Pangenesistheorie‹. Sie sieht, wie wir heute sagen würden, ein Rückfließen der Information von den Körperstrukturen zu deren Aufbau- und Betriebsanleitung vor; zu den Genen, zum Erbmaterial. Man bemerkte sie kaum. Nicht einmal WALLACE, sein ergebener Mitkämpfer (eigentlich Vorkämpfer), geht auf diese Theorie ein. Schon sein »Darwinismus« enthält darum nur den halben DARWIN. Und dabei ist es geblieben. Selbst die geisteswissenschaftlichen Biographen DARWINS, wie JOHANNES HEMLEBEN, schämen sich noch heute dieses »linkischen, um nicht zu sagen dilettantischen Versuchs«!

Den anderen Mechanismus übernimmt er aus der Morphologie (der Prinzipienlehre der vergleichenden Anatomie und Systematik), »der Seele der Naturgeschichte«, wie er sie nennt. Die Selektion erklärt die Anpassung, die Korrelation, die Wechselabhängigkeit der Organe aber erklärt den Typus, die Geschlossenheit einer jeden Organismengruppe. Die Nichtumkehrbarkeit und Gerichtetheit aller Evolution erklärte sich eben nicht aus der Anpassung, sondern aus den inneren Bedingungen der funktionellen Zusammenhänge. Und DARWINS Nachfolger nennen DARWIN »einen schlechten Darwinisten«.

Nun hatte gleichzeitig GREGOR MENDEL die Vererbungsgesetze entdeckt. Aber die Akademie in Brünn schickte den dilettierenden Mönch heim in seinen Klostergarten. Das war am 8. März 1865. Und weder DARWIN noch WALLACE erkannten die Bedeutung von MENDEL. Als die Vererbungsgesetze um die Jahrhundertwende wiederentdeckt (oder auf dem Dachboden wiedergefunden) wurden, dreimal unabhängig voneinander, begannen sich die Darwinisten zu Neodarwinisten zu wandeln. Bald fand sich nämlich eine Ursache des Variierens: die Mutationen; sprunghafte Änderungen des Erbgutes, die wir heute als Abschreibfehler bei der Replikation der Gene verstehen.

So kann sich zum Beispiel bei Insekten mit einer Mutation die Augenfarbe ändern, selbst ein Bein kann anstelle einer Antenne wachsen; aber die erfolgreichsten Veränderungen sind stets die kleinsten.

Nun schien alles klar zu sein. Blinder Zufall ändert das Erbgut, und die Zufallsbegegnung der veränderten Möglichkeiten ihrer Träger mit dem Milieu selektiert die jeweils Tüchtigeren. AUGUST WEISMANN in Tübingen schnitt Mäusen generationsweise die Schwänze ab, ohne daß Mäuse ohne Schwänze entstanden. Und dies genügte, um seine Zeit (und die unsere) davon zu überzeugen, daß eine rücklaufende Ursachenkette im Sinne LAMARCKS und DARWINS nicht existieren kann. Die WEISMANN-Doktrin wurde zum Dogma. DARWIN war von den Neodarwinisten nochmals reduziert.

Man erinnert sich, daß DARWIN gar nicht an Zufallsänderungen dachte. Er dachte vielmehr an die Änderung des Erbgutes unter einer höchst funktionsgerechten Anleitung durch die sich wandelnden Leistungen der Organe.

Diese merkwürdige Verengung der Perspektive ist aus den Doktrinen der wissenschaftlichen Methoden zu verstehen. Ihre Spaltung hatte sich im Altertum vorbereitet. Die Exegeten des ARISTOTELES kamen, namentlich in der Scholastik, zur Ansicht, daß unter den vier Ursachenformen, die der Meister erkannt hatte, die Zweckursache (die *causa finalis*) die Ursache aller anderen Ursachen sein müßte. Und sie erklärten die Welt aus den letzten Zwecken Gottes. Mit GALILEI und der Renaissance begann der Gegenzug; die Methode der Naturwissenschaft. Die Welt sollte vielmehr allein aus ihren Kräften (der *causa efficiens*) erklärt werden.

Ein Muskel zum Beispiel sollte ausreichend aus seinen Fasern, aus deren Biomolekülen, diese aus den chemischen Bindungen und jene wiederum aus den Kräften der Quanten zu verstehen sein. Daß sein Zweck dagegen nur aus der Gegenrichtung zu verstehen ist, das wird übersehen; aus den Obersystemen, in welchen er wirkt: zum Beispiel aus seiner Lage zu zwei Knochen und deren Lage in einem Bein und der Lage des Beins zum Organismus.

Der Siegeszug dieser naturwissenschaftlichen Doktrin wurde mit der Aufklärung eingeleitet und mit dem Positivismus. Es sind Geschwister an der Wende zum 19. Jahrhundert. Die Aufklärer meinen, daß der Mensch durch das Wissen, das Machbare, zu befreien wäre. Und die Positivisten erklären, daß das positiv Erkennbare naturwissenschaftlich zähl- und meßbar sei. Jener Darwinismus und mehr noch der Neodarwinismus liegen in ihnen eingebettet. Die Zwecke sind ausgeschlossen; denn wo gäbe es Zwecke in der Chemie? Daß dieser ›Szientismus‹ aber nur eine halbe Welterklärung sein konnte, davon wollte man nichts wissen. Und daß er uns zu einem Pyrrhussieg führte und zum Schlamassel unserer Tage, war nicht vorauszusehen.

Auf diese Weise spaltete sich unsere Kultur. Den positivistisch-materialistischen Neodarwinisten genügen die Zufälle zur Erklärung alles Lebendigen. Und sie müssen dann mit dem französischen Biochemiker und (1965) Nobelpreisträger Monod anerkennen, da der Zufall den Zweck ausschließt, daß auch der Zweck und Sinn des Menschen eine Fiktion sein müssen. Ihnen gegenüber ist die Skepsis nie versiegt. Wenn auch in die Minorität gedrängt, haben die Vitalisten, Lamarckisten, Holisten, Idealisten und Geisteswissenschaftler stets auf der Unvollständigkeit der neodarwinistischen Doktrin bestanden und, wie Monods Landsmann Teilhard de Chardin, auf die Zielhaftigkeit aller Evolution verwiesen. Was ein Wirbeltier, ein Vierfüßer, ein Säuger wurde, verliert, wie der Delphin, trotz aller Zufälle, sein ›Ziel‹, die Grenzen des ihm Möglichen, nie mehr aus dem Auge.

Der Delphin wird wie die Fledermaus ein Säugetier bleiben; so, wie alle Säuger Wirbeltiere bleiben werden. So, wie wir Menschen aus dem Entwicklungsziel, den Möglichkeiten des Wirbeltieres, Säugers, Primaten, Hominiden nicht mehr ausbrechen können. Ein Ziel, das zwar nicht vorgegeben war, aber unabänderlich mit den Stufen der Evolution entstand. So, wie sich in unserem Bauplan nur mehr Hirn, Hand und Kehlkopf als wandelbar erweisen, was sich mit den Lebenszielen unserer Spezies deckt; mit der Entwicklung von Verstand, Handfertigkeit und Kommunikation.

Dennoch blieb unsere Kultur in zwei Welterklärungen gespalten. Und beide Subkulturen teilen unsere Städte, Familien, oft sogar die Seele des einzelnen. Und man hat das, was man von DARWIN übrigließ, zur Rechtfertigung der widersprüchlichsten Ideologien verwendet. Für die Marxisten wurde der Darwinismus mit eine Begründung der materialistischen Dialektik. MARX und ENGELS waren sich über den darwinistischen Erklärungswert für ihre Theorie sogleich im klaren. Die Sozialdarwinisten dagegen begründen mit ihm gleichzeitig das Recht des Stärkeren, den Kapitalismus. Und beide beanspruchen die ganze Wahrheit und die Weltherrschaft.

Wie es aber kommt, daß wir in halben Weltbildern denken, warum wir den Gegenlauf aller Ursachenbezüge nicht sehen, warum beispielsweise der Delphin kein Fisch mehr werden kann, obwohl seine Embryonen alle das Stadium des Fisches durchlaufen und obwohl die neodarwinistischen Evolutionsgesetze seit 200 Jahrmillionen vom Delphin nichts anderes wollen, als wieder Fisch zu werden, das beginnen wir nun zu verstehen; durch die ›evolutionäre Lehre von der Erkenntnis‹. Unsere Vernunft vermag sich nämlich aus sich selbst nicht zu begründen. Wir Biologen finden aber ihre Grundlagen in unserer Stammesgeschichte. Unser ererbter Erkenntnisapparat bietet uns nur vereinfachte, für unsere Vorfahren selektierte Anschauungsformen von den Ursachen. Es scheinen uns Kräfte und Zwecke als unvereinbare Qualitäten, wie uns dies auch bei Raum und Zeit irrtümlicherweise so erscheint.

Diese Einsicht, diese Synthese, ist wieder und wieder entdeckt worden. Von SPENCER, von BOLTZMANN, von POPPER, von LORENZ und von mir. Wir sind alle unabhängig voneinander zu dieser Lösung des Erkenntnisproblems gelangt. Der einzige, der uns jedoch allen vor Augen stand, war CHARLES DARWIN; die Aufklärer nicht, nicht die Positivisten, nicht die Darwinisten und Neodarwinisten, sondern eben wieder der ganze DARWIN.

I 4 Die Wiener Schule

Man denke sich ein volles Auditorium. 78. Jahrestagung der Deutschen Zoologischen Gesellschaft 1985; Tagungsort diesmal Wien. Es ist Brauch, den Vorstand des Institutes um einen historischen Rückblick zu ersuchen. Gestelltes Thema: »Die Wiener Schule«. Eine Herausforderung zur Selbstspiegelung wie des guten Geschmacks.

Es fällt nicht schwer, die Eigenart der Biologie in dieser Stadt rückgreifend aus dem Schicksal der Monarchie und deren Folgen zu betrachten. Und so entstand ein Beitrag, der jedenfalls zeitlich unsere in England begonnene Historie mit der Gegenwart verbindet. In diesem Sinne mag er hier seine Funktion haben.

Freilich wäre wissenschaftsgeschichtlich an die Deutschen ERNST HAECKEL, ANTON DOHRN *und manch andere anzuknüpfen gewesen. Dies war aber kein Thema, das man mir übertrug. Auch sind gerade jenen Biographien und Zeitgeschichten gewidmet; von* HEMLEBEN, *von* THEODOR HEUSS *und* ALFRED KÜHN, *die sehr zu empfehlen sind.*

Man wird dennoch die Fortsetzung jener Achse nicht reduktionistischen Denkens erkennen, auf die es hier ankommt. Die Skepsis vieler deutscher Kollegen hat damals meine Darstellung begleitet; sie erschien in den ›Verhandlungen‹ der Gesellschaft noch im selben Jahr.

Gibt es so etwas wie eine Wiener Schule im Sinne unseres Faches? Und wenn ja, verdiente sie eine solche Bezeichnung? Die lexikalischen Überblicke belehren uns zunächst über die Zusammensetzung einer ganzen Reihe von Wiener Schulen. Sie erinnern uns an die Schule der Philosophen des Wiener Kreises mit MACH, BOLTZMANN, SCHLICK, CARNAP, NEURATH und KRAFT, an die der Tiefenpsychologie mit FREUD, ADLER und FRANKL, der Psychologie mit CHARLOTTE und KARL BÜHLER, der Nationalökonomie von MENGER bis SCHUMPETER, der Rechtstheorie bis KELSEN und MERKL, der Völkerkunde mit GRÄBNER und Pater SCHMIDT, der nachklassischen Musik zum Beispiel mit SCHÖNBERG und des Phantastischen Realismus von der Schule GÜTERSLOHS mit FUCHS, HAUSNER, LEHMDEN bis EDERER.

Es sind das Ausschnitte aus jenen geistigen Strömungen und Gegenströmungen unserer Kultur ab dem 19. Jahrhundert, die Wirkung taten und sich auch deutlich von ihrem Hintergrund abheben. Der Faden des Zusammenhangs, der uns interessieren mag, ist noch unsichtbar. Es sei denn, man hätte die Bände »The Austrian Mind« von JOHNSTON und »Wittgensteins Vienna« von JANIK und TOULMIN gelesen und darüber reflektiert, wie es kommt, daß diese Studien über die hier in Rede stehende Zeit von englischsprachigen Autoren verfaßt wurden.

Nationen haben Schicksale. Geographische Lage, Herkunft und die kollektiven Wahrheiten ihrer Bürger haben dazu geführt, entweder ihre nationale Bedeutsamkeit nie anzuzweifeln oder ihre nationale Geschlossenheit selten zu erreichen, entweder immer wieder Teilungen zu unterliegen oder aber über ihre nationalen Grenzen hinweg zu wirken. In diesem letzten Sinn, so meinen jene Autoren, ist Österreich zwar heute ein bescheidenes Territorium, kulturell aber immer noch ein Kontinent.

Schon was die Herkunft der Namen betrifft, welche die (übrigens bundesdeutschen) Lexika als Repräsentanten von Wiener Schulen zu zitieren nahelegen, muß mindestens das ganze Gebiet der alten Monarchie in Anspruch genommen werden.

Die Institutionen, in denen die Biowissenschaften Österreichs wurzeln, sind die Naturalienkabinette der Feudalzeit. Das war zwar überall so in Europa. In der Monarchie aber entstanden diese an Fürstenhöfen, die wir heute zu fünf anderen Nationen zählen, und ihnen allen stand der Zuzug nach Wien offen; und zudem war es der Glanz des Wiener Hofes, der noch über die monarchischen Grenzen hinaus für Attraktivität sorgte. Kurz, der rote Faden, den ich knüpfen möchte, beginnt etwa mit dem Zusammenwirken Lemberger, Triestiner und Budapester Ärzte in Wiener Spitälern.

Maria Theresia berief mit einem höchstpersönlichen Schreiben Gerard von Swieten, »den kleinen Republikaner« aus Leyden, zum Leibarzt an den Hof. Und sie betraute ihn als ›Protomedicus‹ mit der Reorganisation der Fakultät. So entstand im Zuge ihrer Reformen der vierziger Jahre die Einheit der 1. Wiener Medizinischen Schule: lebensnah und völkerverbindend, von der Kathederphilosophie ans Krankenbett verlegt, die praktische Vernunft vor die theoretische gesetzt.

Die entscheidende Revolution entwickelte sich dann in der Folge des Zentralisierungsprinzips, das Josef II. einführte, ins 19. Jahrhundert, namentlich durch den Anatomen Carl Rokitansky im Leichenhaus des Wiener Allgemeinen Krankenhauses; ehemals eine armselige, dreikammerige Baracke. Während damals in den verstreuten Spitälern von Paris jeder Kliniker noch sein eigener Prosektor war, obduzierte Rokitansky (übrigens nicht im »Brockhaus«) im Verlauf von 47 Jahren jährlich 2 000 Leichen, und aus dieser Anschauungsfülle entstand das Fach der Pathologischen Anatomie. Sein Wunsch, »die klinische Medizin ... auf eine feste, unwandelbare, physikalische (anatomische) Grundlage zurückzuführen« (Antrittsvorlesung von 1844), »ging in einer Weise in Erfüllung«, so folge ich der Historikerin Erna Lesky, »die in grellem Gegensatz stand zu den naturphilosophischen Spekulationen der deutschen Medizin und in Europa Aufsehen erregte«. Mit seinem Handbuch entsteht die 2. Wiener Medizinische Schule. Virchow nennt es (Ende des Jahrhunderts) »das eigentliche Fundament der praktischen Medizin«.

In dieser Zeit entwickelte sich auch die Zoologie in Österreich. Sie wird von Ärzten und Apothekern der 1. und 2. Medizinischen Schule unterrichtet: praktisch, induktiv, aus einer Fülle von Material, ganz aus der Anschauung von Gestalt und Mannigfaltigkeit. Als die weiteren Revolutionäre, der Pilsner Josef Skoda und der Burgenländer Josef Hyrtl, mit erstaunlichen Sammlungen die Vergleichende Anatomie entwickeln, wird mit den Reformen der vierziger Jahre des 19. Jahrhunderts auch das Institut für Zoologie eingerichtet. Rudolf Kner wird aus Lemberg berufen.

Und wieder wirkt das Schicksal der Monarchie. Im Zuge der auch sprachlichen Nationalisierung der Universitäten in den nichtdeutschen Kronländern werden HERMANN SCHMIDT aus Krakau und CARL BRÜHL aus Budapest auf Lehrstühle nach Wien geholt. Das ›Zootomische Institut‹ hält die Tradition des ›Anatomischen‹ und wird auf dessen Schule zurückwirken. Was man damals für wesentlich hielt, geht daraus hervor, daß man auch ERNST HAECKEL zu berufen trachtete. Die Verhandlungen aber zerschlugen sich, und CARL CLAUS wird in den siebziger Jahren aus Göttingen gewonnen. An die Anatomischen Institute dieser Zeit kommen KARL TOLDT und aus Raab in Ungarn EMIL ZUCKERKANDL. Die großen synthetisch-synoptischen Werke dieser drei wirken bis in unsere Tage.

An die Hirnanatomische Tradition, wie sie von ZUCKERKANDL weiter zu JULIUS TANDLER, zu sozialem Engagement und zur Weltgesundheitsorganisation führen wird, schließt ein zweiter Seitenzweig aus der Anatomie an. Er führt über THEODOR MEYNERT und JOSEF BREUER zu SIGMUND FREUD, der aus dem mährischen Dörfchen Příbor nach Wien kommt. Er ist in jenen siebziger Jahren Medizinstudent. Ob seine Lehre, die sich mit der Jahrhundertwende entfaltet, eine Wissenschaft ist, was KARL POPPER bezweifelt, lasse ich dahingestellt. Hier interessiert ihr Ursprung, ihre analytische Ambition, wie THOMAS MANN sagte, zur Synthese »einer neuen Anthropologie« und »einer klügeren Menschheit«. Vor allem aber der Versuch eines Aufschlusses des Vorbewußten, dem wir in den vierziger Jahren unseres Jahrhunderts, und nun aus dem Fache der Zoologie kommend, nochmals begegnen werden.

Mit der Jahrhundertwende beginnt in der Zoologie die Wirkung von KARL GROBBEN und BERTHOLD HATSCHEK; nach Herkunft und Persönlichkeitsstruktur so verschieden wie gleich in ihren synthetischen Erfolgen auf den Gebieten der Stammes- und der Entwicklungsgeschichte der Organismen.

In dieser Geschlossenheit der kulturellen Szene, aus der ich hier einen der Fäden zwischen Literatur und Gesellschaft verfolge, sei nochmals auf die Ursachen geblickt. Könnte so etwas vorliegen wie die Eigenart einer österreichischen Intelligenz? Gewiß nicht. Gewiß aber die einer österreichischen Lebensart, die über Generationen mit freundlicher Skepsis und einer Sprache voller Rückbezüglichkeit und Konditionale, gerade umgekehrt, eben jenen halben Kontinent an Lebenseigenarten zu einer konziliantеn Weltsicht zu synthetisieren hatte.

An dieser Perspektive ändert sich auch nichts, als nach der Jahrhundertwende drei neue Zweige deutlich werden. Zunächst mit der Wahrnehmungslehre die Ganzheits- und Gestaltungspsychologie, die ALEXIUS MEINONG in Graz und der Niederösterreicher CHRISTIAN VON EHRENFELS an der Universität Prag vorbereiteten. Diese Lehre ist dann in Berlin aufgeblüht, in die USA abgewandert und geriet ins Abseits, bis sie nun, in unseren Tagen, zuletzt durch DAVID MARR und GUNTHER STENT, an die Neurophysiologie Anschluß fand und neue Lebendigkeit erlangt hat. Auch die schulenbildenden BÜHLERS, die ich erwähnte, waren von der EHRENFELSschen Tradition beeinflußt; und OTHMAR SPANNS Ganzheitsphilosophie.

Der zweite Seitenzweig der biologischen Tradition führt von HANS PŘZIBRAM und der Gründung des Wiener Vivariums bis zum Drama PAUL KAMMERERS, seinem Selbstmord kurz vor seiner Berufung an das damals lamarckistisch orientierte Zoologische Institut im bereits marxistischen Leningrad. ARTHUR KOESTLER schildert jene Auseinandersetzung und Atmosphäre, in der das Lebensgefühl der Wiener Biologen der Sicht GOETHES oder KARL ERNST VON BAERS oder später JACOB VON UEXKÜLLS viel näher stand als dem, was die Darwinisten seit ALFRED R. WALLACE und DARWIN übernommen hatten (ähnlich wie auch ERNST HAECKEL sich als ›Altdarwinisten‹ bezeichnete und dem neuen Darwinismus ausgewichen ist). Das Drama war die Konsequenz einer Kumulation jener Auseinandersetzung. Mein väterlicher Freund PAUL WEISS hat sie im Vivarium noch nacherlebt und uns lebendig erhalten.

Und der dritte Seitenzweig dieser Zeit entwickelt mit der Paläontologie, bislang zwischen Zoologie und Geologie befangen, vor allem durch OTHENIO ABEL die Paläobiologie, die in der Wirbeltierpaläobiologie ERICH THENIUS' die jüngsten jener großen synthetischen Werke entstehen ließ.

Dies ist die Zeit, in der ein Seitenblick auf die Entwicklung der Erkenntnistheorie in Wien zu werfen ist. Der Wiener Kreis steht in Blüte, der neue Positivismus wirkt mit LUDWIG WITTGENSTEIN und RUDOLF CARNAP nach England, Deutschland und in die USA. Und während seine Wirkung nach Westen bis Kalifornien und nach Osten bald bis Japan die Theorie der ganzen Naturwissenschaften anführen wird und noch immer anführt, bleibt er entlang der Strömungen der Biologen in Wien fast ohne Wirkung. Am ehesten werden noch OTTO NEURATHS soziologische und wirtschaftstheoretische Konsequenzen wahrgenommen. Tatsächlich aber entsteht in Wien schon die Gegenströmung mit KARL POPPERS »Logik der Forschung«. 1935 noch wenig beachtet, wirkt sie nun auf die Biologie unserer Tage.

Doch zurück zum engeren Thema. Denn seit 1908 wirkt neben JULIUS TANDLER im I., im II. Anatomischen Institut FERDINAND VON HOCHSTETTER. Die beiden sind so verschieden wie ihre geistigen Nachbarn GROBBEN und HATSCHEK. Aber ungeachtet der lautstarken Auseinandersetzungen in der Öffentlichkeit um den Primat sozial orientierter oder wertfreier Wissenschaft, wirken beide an der gleichen Erweiterung unseres Bildes vom Menschen. Das ist nun die Zeit, in der KONRAD LORENZ seine Zoologie- und Medizinstudien abschließt und bei HOCHSTETTER als Assistent antritt. Der Vater, ADOLF LORENZ, damals schon berühmter Orthopäde, kommt aus Österreich-Schlesien. Und wieder spinnen sich die Fäden zusammen.

GROBBEN, HATSCHEK, KAMMERER, CHRISTIANE BÜHLER und alle ihre geistigen Hintergründe tun ihre Wirkung. Nicht aber FREUD oder ALFRED ADLER und auch nicht der Kreis der Wiener Positivisten. Selbst LORENZ und POPPER nehmen einander erst im Alter wahr, obwohl sie Spielgefährten waren im LORENZschen Park in Altenberg. Entscheidend für das Werden eines neuen Zweiges der Biologie aus den Wiener Schulen wurde das Homologietheorem. Dieses war ein Hauptanliegen jener Wiener Biologen, und in den Tagespflichten des Assistenten LORENZ ebenso wie in den Interessen HOCHSTETTERS an seinen beträchtlichen vergleichend embryologischen Sammlungen.

»Die Entdeckung der Homologisierbarkeit von Bewegungsweisen«, erinnert sich LORENZ 1978, »ist der archimedische Punkt, von dem aus die Ethologie.... ihren Ursprung genommen hat. ... Ich selbst«, setzt er fort, »entdeckte die Homologisierbarkeit ... unabhängig von WHITMAN und HEINROTH. Als ich in der Schule des Wiener Anatomen FERDINAND HOCHSTETTER gründlich mit Fragestellung und Methodik vertraut gemacht wurde, war mir sogleich klar, daß die Methode der vergleichenden Morphologie ebensogut auf das Verhalten der vielen Arten von Fischen und Vögeln anwendbar war, das ich dank meiner früh einsetzenden Tierliebhaberei gründlich kannte.«

Dies ist ein geistesgeschichtlich folgenreicher Schritt gewesen. Und zwar nicht nur, weil damit zwischen der idealistischen Instinktlehre und dem reduktionistischen Behaviorismus eine wieder vertretbare Position gefunden wurde. Mehr noch, weil die für die Biologie so unentbehrliche und synthetische Methode der Morphologie ein neues Wirkungsfeld und bald ein neues Gebiet zur Blüte führte. Und das zu einer uns nun schon sehr nahen Zeit, in der durch die Verbreitung der chemophysikalischen Analytik und deren Erfolge in der Physiologie und Molekularbiologie die Morphologie in den ›modernen‹ Ländern in Verfall gerät.

Gerade die Unberührtheit vom Positivismus und seinem an der Physik orientierten Wissenschaftsideal, der Meinung, ein System könne allein analytisch aus seinen Teilen verstanden werden, war für diese Fäden der Wiener Schulen entscheidend. Die im Grund hermeneutische Methode der vergleichenden Anatomie und Systematik zog weiter durch die Strömung dieser Schule. Und während in Deutschland sich die Deutung der Phänomene der organischen Entwicklung in Entwicklungsmechanik versus Vitalismus polarisierte, war in Wien die Systemtheorie des Organischen entstanden durch den schon genannten PAUL WEISS, der aus Mähren stammt, und durch LUDWIG VON BERTANLANFFY, dessen Familie aus Ungarn zugezogen war.

Freilich verstreute das österreichische Schicksal sie alle, wie sie gekommen waren, in der neuen Westdrift der Zeit erst nach Deutschland, denn nach England, Kanada und in die USA. Und gerade in jener Folgezeit, als man in Deutschland die Vergleichende Verhaltensforschung in ›Vergleichende Physiologie‹ umbenannte, entstanden (nun schon jenseits des Atlantik) die Werke über die Hierarchie der Systeme, von PAUL WEISS über »Life, Order and Understanding« und die »General Systems-Theory« von BERTALANFFY. Der rote Faden spinnt sich fort. Die *quiet invaders* nennen sie die Amerikaner (SPAULDING); so überrascht wie anerkennend.

In dieser Zeit werden GROBBEN und HATSCHEK von dem Holländer JAN VERSLUYS abgelöst; unter dem Eindruck dieser drei sowie HOCHSTETTERS und OTHENIO ABELS setzt WILHELM MARINELLI (nun stammt die Familie aus Italien) die Morphologie in Wien fort. Und zwar ganz ausdrücklich und eng angeschlossen an GOETHE und dessen Typuskonzept. Ähnlich wie in GOETHES Denken gegenüber seinen zeitgenössischen Biologen in Paris, hat auch für MARINELLI das Eindringen in den Erkenntnisweg der organischen Strukturen Vorrang vor dem Eindringen in den Weg der Erklärung. »Bei der Erfolglosigkeit der bisherigen Auseinandersetzung« um den Ursprung der Vielzeller, sagte er zum Beispiel, ist es »dringend notwendig, die Grundlagen der Diskussion zu untersuchen und die Prinzipien klarzustellen, nach welchen man zu Urteilen über das aufgeworfene Problem gelangen könnte.«

In die Tiefen der Biologie kann man ja auf zwei Wegen vordringen: über die Anschauung der Mannigfaltigkeit der Gestalten in einer holistisch-hermeneutischen Weise oder über das formalisierbare Problem, durch analytisch-deduzierende Reduktion. Nach dem physikalistischen Positivismus hält heute das reduktionistische Paradigma die Majorität. Man meint, Gestalten rückstandslos auf die Funktionen ihrer Teile zurückführen, die Ordnung der Natur aus Molekülketten zusammensetzen zu können. Das hat man in den Wiener Schulen nie ernst genommen.

Der jüngste Zweig aus dieser Wiener Tradition, über den ich als Chronist berichten darf, hängt mit KONRAD LORENZ' Berufung für Humanpsychologie nach Königsberg zusammen. Dort entstand aus der Ethologie im Schlagschatten IMMANUEL KANTS die ›Evolutionäre Erkenntnistheorie‹. Die kenntnisgewinnenden Mechanismen der Tiere ließen sich, wie ihre Bewegungsweisen, zu einem Stammbaum ordnen; wieder nach den Prinzipien der Morphologie, den Methoden der Vergleichenden Anatomie und der Systematik. Unsere angeborenen, vorbewußten Anschauungsformen mußten aus demselben Grund in diese Welt passen wie die Flosse des Fisches ins Wasser, noch bevor er aus dem Ei geschlüpft. Die KANTschen *Apriori*, die Vorbedingungen unserer Vernunft, werden als *A-posteriori*-Anpassungsprodukte unseres Stammes verständlich. Damals, 1941, unbeachtet, hat die Lehre heute breite Wirkung und Diskussion zur Folge. Denn an die Stelle des widersprüchlichen Rätselratens der spekulativen Vernunft und des Aufzählens einander ausschließender Standpunkte der Erkenntnistheorie, wie dies unsere Kulturgeschichte kennzeichnet, kann eine Wissenschaft vom Kenntnisgewinn treten.

Hier soll der Chronist schließen. Zu jung, noch nicht historisch sind die weiteren Ereignisse. Nur, daß diese Lösung, die Wissenschaft vom Kenntnisgewinn, unabhängig von drei weiteren Wienern gefunden wurde, ist schon Geschichte: Zuletzt aus der Evolutionstheorie von mir, aus der Philosophie durch POPPER und noch vor ihm aus der Wissenschaftstheorie durch ERNST MACH und durch LUDWIG BOLTZMANN. Schließlich ist hier eines Wieners zu gedenken, der in dieses geistige Klima der alten Stadt hineingewirkt hat; ein Fortsetzer BOLTZMANNS, den, wie Sie wissen, die sozialen Strafen seines akademischen Milieus, wie KAMMERER, in den Selbstmord trieben. Es ist ERWIN SCHRÖDINGER; auch er abgewandert nach England; mit seinem Buche »What is life« (1944).

Nur dann, sagt er in seinen Lebenserinnerungen, werden wir dem Dilemma unserer Kultur entkommen können, »wenn sich einige von uns an die Zusammenschau wagen, selbst auf die Gefahr, sich lächerlich zu machen«. Gewiß, allein der Turmbau der Biologen bedarf einer Synthese, wenn er nicht zerfallen soll; dem Umstand trotzend, daß wir alle unsere Ordinariate heute für analytische Leistungen erhalten. Die Völker, die das kulturelle Schicksal unserer Stadt mitgeprägt haben, machten dem Stil all dieser Wiener Schulen die Synthese wohl schon früh zur Notwendigkeit; die Synthese und die Bereitschaft zum intellektuellen Risiko. Aber welch eine Kultur wäre das, wenn ihre Träger nicht auch ihre Risiken tragen wollten.

I 5 Die Spuren der Ethologie

Wir kommen mitten in unsere Tage; die Angelegenheit wird noch österreichischer. PAUL KRUNTORAD hat einen lebendigen Band über den österreichischen Mythos zusammengestellt. Etwa nach den kryptischen Zeichen A.E.I.O.U., die Kaiser FRIEDRICH III. auf vielen Gebäuden anbringen ließ. Deutet man sie als Austria est in orbi ubique *(Österreich ist überall), dann zielt die Frage auf den österreichischen Beitrag zum Mythos der Gegenwart; sein Hinaus- und wieder Hereinwirken in dieses Land.*

Meine Aufgabe sollte es sein, die Entwicklung der Verhaltenslehre mit ihrer Wirkung in die ›Evolutionäre Erkenntnistheorie‹ zu untersuchen. Manches davon habe ich miterlebt. Vor allem das Werden des ›Altenberger Kreises‹, in dem sich Ethologie, Evolutions- und Erkenntnistheorie verbanden. Die für den objektiven Chronisten zu geringe historische Distanz wird anerkannt; ich will darum über die Dinge ganz persönlich reden.

Der Beitrag erschien 1985 im Band »A.E.I.O.U.« im Österreichischen Bundesverlag in Wien. Auch ihn gebe ich unverändert wieder. Denn Ethologie, Evolutions- und Erkenntnistheorie sind die Themen aller folgenden Seiten.

Das LORENZsche ›Schloß‹ in Altenberg an der Donau, heute von der ›Lorenz-Gasse‹ aus erreichbar, ist vom Vater KONRAD LORENZ', erbaut worden; so achtunggebietend wie phantastisch. Der berühmte Orthopäde hatte sich mit weitläufigem Park, getäfelter Halle, dunkler Empore und lieblichen Deckengemälden umgeben, deren schwebende weibliche Akte, von wehenden Schleiern kaum verhüllt, dem kleinen KONRAD als dessen Tanten expliziert wurden.

Da wuchs KONRAD LORENZ auf – ein Spätgeborener in der Familie; hier sowie bei den ›Schotten‹ in Wien und beim Anatomen HOCHSTETTER, dessen Assistent er wurde. Hierher ist er nun heimgekehrt an seinem Lebensabend; seine Lebenskreise hat er im Ausland gezogen, in Königsberg, Wilhelmshaven, Buldern und Seewiesen. Und die Spuren seiner Lehre sind durch die Welt gezogen. Dort tun sie ihre weiteste Wirkung.

Die Idee zum ersten Teil seiner Lehre wurzelt in der Schule der Wiener Anatomen. In ihr lernte er Vergleichende Anatomie gründlich, und weil er das Verhalten der Tiere schon aus früher Liebhaberei ebenso gründlich kannte, entstand das Neue: die ›Vergleichende Verhaltensforschung‹. Er entdeckte, daß sich die Verhaltensinventare der Tiere nach ihren ererbten Ähnlichkeiten so wie nach ihren anatomischen Ähnlichkeiten zu einem Stammbaum ordnen ließen. Herkunft und Geschichte der Verhaltensweisen wurden damit sichtbar.

So war aus der Wiener Schule der Anatomen eine neue Schule entstanden, die man allerdings nur mehr im übertragenen Sinne eine ›Wiener Schule‹ nennen konnte, denn sie mußte mit KONRAD LORENZ auswandern. Das war bald nach seiner Heimkehr aus der Kriegsgefangenschaft.

Neu an dieser Lehre war auch ihre wissenschaftstheoretische Position. Sie mußte sich von allem Anfang an auf einen Kampf gegen zwei Fronten einlassen: den einen gegen die mitteleuropäische Tierpsychologie idealistischer Prägung; den anderen gegen den anglikanisch-materialistischen Behaviorismus. Einmal gegen die Vorstellung der der Natur der Tiere (und des Menschen) vorgegebenen Instinkte; ein andermal gegen einen *Tabula-rasa*-Standpunkt, welcher Tiere (wie Menschen) als Reiz-Reaktions-Maschinen betrachtet.

Die idealistische Tierpsychologie ist seitdem von der Szene gewichen; jedenfalls von der naturwissenschaftlichen. Und höchstens in Gebieten der Philosophischen Anthropologie mag sie noch ein Refugium bezogen haben. Aber die Verhaltensforschung hat weiterhin ihre wissenschaftstheoretische Mittelposition, eine Mittlerposition, behalten; neuerdings zwischen dem Behaviorismus und der im Gegenzug entstandenen Soziobiologie.

Behauptete nämlich der Behaviorismus: »Alles Verhalten ist eine Konsequenz des Milieus«, bezog als weltanschauliche Opposition die Soziobiologie den Standpunkt: »Alles Verhalten ist eine Konsequenz der ererbten Gene.« Dort behaupteten die ›Linken‹: »Schuld an deinem Verhalten ist nur dein Milieu«, da behaupten die extremen ›Rechten‹: »Schuld an deinem Verhalten ist nur dein Erbe.« Beide Standpunkte rechtfertigen eine verantwortungslose und darum inhumane Welt. Und gottlob sind in ihren radikalen Konsequenzen beide Lehren falsch.

Ein zweites Mal wird damit das Verantwortungsbewußtsein der Vergleichenden Verhaltensforschung deutlich, der *ethology*, wie sie inzwischen englisch heißt. Denn sie widersteht dem Reduktionismus; dem Glauben, man könne lebende Systeme auf eine einzige letzte Ursache zurückführen oder reduzieren; sei es auf letzte Zwecke, wie die Idealisten meinen, sei es auf erste Antriebe, wie die Materialisten betonen. Die Ethologie hat vielmehr stets gleichzeitig nach der Herkunft der Zwecke und Kräfte gefragt und damit auch dem Menschen weder seinen Sinn noch die Freiheit seiner moralischen Entscheidungen in Frage gestellt. Ganz im Gegenteil zur Idee einer zweckgerichteten Weltordnung der Idealisten, der unsere Freiheit zum Problem wird. Und im Gegensatz zum Materialismus, der den Sinn menschlichen Daseins in Abrede stellen muß.

So hält sie auch jenseits jener widersprüchlichen linken und rechten materialistischen Positionen stand, die dem Individuum seine Verantwortung abzunehmen trachten; und die erstaunt sind, letztlich eine jeweils verantwortungslose Gesellschaft begründet zu haben. Diese Standfestigkeit wurzelt nämlich weiterhin in jener anatomischen Schule, in der man schon immer wußte, daß die Antriebe eines jeden Organs, sagen wir eines Muskels, aus den Teilen zu verstehen sind, aus welchen er sich zusammensetzt; daß seine Zwecke aber nur aus den übergeordneten Systemen verstanden werden können, deren einer Teil er selber ist.

Für diese LORENZsche Schule des Denkens ist ein geographischer Ort ihres Wirkens nicht anzugeben. Sie wirkt in England und Skandinavien ebenso zwischen den Reduktionisten wie in Japan oder den USA; und nicht minder als in ihrer deutschsprachigen Heimat. Das ist nun nur zum Teil auf die Regel zurückzuführen, daß der Prophet in seinem Land nichts gelte; mehr auf den Umstand, daß LORENZ' unmittelbare Schüler trachteten, vor allem bedeutende unter ihnen, aus dem Schatten des großen Baumes hervorzutreten. Manche sind vom Behaviorismus und der Soziobiologie nicht unberührt geblieben und haben das Nützliche aus jenen Standpunkten vertreten. Andere haben die Vergleichende Verhaltensforschung erweitert zur Entwicklungsethologie, Humanethologie und zur Verhaltensethnologie.

Die LORENZsche Lehre hat aber noch eine zweite Seite, und diese wirkt umfassender. Sie wurzelt scheinbar nicht in Wien, sondern in Königsberg; nicht in der Wissenschafts-, sondern in der Erkenntnistheorie; und kommt nicht aus dem Neopositivismus des ›Wiener Kreises‹, sondern aus dem Dunstkreis IMMANUEL KANTS. LORENZ war auf den Lehrstuhl der Universität Königsberg berufen worden; dies war sogar sein erstes Ordinariat.

In der Auseinandersetzung der LORENZschen Biologie mit den Kantianern entstand nun etwas grundlegend Neues: die ›Evolutionäre Erkenntnistheorie‹. Sie begegnet dem ältesten Dilemma menschlichen Erkennens. Jene einer jeden vernünftigen Frage an diese Welt notwendig vorauszusetzenden synthetischen Urteile, die KANTschen *Apriori,* erweisen sich nämlich als Vorbedingungen jeder Vernunft und aus der spekulativen Vernunft allein nicht begründbar. Diese *Apriori* jedes individuellen Denkens erkennt LORENZ nun als die *A-posteriori*-Lernprodukte, als unsere genetische Ausstattung aus der Stammesentwicklung. Unsere erblichen Anschauungsformen, sagt er schon 1941, werden aus demselben Grunde in diese Welt passen, aus welchem die Flosse des Fisches ins Wasser paßt, noch bevor er aus dem Ei geschlüpft ist.

Dies ist nun grundsätzlich neu: Die Unvereinbarkeit der Standpunke, ob platonisch, aristotelisch, neuplatonisch, kantianisch oder neukantianisch, findet eine wissenschaftliche Lösung. Das Fortschleppen dieser nur mehr historisch wiederholten Positionen unserer spekulativen Vernunft findet eine Alternative. Jenen Standpunkten der philosophischen Erkenntnislehren stellt sich eine an der Erfahrung prüfbare Wissenschaft von Kenntnisgewinnung gegenüber. Sie ordnet nun nochmals nach der Methode der Vergleichenden Anatomie, nach den Prinzipien der Morphologie, die kenntnisgewinnenden Mechanismen der Organismen zum Zusammenhang ihrer Geschichte.

»Dies«, sagt LORENZ immer wieder, »halte ich für das mit Abstand wichtigste meiner wissenschaftlichen Produkte. So vielleicht«, spaßt er gerne, »wie GOETHE seine Farbenlehre für bedeutender als seine Lyrik gehalten hat.«

Die Veröffentlichung der Entdeckung im Jahr 1941 blieb unbeachtet. Die Ausarbeitung ihrer biologischen Begründung verfaßte LORENZ zunächst in der Kriegsgefangenschaft in Rußland. Die Niederschrift auf gebügelten Papiersäcken wurde ihm in die Heimat mitzunehmen gestattet und ging dennoch verloren. Diese Thematik hat LORENZ aber durch sein ganzes Forscherleben mit sich geführt. Sie stand stets hinter all seiner empirischen Arbeit, sei es mit Hunden, Gänsen oder Korallenfischen. Und erst nach seiner Emeritierung, heimgekehrt nach Altenberg, wurde sie in dem Buche »Die Rückseite des Spiegels« niedergeschrieben. 1973 ist der Band erschienen.

Es kann darum nicht so sehr wundernehmen, daß jene unmittelbaren Schüler LORENZ', jene ›Nah-Schüler‹, die ihn durch seine Arbeitsjahrzehnte im Ausland begleiteten, den Gedanken der ›Evolutionären Erkenntnislehre‹ nicht aufgegriffen haben. Und noch weniger hätten sie dieselbe weitergeführt. Sie waren mit ihr nicht aufgewachsen. Der prägende Effekt einer neuen Denkweise hatte sie in der prägbaren Phase ihrer akademischen Entwicklung nicht erreicht.

Die Schule der ›Evolutionären Erkenntnistheorie‹ entstand ganz anders. Geographisch kann man sagen: über England, Deutschland und die USA; wissenschaftsgeschichtlich durch voneinander unabhängige Entwicklungen. Ich will von der meinen erzählen, weil ich diese am besten kenne:

Es waren meine Lehrjahre in den Südstaaten der USA, die mir die Zeit gaben, einen alten Gedanken weiterzuverfolgen: den der ›Systembedingungen der Evolution‹. Die Sache hatte wieder in Wien begonnen. Vorbewußt wohl schon in meiner Studienzeit kurz nach dem Ende des Krieges. In dieser Prägephase muß LUDWIG VON BERTALANFFY, der geistige Vater der biologischen Systemtheorie, wie man ihn heute nennt, Eindruck auf mich gemacht haben. Bei seinen Darstellungen dessen, was wir heute ›Denken in vernetzter Kausalität‹ nennen, kamen mir Gedanken zu einer Vorordnung, die mich beschäftigten, seitdem mir ERNST HAECKELS Werke und die »Abstammungslehre« seines Nachfolgers in Jena, LUDWIG PLATE, früh in die Hände gekommen waren. Jedenfalls verfaßte ich, nach Jahren der Studien der Vergleichenden Anatomie und des ›Natürlichen Systems‹, noch vor Antritt meiner Professur in den USA, einen theoretischen Essay; »Korrelative Selektion« war sein Titel. Er ließ auch meine wohlmeinenden Lehrer ratlos; er ist nie erschienen.

In den Staaten entstand dann das Buch-Manuskript »Systems-Conditions in Evolution«. Und mit meiner Rückberufung an die Universität Wien wurde es zur Grundlage meines Manuskripts »Die Ordnung des Lebendigen; Systembedingungen der Evolution«. Das war 1971. Im wesentlichen fand ich, daß es Rückwirkungen der Funktionszusammenhänge im Organismus auf seine Gene geben müsse, daß nur auf diese Weise die Gesetzlichkeiten der Morphologie, der Stammesgeschichte und des ›Natürlichen Systems‹ erklärbar würden und daß es vier Grundmuster organischer Ordnung gäbe, die dies widerspiegeln.

Vor der Drucklegung, Anfang 1973, machte mich mein Freund BERNHARD HASSENSTEIN auf eine gedankliche Falle aufmerksam, in die ich geraten sein konnte. Es war denkbar, daß die Ordnungsmuster, die ich in der Natur zu sehen vermeinte, den Ordnungsmustern meines Denkens entsprächen und daher nichts als eine Projektion waren, weil wir die Welt nicht anders als mit unseren Denkformen zu denken vermögen. Nun erst, unter solch ernster Warnung, hatte ich mich für Denkordnung zu interessieren. Und es zeigte sich, daß diese tatsächlich der von mir dargelegten Naturordnung so sehr ähnlich (und komplex) war, daß der Zufall als Erklärung ausgeschlossen werden mußte.

Nun besaß ich aber eine Theorie der Evolutionsgesetze, die Natur viel gründlicher erklärte als die bisherige, als daß ich sie aufgeben wollte. Als Naturwissenschaftler fragte ich also nach einem ursächlichen Zusammenhang, und in einem solchen Falle mußte die ältere, die Naturordnung, die Ursache der jüngeren, unserer Denkordnung, sein. Der nächste Schritt war für mich als Biologen nur mehr klein. Ich sagte mir, unsere Denkordnung muß als Selektionsprodukt an der Naturordnung zu verstehen sein. Und ich verfaßte vor der Drucklegung noch Schlußparagraphen zu jedem Kapitel, in denen ich dies erklärte.

Aber so klein der Schritt gewesen sein mochte, die erkenntnistheoretische Konsequenz war beträchtlich. Und sehr wohl war mir darum nicht in meiner Haut (was man jenen Formulierungen noch entnehmen kann). Dann aber, Ende 1973, als ich die Druckfahnen vorliegen hatte, schloß sich der Kreis. LORENZ' »Rückseite des Spiegels« war erschienen und fiel mir in die Hand. Da nun hatte ich meinen großen Gewährsmann, der, von ganz anderer Seite kommend, dasselbe erklärte: Unsere angeborenen Anschauungsformen sind ein Selektionsprodukt an den Naturformen. Jubilierend flickte ich dies, wie es die Drucklegung eben noch erlaubte, mit einigen Fußnoten ein.

Ein Kreis hatte sich geschlossen, und ich begann damit, die Lehre auch zu unterrichten. Und bald wurden wir darauf aufmerksam gemacht, daß man den Ansatz auch schon bei Sir KARL POPPER und selbst bei LUDWIG BOLTZMANN finden konnte. »Wie wird es jetzt um das stehen«, sagte BOLTZMANN schon 1905, »was man in der Logik ›Denkgesetze‹ nennt? Nun, diese Denkgesetze werden im Sinne DARWINS nichts anderes sein als ererbte Denkgewohnheiten.«

Mochte nun dies schon in BOLTZMANNS Leipziger Zeit gedacht worden sein, POPPERS Zugang in London, LORENZ' in Königsberg und der meine in den Südstaaten liegen. Alle unsere unabhängig voneinander gefundenen Zugänge aus Physik, Philosophie, Ethologie und Evolutionstheorie entstammen jedoch derselben kulturellen Matrix Wien. Hier, in diesem noch ganz unerforschten Geflecht unserer Kultur, ist die Lehre entstanden und hat weltweit begonnen, ihre Fußstapfen zu hinterlassen.

Nur als Schule ist sie zurückgekehrt; indem sie prägend eine Generation übersprang. Nun sind es schon meine eigenen Schüler, die begonnen haben, sich über die evolutionäre Lehre einen Namen zu machen; ROBERT KASPAR, GÜNTER WAGNER, FRANZ-MANFRED WUKETITS. Und Freunde und Kollegen haben sich angeschlossen: der Philosoph ERHARD OESER, der Anthropologe EIKE WINKLER, die Mediziner GERD MÜLLER und GERHARD MEDICUS; und es entstand, wieder im Hause LORENZ, das ›LORENZ-Seminar‹ (von LORENZ das ›RIEDL-OESER-Seminar‹ genannt). In unserer Umgebung heißt es ›das Altenberger Seminar‹.

Kein ›Wiener Kreis‹ mehr. Der Neopositivismus ist aus Wien ausgezogen, wenngleich er noch die Universitäten wohl der ganzen Welt durchwirkt. Ein ›Altenberger Kreis‹ aber hat ihn abgelöst, hat nochmals in Wien seine Wurzeln, und nachdem er seine Spuren draußen in der Welt zog, hat er sich zusammengefunden, um nun von hier wieder hinauszuwirken.

Heute versammeln wir uns wieder in demselben so achtunggebietenden wie phantastischen ›Schloß‹; sommerlich in demselben weitläufigen Park, winterlich in der getäfelten Halle mit ihrer dunklen Empore und unter jenen lieblichen Deckengemälden.

Teil II Evolution und Gesellschaft

Zweifellos sind die Grundlagen unserer Kultur ein spätes Produkt der organischen Evolution; wie nicht daran zu zweifeln ist, daß unsere Kultur nun eine eigene, teils ganz unorganische Evolution (oder Kulturation) durchmacht.

In der ersten Gruppe der folgenden Kapitel (1 bis 3) stelle ich jene Beiträge zusammen, die nach meiner Meinung das Grund- oder Hintergrundproblem unserer einseitigen Auseinandersetzung mit unserer Welt behandeln; drei Variationen zum Thema unseres gespaltenen Weltbildes.

In der zweiten Gruppe geht es um die Frage, ob wir, aufgrund eines zu einfachen Weltbildes, uns unangepaßt verhalten. Die Kapitel 4 bis 6 befassen sich mit Organisation und Gesellschaft, Kapitel 7 und 8 hinterfragen, was wir fachlich ›Information‹ und umgangssprachlich ›unsere Sprache‹ nennen.

In der dritten Gruppe (9 bis 11) schließlich geht es um die Diskussion über die kulturelle Mitte; um die Position der ›Evolutionären Erkenntnistheorie‹ und ihren Beitrag zur Frage einer Abstimmung des Weltbildes, des metaphysischen Hintergrundes wie des wissenschaftlichen Paradigmas.

Natur und Wissenschaft

II 1 Das gespaltene Weltbild

Im Februar 1983 war ich von der Hochschule Sankt Gallen zu deren traditionellen Aulavorträgen eingeladen, und das Folgende ist die Abschrift des Tonband-Mitschnittes meiner Rede. Dem Puristen wird die Nachlässigkeit des freien Redens auffallen, aber, wie ich hoffe, auch etwas Neues vorgeführt: nämlich ein für Wirtschaftswissenschaftler ungewöhnliches Thema.

Es ist das historische Verdienst von Professor HANS ULRICH *und seinen Schülern und Mitarbeitern* GILBERT PROBST *und* FREDMUND MALIK, *ihren Wirtschafts- und Managementtheorien einen neuen Zugang über die Evolutionstheorie und die Prozesse der Selbstorganisation geschaffen zu haben. Das ist das Neue: nämlich das Gespräch der Wirtschaftswissenschaften mit der Biologie. Der Wunsch der Veranstalter, über unser gespaltenes Weltbild zu referieren, kam auch nicht von ungefähr.*

Die kultur- und sozialwissenschaftliche Komponente der Wirtschaftswissenschaften ist so geisteswissenschaftlich, wie ihre moderne Methodenlehre naturwissenschaftlich ist. Sie ist so gespalten wie manche andere Lehre unserer kulturellen Mitte. Was, so konnte man fragen, war aus diesen Komponenten zu erfahren?

Zu jener Zeit begann ich wieder mit der Arbeit an dem Band »Die Spaltung des Weltbildes«, der ein Jahr darauf erschien. Man mag diesen St. Gallener Beitrag gleichsam als die Suche nach dem Konzept des Buches betrachten. Veröffentlicht wurde er 1983 in der Nummer 18 der ›Aulavorträge‹ der Hochschule St. Gallen.

Ich muß gestehen, daß ich mit etwas Bedenklichkeit referiere, weil ich mir ein Thema vorgenommen habe, über das in der gebotenen Kürze nicht leicht zu sprechen ist. Es ist ein Versuch, Erfahrungen der letzten zehn Jahre zusammenzuziehen, um einen Überblick über eine Problematik zu geben, die sehr tief in uns selber wurzelt und uns vielleicht Schwierigkeiten auf dieser Welt bereitet, die wir beheben könnten, wüßten wir Näheres über ihre Ursachen.

Wie kommt ein Biologe, ein Anatom dazu, über Probleme einer ganzen Welt zu reden? Mit einem bißchen schlechten Gefühl, weil manches, was ich in geraffter Form darzulegen habe, vielleicht zu knapp, nicht ganz richtig in der Beleuchtung, vielleicht selbst von mir nicht ganz verstanden ist.

Trotzdem soll der Versuch gemacht werden, weil die Biologie, in der ich aufgewachsen bin, selber im Schnittpunkt dieses Problems liegt und immer gelegen hat. Gerade dort, wo Leib und Seele, Geist und Materie auseinandergebrochen wurden, wo es für uns Menschen eigentlich am schmerzlichsten ist. Wir gehen ja mit lebenden Objekten um und haben fortgesetzt das Lebendige wie das bloß Strukturelle vor uns. Und dieses Problem läßt einen Biologen, wenn er die Augen offen hat, nicht aus. Daher ist es vielleicht eine gewisse Rechtfertigung, daß einer meiner Art es sich herausnehmen darf, darüber zu reden.

Ich möchte diese Problematik wie folgt vorführen: In einem ersten Abschnitt will ich die heutige Situation erläutern, wie wir sie alle miterleben; in einem zweiten nach den historischen Ursachen fragen, aus denen unsere gegenwärtige Situation zu verstehen ist; in einem dritten nach den Ursachen unserer menschlichen Ausstattung fragen, die zu dieser Art von Geistesgeschichte den Anlaß gegeben hat.

Die Situation heute

Viele werden das berühmte Buch von SNOW kennen, »The two cultures«, in dem gezeigt wird, daß wir uns als Ingenieur oder als Naturwissenschaftler den Tag über materalistisch verhalten, abends nach einem GOETHE, vielleicht sogar nach der »Bibel« greifend, uns idealistisch fühlen. Diese Spaltung in Materialismus und Nichtmaterialismus, in diese zwei Kulturen, ist dabei nicht geographisch zu begrenzen. Wir finden sie in einer Stadt, wir finden sie in einer Familie, wir finden sie, Hand aufs Herz, oft in ein und demselben Individuum – mir jedenfalls ergeht es in dieser Weise.

Wir haben zweierlei Weltanschauungen. Die eine, die meint, alle Dinge, alle Ereignisse auf dieser Welt, auf letzte Ursachen zurückführen zu können. Eine andere Sicht, die versucht, alle Dinge in dieser Welt aus letzten Zwecken zu begründen. Wir haben in unserer Geistesgeschichte damit die Natur- und Geisteswissenschaften getrennt. Und über den Hiatus hinweg gibt es eigentlich keine Verhandlungen. Im Gegenteil, Übertretungen werden mit vielfältigen sozialen Strafen geahndet. Viele haben daher die Finger von diesem Vorgang gelassen. Wer immer ein Ordinariat anstrebt, sei auf der Hut; er muß sich mit Haut und Haaren der entsprechenden Partei verschreiben, um mit dem Strom in seine Sättel zu gelangen. In Österreich gibt es die merkwürdige Unternehmung, noch eine dritte Fakultät erfunden zu haben, eine grund- und integrativwissenschaftliche. Man hat erst nachher bemerkt, daß sich dies in keine andere Sprache übersetzen läßt. Der Antrieb dazu stammt von den Philosophen, die nach wie vor über dem kleinen Fußvolk der Wissenschaften thronen wollen, um sich hier ein sicheres Refugium zu erhalten.

Das ist wohl unfreundlich gesagt, aber ich erwähne es deshalb, weil wir in dieser Problematik in der letzten Zeit von der Philosophie wenig Hilfe erwarten konnten. Vielleicht mag sich das ändern.

Natur- und Geisteswissenschaften

Das Ganze beruht auf methodischen Unterschieden. Die Naturwissenschaft verfolgt üblicherweise eine szientistische Methode. Diese ist dem Empirismus verwandt, dem Monismus, dem Materialismus. Was heißt das? Der Szientismus erwartet, daß wir ein System dann als erklärt verstehen können – achten Sie bitte auf die merkwürdige Wortwahl: »als erklärt verstehen können« –, wenn wir es auf seine Teile zurückgeführt haben. So meinen wir, das Phänomen der Atmung als ein physiologisches Phänomen aus den biochemischen Phänomenen zu verstehen, die biochemischen aus den chemischen Phänomenen, die chemischen aus den physikalischen – dann wäre also Atmung ein merkwürdig vertracktes Ding von Quantengesetzen.

Sagt man das so, dann werden Sie sofort bemerkt haben, daß wir mit jeder Zertrennung eines Systems das System selbst zerstört haben. Wir haben ja im Augenblick, in dem wir nach der Molekularbiologie oder nach der Biochemie der Atmung gefragt haben, nicht mehr an die Lunge gedacht, nicht mehr an den Vogel gedacht, der atmet; wir haben nicht mehr daran gedacht, was denn dazu geführt hat, daß eine Lunge mit einem Vogel überhaupt entstanden ist, daß Atmung selber ja nie bloß ein biochemisches Phänomen ist, sondern das Leben als Träger braucht, um überhaupt entstehen zu können.

Der Reduktionismus

Es gibt zwei Formen des Reduktionismus, dieser Reduktion von Systemen auf ihre Teile: Das eine ist der pragmatische Reduktionismus; er schuf die Erfolge, welche die analytischen Wissenschaften errungen haben. Etwa seit der Aufklärung ist die Welt durch diese Wissenschaften und die Technik mit ihrer Anwendung dieser Wissenschaften verändert worden. Alles, was sich in dieser Welt gewandelt hat, ist fast ausschließlich auf sie zurückzuführen.

Es ist also gar keine Frage, daß die reduktionistische Methode Erfolg hatte. Der pragmatische Reduktionismus wird aber zum ontologischen Reduktionismus oder, wie wir in Amerika sagten, zum *nothing else but-ism,* zur ›Nichts-anderes-als‹-Ideologie, wenn man nun meint, damit sei alles zureichend verstanden. Natürlich ist außerordentlich viel erklärt, wenn wir die Atmung auf biochemische Phänomene zurückführen und diese aus chemischen erklären. Aber die Ansicht, daß dies alles wäre, ist ein grobes Mißverständnis.

Monistisch ist diese Betrachtungsweise deshalb, weil sie keine Ursache hat, mit zwei Welten zu operieren; sie braucht die geistige Welt nicht, nicht einmal die Welt der Zwecke.

Sie ist empiristisch, weil sie als reine Erfahrungswissenschaft Erfolg gehabt hat. Und sie ist materialistisch, weil sie zeigen kann, daß alle Kräfte, um die es sich hier handelt, letzten Endes auf Quantenkräfte zurückzuführen sind.

Und so wichtig und praktisch eben der pragmatische Reduktionismus ist, so grob ist der Irrtum des ontologischen Reduktionismus zu glauben, die Dinge wären damit verstanden.

Die Hermeneutik

Dem gegenüber steht die Hermeneutik, die Methode der Geisteswissenschaften. Als vor etwa hundert Jahren, in den achtziger Jahren des vorigen Jahrhunderts, die Naturwissenschaften zu ihrem ersten Höhenflug ansetzten, fühlten sich die Geisteswissenschaften besonders eingeengt und suchten nach einer eigenen Formulierung. Es war vor allem DILTHEY, der das versucht hat.

Diese Methode ist rationalistisch, dualistisch, idealistisch in ihrem Grunde. In ihr steckt die Erwartung eines hermeneutischen Zirkels. Ich will diesen jetzt nicht kritisieren, sondern ihn aus der Geschichte heraus beleuchten. Im hermeneutischen Zirkel erwartet man, daß wir ein System erst dann verstehen, wenn wir zwei Erklärungsrichtungen eingeschlagen haben. Diese verkürzte Darstellung will ich illustrieren.

Wir wollen annehmen, Sie kennten eine Sprache zwar gut, aber nicht so gut, daß Sie alle Vokabeln beherrschten. Sie lesen nun in dieser Sprache und sind zu bequem, bei einem nicht bekannten Wort sofort zum Lexikon zu greifen, weil Sie die Erfahrung gemacht haben, aus den Sätzen den Sinn des Wortes zu erfahren, wenn dieses Wort in, sagen wir, fünfzig Sätzen wiederholt auftritt. So ist es auch. Sie lesen einfach weiter; Sie setzen einen hypothetischen Sinn provisorisch ein, Sie begegnen dem Wort ein zweites, drittes, viertes Mal, und beim zehnten Mal wahrscheinlich wissen Sie schon, was das Wort bedeutet. Das heißt also, Sie erfahren den Sinn eines Wortes aus dem Satz, genauer, aus den Fällen der Sätze, in denen es steht. Hier sind die Sätze die Fälle, das Wort die Theorie und das Problem. Aber selbstverständlich ist es Ihnen geläufig, den Sinn eines Satzes aus den Wörtern zu verstehen.

Sie sehen also hier schon ein Wechselspiel. Nehmen Sie eine nächste Schicht (denken Sie sich diese Welt geschichtet und ebenso unsere Sprache; dann haben wir also eine Wortschicht, eine Satzschicht, eine Kontextschicht darüber usw.). Wir haben also einen Wechselbezug des Verständnisses vor uns, wo wir nun aus der Wortschicht in der Satzschicht lernen und aus der Satzschicht in der Wortschicht.

Gehen wir in die nächste Schicht hinein. Darf ich Sie daran erinnern, daß Sie einem aus dem Zusammenhang gelösten Satz nicht ansehen, ob er ironisch gemeint ist oder nicht. Sie brauchen dazu den Kontext. Sie müssen wissen, wo der Satz steht. Dann erfahren Sie mit einiger Sicherheit, ob dieser Satz ironisch gemeint ist oder nicht. Sie erfahren also den Sinn, den tieferen Sinn des Satzes, aus dem Kontext. Und niemand zweifelt daran, daß wir den Kontext aus seinen Sätzen verstehen.

Der Schichtenbau der Dinge

Wir haben also mehrere Schichten vor uns, die sich hier verbinden. Daß das in der Biologie ebenso ist, ist selbstverständlich. Denn daß ich ›Flugmuskel‹ sagen kann – das ist jenes große schöne Stück an Ihrem Hühnerbraten, *Musculus pectoralis* heißt er bei uns –, enthält ja zweierlei: die Systembezüge ›Flug‹ und ›Muskel‹.

Wie also erfahre ich, daß es ein Muskel ist? Indem ich zu seinen Teilen vordringe. Ich gehe also stufenweise hinunter. Ich sehe, in ihm gibt es Muskelfasern, diese Muskelfasern enthalten Zellstrukturen, diese Strukturen enthalten Querstreifungen – es ist ein quergestreifter Muskel in diesem Fall –, diese Querstreifungen enthalten weitere drei, vier Schichten bis zu den Myosinmolekülen, die mit ihren Seitenrudern nun einander entgegenschwimmen und auf diese Weise den Muskel verkürzen. Damit bin ich sicher: Dies ist ein Muskel. Schicht für Schicht hinuntererklärt, reduktionistisch.

Wieso kann ich aber ›Flug‹ sagen? Sehe ich das an dem Muskel selbst? Keineswegs! Um ›Flugmuskel‹ sagen zu können, muß ich Schicht für Schicht hinauf. Ich muß zuerst einmal bemerken, daß er von einem Brustbein zu einem bestimmten Knochen reicht. In der zweiten Schicht muß ich feststellen, daß dieser Knochen Teil einer Extremität ist. Und in der dritten erweist sich diese Extremität als ein Flügel; und daß mit solchen Dingern ein Vogel fliegt. Erst dann weiß ich, es ist ein Flugmuskel.

Ich kann also als Anatom überhaupt nur einen Begriff bilden, indem ich regelmäßig hinauf- und hinuntersteige, Erklärungen in zwei Richtungen versuche. Das war mir schon als Student selbstverständlich. Und zwar aus einem merkwürdigen Umstand: hübsche Freundinnen hatten mich aufgefordert, einmal die Ägyptologen zu hören. So bin ich mitgetrabt und habe es soweit gebracht, in zwei Semestern einfache Texte des Alten Reiches lesen zu können. Damals habe ich den Vorgang des Schriftentzifferns erlernt. – Man erinnert sich an den Stein von Rosette, die CHAMPOLLION-Entzifferung und vieles andere (oder lese DOBLHOFERS lebendige Darstellung). – Ich hatte also begriffen, wie man wechselseitig zwischen Zeichen und Wort sowie zwischen Wort und Satz zu schließen hat. Und als ich dann vor meinen Hühnern saß, um sie im Anatomiekurs zu sezieren, da fand ich es selbstverständlich, die gleiche Methode anzuwenden: Ich muß hinauf-, ich muß hinunterfragen, um nun den Gesamtzusammenhang zu verstehen.

Erklären und Verstehen

Das war auch DILTHEYS Idee vor hundert Jahren. Aber das wußte ich freilich nicht. Er sagte: »Die Naturwissenschaften erklären, wir aber wollen verstehen.« Und in diesem Sinne möchte ich die Worte auch gebrauchen. Sie werden bemerken, daß man die beiden Termini auswechseln kann; wir wollen aber kein semantisches Problem daraus machen. Lediglich zur Unterscheidung sagen wir: Wir erklären in die eine wie in die andere Richtung, und wir verstehen, wenn wir beide Richtungen erklärt haben. Dieser Wechselbezug wurde dann von den Geisteswissenschaften der ›Hermeneutische Zirkel‹ genannt.

Die Biologie nun war hier immer in einer Zwischenposition. In einer vermittelnden Position, läßt sich nicht sagen; es wäre schön, wenn sie eine vermittelnde Position eingenommen hätte. Aber sie ist gespalten worden. Die Biologie wurde gespalten, so, wie unser Weltbild gespalten war, so, wie die Naturwissenschaft und die Geisteswissenschaft getrennt waren. Und daher konnte man entweder reduktionistisch die Naturwissenschaft betreiben, oder man versuchte, aus dem Reduktionismus herauszukommen und andere Forschungsperspektiven zu suchen, wie der Biologe PORTMANN es unternommen hat. Selbstverständlich ist er auf Unverstand auf der Seite der Reduktionisten getroffen. Und nicht minder ist dies eine Diskussion, die bis heute anhält. Es ist also leider nicht so, daß die Biologie die Kraft gehabt hätte, zu vermitteln und zu sagen: »Ihr seht die Sachen nicht vollkommen richtig. Verstehen bedarf der Erklärung aus zweierlei Richtungen.« Die Biologie war dazu zu schwach. Heute beginnen sich die Dinge herumzusprechen, und der Umstand, daß man mich zum vorliegenden Thema eingeladen hat, ist wohl darauf zurückzuführen, daß die Biologie in letzter Zeit Kräfte entwickelt hat, so daß sie es sich leisten kann, so deutlich zu werden.

Die Spaltung der Zwischengebiete

Wie also hat sich die Biologie gespalten? Zum Beispiel in Behaviorismus und Instinktlehre. Auf der einen Seite mußte der Organismus auf eine reine Reaktionsmaschine reduzierbar sein – nach SKINNER. Auf der anderen, der Seite der alten Instinktlehre konnte niemand sagen, woher diese Instinkte kämen.

Auch die Systematik hat sich gespalten. Hier die numerische Taxonomie, die nun meinte, bloß mit Messen voranzukommen und die Beinchen ihrer Käfer zwar sehr genau gemessen hat, aber nicht angeben konnte, wieso sie weiß, daß das, was sie mißt, ein Bein ist. Und auf der anderen Seite die idealistische Morphologie, die geglaubt hat, weil GOETHE von den deutschen Idealisten falsch ›übersetzt‹ worden ist, daß die Morphologie auf einer idealistischen Methode beruhe. Es ist das große Verdienst meines außerordentlich gescheiten Freundes HASSENSTEIN, diese idealistische Morphologie so scharf analysiert zu haben, als idealistische Morphologie in seinem Sinne, daß ich begriffen habe, was an der HASSENSTEINschen Lösung nicht richtig sein kann. (Ich habe das große Glück, sehr gescheite Freunde zu haben, und fast alles, von dem ich Ihnen spreche, stammt aus Erfahrungen, die diese mir aufbereitet haben.) Die Tierpsychologie, die Taxonomie, die Morphologie haben sich also gespalten.

Die Evolutionstheorie natürlich auch: Hier der Neodarwinismus – ihm gegenüber immer wieder holistische und vitalistische Strömungen, die gesagt haben, so einfach könne die Sache nicht sein. Molekularbiologie und Morphologie haben praktisch unterschiedliche Sprachen entwickelt; und eine Verständigung zwischen ihnen ist fast nicht mehr möglich.

Die Biologie hat also nicht die Phalanx gebildet, um zu zeigen, wie die Dinge zusammenhängen. Nein, sie hat sich wie alle anderen Wissenschaften vom Lebendigen: Psychologie, Soziologie, Geographie, spalten lassen in all ihren Disziplinen. Heute aber beginnen wir Biologen darüber nachzudenken, denn nur wenigen Wissenschaften ist durch diese Spaltung so geschadet worden wie der Biologie.

Die Funktion des Paradigmas

Ein Paradigma nun, worunter wir ein etabliertes, ein in sich ruhendes Weltbild verstehen, ist eine Sache, die so wichtig ist wie eine Sprache. Würden wir uns nicht auf eine bestimmte Sprechweise einigen, würden Sie sich unter der Lautfolge »Mutter« nicht etwas Ähnliches vorstellen, wie es sich in meiner Vorstellung abspielt – wir könnten uns nicht verständigen. Eine ebenso konservative Aufgabe hat ein Paradigma. Wir brauchen es, um uns überhaupt verständigen zu können.

Aber leider tendiert ein Paradigma, obwohl es beansprucht, ein Abbild dieser Welt zu enthalten, auch dazu, sich gegen Widerlegung zu immunisieren. Das heißt, daß es all das, was an Erfahrung ihm widerspricht, was an Fehlern deutlich wird, so lange verkleinert, bis all diese verkleinerten Fehler unter den Teppich gekehrt werden können. Und da ruhen sie nun. Darin übt sich das eine Lager genauso wie das andere. Das ist jener Zusammenhang, von dem ich Ihnen am Schluß die Aufklärung vorlegen kann, wie das denn zu verstehen sei, daß wir in dieser Weise vorgehen. Wenn nun unsere Paradigmen als eher komplizierte soziale Apparate den Filz der sozialen Selbstverständlichkeiten entwickeln, führen sie zur sogenannten *self-fulfilling prophecy* – zur selbsterfüllenden Prophezeiung. Sie sind also zuletzt ein Beschwichtigungssystem, sie taugen nicht zur Wahrheitsfindung. Sie sind eine Form des Aberglaubens.

Junge Wissenschaftler dürfen sich einer solchen Sprache nicht bedienen – auch heute noch nicht. Denn nie würden sie auf diese Weise Karriere machen können. Ich nähere mich den Sechzig, und wenn das Älterwerden irgendeinen Nutzen haben sollte, dann besteht er sicher darin, daß man sich vor immer weniger fürchtet. Ich brauche keine Angst mehr zu haben, weder vor dem einen noch vor dem anderen Lager, und ich bin froh, daß ich hier sagen kann, was ich für wahr halte.

Dieses Weltbild – das sagte schon KONRAD LORENZ – bricht uns also tatsächlich dort auseinander, wo es für uns am schmerzlichsten ist. Betrachten wir nun den zweiten Teil unserer Überlegungen.

Die historischen Ursachen

Da ich Anatom bin und kein Historiker, ist es naheliegend, daß das, was ich anbieten werde, Fallstudien sind, Ereignisse aus der Geschichte meiner Wissenschaft und meiner Nachbarwissenschaften, die ich soweit kenne, daß ich ehrlich darüber reden kann. Ein paar Beispiele: Vorerst aus der Geschichte der Evolutionstheorie.

Der Ansatz der Evolutionstheorie

Zunächst einmal wird üblicherweise nicht daran gedacht, daß der Gedanke der Evolution nicht von DARWIN stammt, sondern von JEAN BAPTISTE DE LAMARCK. Und LAMARCK ist trotz der häßlichen Auseinandersetzungen, die ihm CUVIER geliefert hat, unbekannt geblieben. LAMARCK, schon erblindet, wurde von seinen Töchtern zum Katheder geführt. Baron CUVIER ist in seinen Hörsaal eingedrungen und hat über die Studenten hinweg gefragt, wenn sein lamarckistisches Prinzip der Vererbung neuerworbener Eigenschaften stimmen würde, wie es dann wohl komme, daß seine Töchter nicht blind seien. Mit solchen Geschmacklosigkeiten ist schon damals operiert worden. Und LAMARCK geriet in einem Maß in Vergessenheit, daß selbst GOETHE LAMARCK nicht kannte, obwohl er sich außerordentlich für die Vorgänge, damals im Jardin des Plantes, später der Sorbonne, interessiert hat, so sehr, daß er die Auseinandersetzung zwischen GEOFFROY SAINT-HILAIRE und CUVIER beispielsweise selber ins Deutsche übertragen hat.

Von LAMARCK hörte hingegen der Großvater von CHARLES DARWIN, ERASMUS DARWIN, der, Schriftsteller und Poet, in Sinngedichten Evolutionstheorie publiziert hat. Und dieser Band hatte – CHARLES hat seinen Großvater ERASMUS ja nicht mehr kennengelernt – mit anderen Bänden des ERASMUS einen Ehrenplatz im Regal der Familienbibliothek. Es ist also gar nicht verwunderlich, daß CHARLES in dieselbe Richtung gewirkt hat. Wir wissen, daß er nie publiziert hätte, aus Vorsicht, wäre nicht ALFRED RUSSEL WALLACE, ein armer Schmetterlingssammler aus den Suburbs, als erster mit der Theorie der Selektion aufgetreten. Die ›Britische Gesellschaft‹ hat erst unter diesem Eindruck CHARLES DARWIN zur Publikation gepreßt.

Aber CHARLES DARWIN war ein außerordentlich gebildeter Mann und wußte, daß das Selektionsprinzip allein die Evolution nicht erklären kann, denn um auslesen zu können, brauchen wir eine möglichst breite Variabilität, und zwar eine, die erblich ist. Daher stellte sich die Frage, was variiert, und was macht die Variationen erblich? War also nicht das LAMARCKsche Prinzip wirklich das richtige? Kurzum, woran die wenigsten denken und was die wenigsten Biologen heute lehren: CHARLES DARWIN war Lamarckist. Er war sogar lamarckistischer als LAMARCK, indem er Reisenden Glauben geschenkt hat, die erzählten, daß bei jenen Naturvölkern, bei denen die männliche Vorhaut beschnitten wird, diese im Laufe der Generationen schon kürzer geworden sei. Das hätte nicht einmal LAMARCK geglaubt.

CHARLES DARWIN suchte also nach einem Wechselbezug, wie wir heute, übersetzt in unsere moderne Sprache, sagen würden. Auf der einen Seite die Gene, deren Information einen Organismus aufbaut. Aber wie sollten die Gene lernen, wenn sie nicht auch aus dem lernen würden, was sie gebaut haben. Kurzum, CHARLES DARWIN publizierte seinen lamarckistischen Lösungsversuch als ›Pangenesistheorie‹, die heute verschwiegen wird, weil sich die Darwinisten des vermeintlichen Irrtums des großen Meisters schämen und nicht bemerken, daß er viel weitsichtiger war als sie selber.

Von Darwin zu den Ismen

Aus DARWINS Lehre ist erst später der Darwinismus geworden, und zwar durch den viel weniger gebildeten ALFRED RUSSEL WALLACE. Sieben Jahre nach DARWINS Tod ließ er ein Buch erscheinen »The Darwinism«. Und wie unterscheidet sich der Darwinismus von DARWIN? Zunächst einmal durch die Weglassung der ›Pangenesistheorie‹.

Aus diesem Darwinismus wurde später noch ein Neodarwinismus, und zwar durch die Entwicklung der Mutationstheorie. Hier wurde wiederum die Hälfte der verbliebenen Hälfte der Lehre DARWINS weggelassen, denn man hat angenommen, daß der reine Zufall ausreiche, die Evolution zu erklären. Und nunmehr haben wir ein Viertel des alten DARWIN als das Paradigma, als die Lehrmeinung, die uns heute vorgesetzt wird, und jeder wird bestraft, der darlegt, daß das nicht genügen kann.

Ich habe vor einigen Jahren das Buch »Die Ordnung des Lebendigen« publiziert, um das man sich natürlich in meinen Wissenschaften kaum kümmert. Denn darin führe ich den Nachweis, daß Evolution ohne jenen Wechselbezug nicht zu verstehen ist. Nicht einmal eine geordnete Welt der Organismen. Dagegen hat man mir mein vorletztes Buch »Die Biologie der Erkenntnis«, in dem ich sage, daß unsere Denkordnung ein Selektionsprodukt an der Naturordnung sein muß, sofort und in drei Auflagen in eineinhalb Jahren abgenommen. Wenn aber unsere Denkordnung ein Selektionsprodukt an der Naturordnung wäre, legitimierte das wohl die Frage, woher denn diese Naturordnung stamme. Das wußte ich aber bereits sechs Jahre früher. Das war ja mein Zugang zur evolutionären Theorie von der Erkenntnis. Von dieser später mehr.

Soweit also zur Geschichte des Darwinismus und seiner Reduktion. DARWIN saß noch im Sattel und hatte beide Seiten der Lösungsaufgabe gewissermaßen im Gefühl oder wußte, sie müssen beide bedacht werden. Dann glitt die Lehre nach der einen Seite in den Reduktionismus ab. Die Opposition nach der anderen.

Zirkel und Logik

Der Hermeneutische Zirkel hätte die Sache erfassen können, aber man hat an ihn lauter reduktionistische Fragen gestellt. Man prüfte, ob es ein logischer Zirkel sei, und wenn nicht, wo in diesem Zirkel mit der Frage zu beginnen sei? Dies ist schon falsch gefragt. »Wenn es nun eine Reihe von Zirkeln wäre, bei welchem Zirkel hätte ich anzufangen?« – wieder falsch. »Wenn das nun eine Reihe von Zirkeln wäre, wo hören denn die Zirkel auf?« (das sogenannte Abgrenzungsproblem in den Geisteswissenschaften) – auch das ist falsch gefragt.

Das heißt, im Ansatz sitzen wir oben, noch im Sattel, müssen aber auf dem sich dann rational bäumenden Pferd unserer Kulturgeschichte offenbar auf eine der beiden Seiten abrutschen.

Ein weiteres Beispiel: Denken Sie an die Geschichte der Logik. Die Logik begann als eine Wissenschaft vom richtigen Denken. Und man würde enttäuscht, erwartete man, sie wäre es noch. Heute ist die Logik eine Wissenschaft vom richtigen Ableiten. Was ist passiert? In dem Wechselzusammenhang unseres Kenntnisgewinns, in dem wir aus Fällen ein Allgemeines bilden – induktiv –, um dann vom hypothetischen Allgemeinen, von der Theorie, vom Gesetz, deduktiv wieder die Fälle zu prüfen, in diesem Kreislauf bemerkte man, daß die induktive Seite nicht exakt zu fassen ist.

Wir wissen heute recht gut, warum sie nicht genau zu fassen ist. Denn hier spielt sogar ein Zufallsgenerator mit, und die induktive Seite, die Heuristik oder Erfinderkunst, ist eben viel komplizierter als die deduktive. Außerdem hängt dies mit unseren merkwürdigen Hirnfunktionen zusammen: mit der Arbeitsteilung unserer Hemisphären. Kurz und gut, man hat die kompliziertere Seite weggelassen und reduzierte sich formal auf eine Wissenschaft vom richtigen Ableiten. Man verhält sich also so, als hätte man irgendeine Wahrheit, ohne zu wissen, wie man zu einer Wahrheit kommt. Und man befaßt sich nun sehr präzise mit den Gesetzen der Übertragung dieser Wahrheit, mit dem Ziel, von der gedachten Wahrheit, hätte man eine, nichts zu verlieren, wenn es gilt, sie zu übertragen.

Positivismus und Aufklärung

Gehen wir noch einen Schritt zurück. Worin wurzelt dieses Auseinanderfallen der Betrachtung? Es wurzelt weiterhin in der Geschichte des Positivismus und der Aufklärung. Wir stehen nun in der Zeit vor der Französischen Revolution. Es geht darum, sich aus der Bevormundung durch die Aristokratie und den Klerus zu befreien. Dahinter steht die Erwartung, daß der Mensch durch das Lehren und Lernen des Machbaren sein Glück machen könne. Wir sind ja heute noch in Spätformen dieser Aufklärung befangen, da wir alle mehr oder minder an den Segen des Machbaren glauben und meinen, wir könnten eine Welt, die wir einmal kaputtgemacht haben werden, reparieren. Was für ein Mißverständnis!

Die Wurzeln dieses Irrtums reichen wesentlich weiter zurück. Denken Sie an die Geschichte des GALILEI. Warum hat sich GALILEI aufgelehnt? Wiederum als Reaktion gegen die Zeit vor ihm, die um ihn herum – die Scholastik – alt geworden war und sich überlebt hatte. Er wirft Ballast ab und verlangt, nunmehr zu messen, was wir messen können, und meßbar zu machen, was noch nicht meßbar ist. Und ähnliches finden wir, dummerweise, auch noch bei KANT. Auch er hat dem Quantifizierbaren den höchsten Rang gegeben. Und wenn man heute Forscher wie KONRAD LORENZ fragt, dann erfährt man: wenn er irgend etwas oder alles quantifiziert hätte in seinem Forscherleben, er wüßte nicht um einen Buchstaben mehr über seine Ergebnisse zu berichten.

Der theoretische Ansatz

Das Ganze wurzelt noch einmal tiefer, in den Tiefen unserer Geistesgeschichte, im klassischen Ansatz. Da war zunächst ARISTOTELES, der viererlei Ursachen unterschied: eine *causa efficiens*, die wir als Kräfte und Antriebe übersetzen können – das englische Wort *power* übersetzt das vielleicht am besten –; dann die *causa materialis*, die Materialien, die Disponibilität von Teilen oder Gegenständen, die nun ein höheres System bilden können; dann die Formursachen, die *causa formalis*, die wir heute als Selektion verstehen können, als Auswahl oder Entscheidung – es ist ja wieder etwas völlig anderes, das entscheidet, was durch den Rost zu fallen hat und was nicht; und zuletzt die Zwecke, die *causa finalis* – und auch da tiefe Mißverständnisse um unsere eigene Geistesgeschichte.

Hierher gehört zum Beispiel die Vorstellung, es könne Wirkungen aus der Zukunft in die Gegenwart geben (Teleologie). Es erwies sich als falsch, diese Vorstellung ARISTOTELES zuzuschreiben. Es handelt sich um eine Idee PLATONS. ARISTOTELES hat unter der *causa finalis* das verstanden, was wir Biologen heute Teleonomie nennen, die sich zur Teleologie wie die Astronomie zur Astrologie verhält. Nach zwei Jahrtausenden geistesgeschichtlicher Bemühung sind wir endlich daraufgekommen, daß in einer Welt wie der unseren keine Wirkungen aus der Zukunft denkbar sind. Selbstverständlich wirkt nichts aus der Zukunft, sondern unsere Ideen projizieren in die Zukunft hinein.

Und noch weiter zurück, bei den Vorsokratikern, finden Sie schon die Trennung in idealistische und materialistische, empiristische und rationalistische Vorstellungen, wie wir sie heute nach wie vor vorfinden. Die Empiristen sagen, Erfahrung kann natürlich nur aus der Erfahrung gewonnen werden, und die Rationalisten sagen, damit man eine erste Erfahrung gewinnen kann, muß man schon Vernunft besitzen – ein Kreislauf, eine Schraube scheinbar ohne Ende. Die Materialisten leiten alles aus ersten Ursachen ab, die Idealisten aber aus letzten Zwecken (oder Ideen).

Der mythologische Beginn

Selbst die frühesten Vorstellungen, die wir von Menschen kennen, früheste Kosmogonien, haben diese Vorstellungen schon in sich entwickelt, operieren mit Kräften, operieren mit Zwecken und gehen so zu Werke, als ob die Kräfte mit den Zwecken nichts zu tun hätten. Ungeheure Tumulte absichtsvoller Demiurgen hatte man sich ausgedacht. Das mit der geschärften Sichel getrennte, kopulierende Paar, wodurch sich nun Himmel und Erde trennen, steht an der Wurzel unserer eigenen Geistesgeschichte.

Durch die Reinigung der Denkmittel entsteht daraus allmählich die Philosophie, und durch weitere methodische Disziplinierung wachsen aus der Philosophie die Wissenschaften; später meist emanzipierte, undankbare Kinder der Philosophie. So daß sich dann in modernen Lehrbüchern, sei es der Chemie, der Biologie, kein Wort philosophischer Problematik mehr findet; sobald die Methode in sich funktioniert, brauchen sie die Philosophie nicht mehr, folgen aber und verstärken die vorbereitete Spaltung des Weltbildes, nunmehr die ganze Geistesgeschichte unserer Natur hindurch.

Die Ursachen in der Ausstattung des Menschen

Wenn es also richtig wäre, wie ich behaupte, daß unsere gesamte Geistesgeschichte, soweit wir sie zurückverfolgen können, in dieser Weise gespalten ist, wo wären dann die Ursachen dieser Spaltung zu finden? Wir wissen zunächst, daß schon der Neandertaler metaphysische Vorstellungen besessen hat. In einigen Neandertalergräbern des Vorderen Orients fand man im Sediment der Gräber große Mengen Blütenpollen, die gut fossil werden, nämlich von der heute noch in diesen Ländern existierenden Bechermalve, Lichtnelke und Stockrose, so daß wir gewiß sein können, die Toten müssen vor etwa 60 Jahrtausenden mit Blumen bestattet worden sein. Warum aber wurden sie mit Blumen bestattet? Das wissen wir nicht. Sollten diese als Heilpflanzen beigegeben worden sein? Zwei dieser Pflanzen werden heute noch in Persien zu Heilzwecken verwendet. Waren die Blumen als Heilpflanzen gedacht oder sind sie aus demselben Grund auf die Gräber gelegt worden, aus dem wir heute noch die Gräber mit Blumen bedecken? Warum legen wir überhaupt Blumen auf die Gräber? Aber, wichtiger noch, woher stammt jene vor jedem möglichen Wissen liegende Erwartung gegenüber dieser Welt?

Der evolutionistische Ansatz

Ich hätte Ihnen die Ursachenfrage nicht in dieser Weise aufgebaut, hätte ich nicht eine Lösung in der Tasche: das werden Sie sich gedacht haben. Und ich werde nun zu zeigen haben: Die Ursache liegt in der menschlichen Ausstattung.

Einen Zugang dazu hat uns der evolutionistische Ansatz geboten, und einige Wissenschaften, auch außerhalb der Biologie, haben diesen evolutionistischen Ansatz schon aufgegriffen. Auch an Ihrer Universität ist eine Ihrer Schulen dadurch schon lange berühmt geworden, daß sie systemtheoretische und evolutionistische Ansätze in der Wirtschaftstheorie entwickelt hat.

Was sagt nun dieser evolutionistische Ansatz? Er sagt, wir können unsere Vernunft hinterfragen. Sie wissen, daß die menschliche Vernunft nicht dazu geschaffen ist, sich selber begründen zu können. Denn immer bleibt hinter jeder Frage eine Frage. Es gelingt dieser Vernunft nicht einmal, die Realität dieser Welt zu beweisen. Das behaupte nicht ich, lassen Sie mich KANT zitieren. Er sagte: »Es ist ein Skandal, daß es der Philosophie nicht gelingt, die Realität dieser Welt zu beweisen.« Und um Ihnen zu zeigen, wie modern die Sache ist: KARL POPPER sagt: »Es ist der größte Skandal, daß es den Philosophen nicht gelingt, die Realität dieser Welt zu beweisen, obwohl sie dabei sind, mit ihr zugrunde zu gehen.«

Warum ist sie nicht beweisbar? Der extreme Idealismus, der Solipsismus, erweist sich nämlich als durch die Vernunft allein nicht widerlegbar. Wenn ich behaupte – es wird Ihnen absurd erscheinen –, diese Welt ist ein Traum, Sie alle existieren nicht, es existiert allein meine Vorstellung von Ihnen; daß ich heute von Wien hierher geflogen bin, habe ich mir eingebildet, daß ich mich hier in einem so schönen Auditorium vor einem so aufgeschlossenen Publikum befinde, habe ich mir ausgedacht, die vielen interessierten Gesichter sind nur Gebilde meiner Phantasie. Wer sollte das widerlegen? Und wenn einer von Ihnen aufspringen würde und etwas ganz Merkwürdiges und Überraschendes täte, um mir damit zu beweisen, daß er doch zumindest selber real sei, brauchte ich nur zu sagen: »Verehrtester, auch das habe ich mir gedacht, daß das so sein wird.«

Den Solipsismus widerlegt nur die Biologie, das menschliche Wesen an sich schon. BERTRAND RUSSELL erzählt die nette Geschichte von einem Solipsistenvortrag, an dessen Ende eine alte Dame so angetan war, daß sie zum Vortragenden ging und ihm sagte, sie wünschte, es gäbe mehrere Persönlichkeiten seiner Art in London. Ich bin persönlich überzeugt, daß ich einen ganzen Solipsistenkongreß mit einem entkommenen wilden Nashorn in die Flucht treiben könnte. Ich weiß also, die Biologie, das Leben selber, widerlegt den extremen Idealismus.

Die Herkunft unserer Vernunft

Wir können nun die Entwicklungen der erkenntnisgewinnenden Systeme so vergleichen wie der Anatom die fossilen Knochen und daraus einen Werdegang konstruieren, dessen Endprodukt unsere eigene Erkenntnisfähigkeit ist. Dieses Vorgehen birgt die Gefahr, daß wir selber in diesem Endprodukt drinstecken.

Aber wir stehen doch im großen und ganzen als bescheidener Beobachter vor dem Ablauf eines kosmischen Prozesses, wo Evolution selber allmählich von einem physischen zu einem geistigen Abenteuer wird, das Sie selber alle miterleben: Daraus folgt nun eine ganze Reihe von Lösungen zu unserem Problem und die Aufklärung der Frage, wieso unsere Geistesgeschichte eben so geworden ist.

Erfahrung und Vorauserfahrung

Zunächst zum Rationalismus-Empirismus-Problem. Die Lösung besteht in Kurzzeit- und Langzeiterfahrung. Fortgesetzt gibt es alte Erfahrung, auf der die neue aufbaut. Genetische Erfahrung zuerst, die uralt ist. Denken Sie nur daran, mit welcher Akribie, mit welcher Genauigkeit das genetische Lernen aller Ihrer Vorfahren alle für uns relevanten Gesetze der Optik dieser Welt extrahiert und Ihrem Auge in Aufbau und Betriebsanleitung eingebaut hat. Es hat so sehr im Wortsinn die Gesetze der Optik entdeckt, daß wir sagen können, die Physiker haben die Gesetze der Optik nur wiederentdeckt. Sie wären erst viel später auf die Gesetze der Optik gekommen, hätten sie nicht Augen mit Linsen und Akkomodierung und Augenhintergrund bereits besessen.

Also war es ein echter Entdeckungsvorgang. Und selbstverständlich ruht jeder Erkenntnisgewinn auf dem Besitz einer Kenntnis im voraus, so weit zurück, bis zur Formulierung der ersten Desoxyribonukleinsäuren, Moleküle, die nun für ihre Eiweiße kodieren, welche Eiweiße selbst wieder ihre Produzenten protegieren.

Das also, was unsere eigene Vernunft nicht mehr zu hinterfragen vermag, was KANT besonders eingehend analysiert hat (schwer lesbar, wie Sie wissen, man muß ihn ja fast übersetzen), die KANTschen *Apriori*, finden nun ihre Erklärung. Und freilich ist das Problem so alt wie unsere Geistesgeschichte. Man wußte in der griechischen Agora bereits, daß einige Fragen, an die Welt herangetragen, ihr nicht entnommen werden können. So zum Beispiel unsere Erwartung von Raum und Zeit (diese finden sich zwar nicht bei den *Apriori*, sondern in der »Transzendentalen Ästhetik«, wie die KANT-Leser unter Ihnen wissen werden, aber sie gehören in unserem Sinn dazu). Dazu gehört aber bei KANT die Erwartung von Wahrscheinlichkeit und Vergleichbarkeit, von Ursachen und Zwecken. Die Zwecke stehen dann in der »Urteilskraft«, nicht in der »Kritik der reinen Vernunft«.

Selbstverständlich bestätigen wir heute, daß all das *Apriori*, Vorbedingungen, für das erkennende Individuum sind, aber gleichzeitig erklärt sich ihre Existenz als *A-posteriori*-Lernprodukte unseres Stammes. Es sind Grundgesetze, Grundmuster dieser Welt, die ihr zum Zweck der Entscheidungshilfen für den Organismus allmählich extrahiert wurden und die in unseren erblichen Erwartungen eingebaut sind. Wir rechnen einfach mit einer bestimmt organisierten Welt.

In einer ähnlichen Weise ist das Monismus-Dualismus-Problem aufzulösen sowie das Realitätsproblem. Wenn wir anerkennen, daß die Anleitungen unserer Vernunft Anpassungsprodukte an diese Welt, Lernprodukte an dieser Welt, sind, dann kann das Lernprodukt nicht realer sein als der Lehrmeister, die Welt, selber. Und wer immer meint, daß sein Denken und Erleben Realität besitzt, muß damit anerkennen, daß auch diese Welt real ist. Was wir von Haus aus ohnehin tun. Ich halte das Problem für eine reine Philosophenkonstruktion.

Das Monismus-Dualismus-Problem löst sich in einer ähnlichen Weise. Es zeigt sich nämlich, daß unser Denkapparat keineswegs zu Zwecken der Erkenntnis dieser Natur geschaffen worden ist, sondern zum Zwecke des Überlebens. Und für dieses Überleben genügt es, in diese Welt hinein gewisse Sinnesfenster zu besitzen. So, wie Sie – aus einem riesigen Kontinuum von Naturvorgängen – ein Sinnesfenster für Wärme, Töne und ein sehr schmales für Licht und Farbe haben. Und in derselben Weise besitzen wir offenbar auch eine Vorstellung von dem, was wir Materie nennen und Strukturen gegenüber dem, was wir als Vorgänge erleben oder allgemein als Funktionen. So, wie wir in unserer Sprache die Objekte von den Vorgängen trennen – sogar nach Substantiven und Verben grammatikalisch ganz geschieden –, wissen wir doch, obwohl wir Bein und Laufen als zweierlei erleben, daß noch kein Bein ohne Laufen entstanden ist und niemand ohne Beine zu laufen vermöchte.

Wir haben also für Strukturen und Vorgänge zweierlei, zunächst inkomparable Begriffe. Um es kurz zu machen: das fortgesetzt bis in die Tiefe der Strukturen – darf ich Sie an eine witzige, aber sehr anschauliche Bemerkung der Quantenphysiker erinnern, die zum Dualismus feststellten, daß ihnen die Quanten Montag, Mittwoch, Freitag wie Wellen erscheinen und an den übrigen Tagen wie Korpuskeln. Das bedeutet, daß wir sie einmal als Kraft (als Vorgang und Welle) erleben, ein andermal als Information, ich bin da oder bin nicht da (als Struktur und Korpuskel). So daß wir zwar offenbar vor einer einheitlichen Welt stehen, aber mit zwei erblich getrennten Sinnesfenstern und die Verbindung zwischen ihnen erst mit Mühe konstruktiv finden müssen.

Idealismus und Materialismus

In ganz identischer Weise löst sich das Idealismus-Materialismus-Problem, das in unserer Geistesgeschichte besondere Mühseligkeiten bereitete. Wenn Sie sich diese Welt, den hierarchischen Schichtenbau dieser Welt, vor Augen halten, müssen Sie dazu Ihr geistiges Auge bemühen. Man erinnere sich, daß wir wohl zu Recht davon überzeugt sind, daß in der tiefsten Schicht die Quanten Atome zusammensetzen, die Atome Moleküle, die Moleküle Biomoleküle, Ultrastrukturen, Zellen, Gewebe, Organe, Individuen, die Individuen Sozietäten, Kulturen und den ganzen kulturellen Aufbau, dann sieht man, daß die idealistische und materialistische Lösung lediglich in einer unterschiedlichen Blickrichtung besteht.

Sehe ich von den biogenen Untersystemen gegen die oberen, so werde ich sie mit Zwecken erklären können, blicke ich von den oberen Systemen gegen die unteren, dann komme ich zu den Kräften, den materialistischen Lösungen. Diese Symmetrie hat schon ARISTOTELES geahnt; die Einsicht ging aber in der Scholastik wieder verloren. Warum? Weil wir zweierlei Sinnesfenster in dieser Welt haben, von welchen uns das eine die Zwecke suggeriert, das andere die Kräfte. Und eher dunkle Sinnesfenster besitzen wir für die *causa materialis* und *causa formalis.* Es sind zwar richtige Anschauungen, doch sind sie in einer außerordentlich vereinfachten Weise in uns eingebaut worden. Sie waren ja nicht für unsere heutigen Probleme konstruiert.

Anschauungsformen für gestern

Nicht für unsere sozial-kapitalistischen Erfolgsgesellschaften, in denen wir heute leben und mit denen wir uns außerordentliche Schwierigkeiten aufhalsen, sondern für weit zurückliegende Vorfahren sind sie selektiert worden, für den Neandertaler, für einen Raubaffen und für noch viel frühere Formen. Für deren Lebensbereiche waren diese Anschauungsformen notwendig. Nun sind sie erblich, und genetische Veränderungen erfolgen außerordentlich langsam. Wenn Zahlen hier überhaupt einen Sinn haben, dann müssen Sie sich kulturelle Lernerfolge um acht oder neun Größenordnungen beschleunigt vorstellen gegenüber dem genetischen Prozeß.

Unsere erblichen Anschauungsformen sind also Anpassungen für gestern und vorgestern, in phylogenetischen Dimensionen gesehen, und passen heute nicht mehr in die Welt, die wir uns so kompliziert eingerichtet haben. Die erste Korrektur auf diesem Gebiet insuffizienter Anschauungsformen verdanken wir EINSTEIN. Wir werden alle zugeben, daß wir ein Zeitfenster und ein Raumfenster in diese Welt besitzen. Und daß man keine Vorstellung dafür besitzt, daß schnellere Bewegung in der Zeit den Raum verändert und umgekehrt. EINSTEIN rechnet uns nun vor, daß beide Anschauungsformen falsch sind. Wir leben in einem mindestens vierdimensionalen Raum-Zeit-Kontinuum. Und das ist der Grund, warum wir den Anfang der Zeit nicht zu denken vermögen und warum wir uns das Ende eines Raumes nicht vorstellen können. Wenn man sich den Kosmos vorstellt, in sich zurückgekrümmt, rund, dann muß man ihn schon wieder in einem Raum denken und so weiter, ohne Ende.

Für mich als Biologen besteht die außerordentliche Leistung EINSTEINS darin, daß er sich, im Konflikt seiner kreatürlichen Ausstattung mit der möglichen Erfahrung, der Erfahrung gebeugt hat. Und es wird darauf ankommen, daß uns dies auch mit dem Zusammenhang zwischen den vier Kausalitätsformen gelingt. Denn das EINSTEINsche Problem ist zwar heute kein Problem unserer Welt; wir müßten ja fast mit Lichtgeschwindigkeit reisen, um unseren Irrtum, daß Raum und Zeit zweierlei, unabhängige Größen seien, sinnlich wahrnehmen zu können. Aber daß die Kausalitäts- und die Zweckphänomene dimensionslos sind und uns daher auf diesem Planeten plagen, das zu verstehen ist eine Aufgabe unserer Tage.

Erkennen und Gewißheit

Ähnlich läßt sich die Induktions-Deduktions-Debatte lösen. Der Lernprozeß des Lebendigen ist als eine ungeheuer lange Schraube zu denken; dreieinhalb Jahrmilliarden lang, die Schritt für Schritt Wissen aufgebaut hat, angeführt von einer merkwürdigen Erwartung, mit der wir alle ausgestattet sind – ich bitte jetzt noch einmal auf die Wortwahl zu achten –, der Erwartung nämlich, daß mit einer zunehmenden Serie bestätigter Prognosen die Folgeprognose wahrscheinlicher werden würde. Ansonsten würden wir nichts tun, wir würden nicht einmal experimentieren. Warum wiederholen wir ein Experiment, in dem etwas Wunderliches aufgetaucht ist? Um uns zu vergewissern, wie wir uns auszudrücken pflegen. Und wenn wir das Experiment achtmal wiederholt haben, und es kam immer dasselbe heraus, dann wiederholen wir es ein neuntes Mal nicht mehr, weil wir glauben, schon an der Wahrheit zu sein.

Was macht uns denn gewiß, daß die Wiederholung der Bestätigung einer Prognose die Folgeprognose wahrscheinlicher machen würde? Fällt denn im Münzwurf der ›Adler‹ wahrscheinlicher, wenn zehnmal ›Kopf‹ gefallen ist? Wir kommen damit aus der Lage des RUSSELLschen Huhnes nicht heraus, das mit jedem Tag der Fütterung seinen Fütterer mehr für seinen Wohltäter halten muß, ohne ahnen zu können, daß damit auch jener Tag näherrückt, an dem ihm dieser Fütterer den Hals umdrehen wird. Wir kommen aus dieser Lage des RUSSELLschen Huhns zweifellos mit unserem angeborenen Erkenntnisapparat alleine nicht heraus. Was ist also zu tun? Sie alle aufzurufen, auf unsere Fütterer sehr genau aufzupassen, die geringste Handlungsänderung oder Bewegung, die nicht prognostiziert war, sofort als Alarmzeichen zu werten. Es handelt sich also um jene Grundlagen, die unsere Vernunft anführen. Zunächst um die erblichen Teile, jene Anschauungsformen, die wir den ratiomorphen, vernunftähnlichen Apparat nennen. Dieser ist unveränderlich in historischer Zeit und leitet in der Folge unsere rationale, bewußte Vernunft an. Und die beiden begehen nun unterschiedliche Fehler. Mit dieser Forschung stehen wir freilich noch ganz am Anfang, aber die Theorie, die ich hier vorlege, ist jedenfalls überprüfbar.

Ratiomorphe und rationale Fehler

Es sieht so aus, als ob die ratiomorphe, also erbliche Anleitung unserer Vernunft, zu deutsch der gesunde, unreflektierte Hausverstand, bestehend aus allen Entscheidungen, die Sie unreflektiert treffen, Anpassungsmängel zeigt gegenüber unserer Welt. Er ist von unserer komplizierten Welt überfordert. Wir haben sie uns für unsere Ausstattung zu kompliziert gemacht.

Das waren also die Mängel der ratiomorphen Anleitung. Und ich habe den Verdacht, daß die rationalen Fehler, die wir begehen, überwiegend darin bestehen, daß wir meinen, von unseren erblichen Anschauungsformen aus ungestraft und beliebig weit extrapolieren zu dürfen. Damit wird der anfangs bescheidene Fehler immer größer. Darin stecken nämlich solche Vereinfachungen, wie beispielsweise unsere Kausalitätserwartung, die uns Ursachen und Zwecke, wie in Kettenform gegeben, wahrnehmen läßt.

Daher machte man sich sofort auf die Suche nach den ersten Ursachen und den letzten Zwecken dieses Kosmos. Und Sie wissen genug über Paradigmen, um vor Augen zu haben, daß, wenn eine ganze Sozietät lange genug sucht, sie auch jede beliebige ›Lösung‹ findet. Und so fand man sie schon in klassischer Zeit als den ersten Grund dieser Welt – den unbewegten Beweger. Wie Sie sich erinnern, jener unbewegte Beweger, der sich nur so wenig bewegen darf, daß man nicht mehr zu fragen braucht, wer nun ihn bewegt habe, aber dessen Bewegung stark genug sein mußte, um den ganzen Kosmos in Bewegung zu setzen. Heute heißt dasselbe Urknall. Und wir brauchen nur zu fragen, wer diesen Urknall gewollt oder gemacht hat, um uns wieder tief in der Metaphysik zu befinden.

Auf der anderen Seite suchte man die letzten Zwecke dieser Welt und fand sie in den *causae exemplares*, in den letzten Zwecken des Schöpfers. Man führte – und führt noch immer – den Ursachenzusammenhang dieser Welt auf Dinge zurück, die unserer Erfahrung völlig entzogen sind, die beide aus diesem Kosmos in der einen und der anderen Richtung hinauslaufen.

Unsere Anpassungsmängel

Es ist merkwürdig, und damit komme ich zum Schluß meiner Anwendungsüberlegungen, daß die Fähigkeit, mit komplexen Systemen umzugehen, mit Intelligenz scheinbar nichts zu tun hat. Oder zumindest mit Intelligenz, wie wir sie heute messen, nicht korreliert.

Sozialpsychologen haben tüchtige Studenten der Wirtschafts- und Sozialwissenschaften vor einen Computer gesetzt, mit der Aufgabe, ein gedachtes Entwicklungsland aus dem allgemeinen Elend herauszuführen. Alles durfte verändert werden, jede Veränderung durfte abgerufen werden – alle haben dieses Land ruiniert. Was ist passiert? Die Zahl der Eingriffe pro Zeiteinheit ist gestiegen; unter dem Streß, daß es dem Land immer schlechter geht, mußte geradezu zwanghaft immer rascher in das System eingegriffen werden. Der Innovationskoeffizient aber ist gesunken; das heißt, den Leuten ist immer weniger eingefallen. Der eine wollte nur mit der Kapitalpumpe, der andere mit Hebung des Grundwasserspiegels, ein dritter durch Verhinderung der Landflucht, oder was immer variierbar war, dieses Land retten. Alle aber haben es ruiniert.

Ich habe den Eindruck, daß es solcher Experimente fast nicht mehr bedarf. Viele von uns haben schon eine Art Röntgensicht für diese Welt entwickelt. Schauen wir uns nur die Abendnachrichten aufmerksam an, dann erkennen wir, wie wir diese sozialpsychologischen Experimente auf unserem Globus geradezu vorexerziert haben.

Für unsere Absicht, aus diesem Schlamassel, aus dieser Problematik herauszukommen, besteht eine gewisse Hoffnung, indem wir uns selbst übersteigen, indem wir eine Art Selbsttranszendenz vornehmen. Indem wir, wie uns EINSTEIN gezeigt hat, uns nun selbst über unsere kreatürliche Anpassung, über die Mängel unserer Anpassung an diese komplexe Welt forschend erheben, um sie selber wieder kontrollieren zu können.

Möglichkeiten einer Selbsttranszendenz

Das mag uns tatsächlich gelingen. Dies kann ein Schritt sein, der selber wieder ein Teil der Evolution ist, in deren großem Strom wir und unsere Kultur wiederum ein Teil sind.

Als ich vor mehreren Jahren Arbeiten von JAY FORRESTER kennengelernt habe – damals begannen die Untersuchungen über die Grenzen des Wachstums –, erschien mir sein Anfangssatz als ein gelungenes Bonmot. Er lautete: »Es ist mein Grundgedanke, daß der menschliche Verstand nicht dazu geeignet ist, menschliche Sozialsysteme zu verstehen.« (Sagen wir gleich: ›komplexe Systeme‹ zu verstehen.)

Ein paar Jahre darauf habe ich mich zu fragen begonnen, ob er nicht doch recht hat, besonders als ich FRIEDRICH VON HAYEK begegnet bin, der mich davon überzeugt hat, daß wir diese unsere Kultur nicht geplant haben, sondern daß sie uns unterlaufen ist. Wir sind in sie hineingestolpert. Und wir erweisen uns weniger als rationale denn als rationalisierende Wesen. In dem Sinn, als uns fortgesetzt etwas passiert, und wir dann die Vernunft anrufen und die Erklärung dafür suchen, wie es denn dazu kommen konnte.

Heute, in einer dritten Stufe, kann ich nicht nur ernst nehmen, daß das so ist, sondern fragen, wieso das so ist, ja sogar die Frage stellen, wie wir nun diese unsere eigenen kreatürlichen Mängel selber zu übersteigen haben. Wir müssen unsere geteilten Anschauungsfenster zusammenführen und gewissermaßen probeweise beginnen mit einer Synthese, einer Zusammenfügung, unseres so lange gespaltenen Weltbildes.

II 2 Brücken zwischen Natur und Geist

Der folgende Beitrag ist mit dem vorhergehenden verwandt. Nochmals wird die Spaltung unserer Kultur behandelt; man wird daher manche Parallelen, selbst manches Beispiel, wiederfinden.

Ich lasse aber diesen Text unverändert und schließe ihn hier an, weil die Perspektive eine etwas andere ist. Hier geht es weniger um jenen Hintergrund, der uns die Herkunft dieser Spaltung verstehen machen soll, als vielmehr um die Frage, wie sich unsere Wissenschaften mit ihr arrangiert haben, um zu sehen, welche mögliche Lösung aus deren Polarisierung resultieren könnte.

Aber zwei weitere Bezüge zum vorigen Thema sind gegeben. Der Beitrag ist 1985 in der von PROBST *und* SIEGWART *für* HANS ULRICH *zu dessen 65. Geburtstag herausgegebenen Festschrift erschienen. Für jenen Mann, dem wir, wie erinnerlich, die Initiative für das Gespräch verdanken, das zwischen Wirtschafts- und Biowissenschaften nun begonnen hat. Gleichzeitig ist der Beitrag etwas wie ein Rückblick auf meinen Band »Die Spaltung des Weltbildes«, der, wie erwähnt, im Jahr davor erschien.*

Vor seinem Labor begegne ich meinem Doktoranden ROLAND X. Zorngeröteter Kopf; in der einen Hand einen Besen, in der anderen eine Kehrschaufel, und auf ihr türmt sich eine Pyramide offenbar ausgebrannter Glühbirnen. Der Zusammenhang ist unklar. Die affektbetonte Haltung drängt mich nachzufragen. »Ist Ihnen etwas passiert, ROLAND?« Das Zorngesicht weicht dem Ausdruck der Verlegenheit. Nichts, so das Eingeständnis, ist passiert; es wird etwas passieren.

Und es erklärt sich mir eine Situation, von der unsere Geistesgeschichte etwas lernen könnte. Ist ROLAND in eine Situation geraten, in welcher der gesunde Mensch dazu fortgerissen wird, irgendeinen (meist unschuldigen) Gegenstand mit Fluch- und Donnerworten an die Wand zu werfen, so vermag er sich soweit zu fassen, daß er sich innerlich kochend zu jenem Assistenten begibt, der die ausgebrannten Glühlampen lagert, um schon Kaputtes zum Zerschlagen zu erbitten. Und mehr noch: die Beschämung vor Augen, das angerichtete Chaos selbst beseitigen zu müssen, werden Besen und Schaufel gleich mitgebracht.

Solch eine Voraussicht schiene mir beherzigenswert. Und zwar nicht nur gegenüber ausgebrannten Glühbirnen, auf denen man sogleich wütend würde herumspringen können. Sie schiene mir beherzigenswert vor allem gegenüber ausgebrannten Theorien und Paradigmen. Aber, wie man weiß, in unserer Kulturgeschichte geht es anders zu. Im Affekt, geistiges Gut zu zerschlagen, wird Ausgebranntes und Lichtvolles nicht vorsortiert. Nicht einmal für den Besen ist vorgesorgt, um sich des beschämenden Anblicks der Trümmer auch baldigst wieder entledigen zu können.

Unsere Kultur ist uns passiert

So recht eigentlich sind wir gar keine rationalen Wesen. Wir sind rationalisierende Kreaturen. Im Unterschied zum ›dummen Vieh‹, das hinzunehmen scheint, was ihm geschah, beginnen wir zu prüfen. Was immer uns widerfuhr, im nachhinein werden die Experten zur Expertise versammelt, um klarzulegen, wie jenes geschehen konnte. So voraussichtslos ist auch das Wirken all jener unter uns, die Geschichte machen wollten und tatsächlich Geschichte gemacht haben. Keiner hat wissen können, welche Geschichte er gemacht haben wird.

Diese Weisheit, daß uns unsere Zivilisation nur passiert ist, daß wir bloß in sie hineingestolpert sind, verdanke ich meinem väterlichen Freund FRIEDRICH VON HAYEK. Und wo er zunächst unsere Wirtschaftswelt vor Augen haben mochte, wenn er von unserer Kultur redete, die uns nur passierte, die Wirtschaft schließt die Theorien von ihr ein. Nehmen wir getrost an: In alle Theorien sind wir hineingeraten. In die Theorien der Wissenschaften vom Geiste nicht minder als in jene der Wissenschaften von der Natur.

Nun möge man mich nicht mißverstehen. Keiner der Akteure hatte seine geistigen Hände in seinen (geistigen) Schoß gelegt, als uns die Dinge widerfuhren. Sie widerfuhren uns ja gerade darum, weil wir unsere geistigen Hände regten. Schon unser Ethos, unser Streben nach der Wahrheit, hat es nicht zugelassen, den ganz offensichtlichen Unfug unserer Voreltern weiterhin zu dulden. In dieser Perspektive möchte ich nun auch meine eigene Regsamkeit sehen.

Ob es Folgen haben kann, wenn man zeigt, daß es Brücken zwischen jenen getrennten Welten der Natur- und Geisteswissenschaften gibt, ist bereits ungewiß. Wie ungewiß müßte es erst sein zu prognostizieren, falls es eine Wirkung hat, welcher Art diese Wirkung nun sein würde.

Es sei denn, wir schickten uns an, einen Graben zuzuschütten, den es gar nicht gibt. Welchen Erfolg hätte es, wenn es gelänge, ein Problem fortzuschaffen, das in Wahrheit nie existierte? Ist es aber nicht schon ein Widerspruch, von einem Problem zu reden, das nicht existiert? Also:

Ist Lord Snow ein Verhängnis?

Wie man sich erinnert, hat Lord C. P. SNOW 1959 in seiner »Rede Lecture« auf unsere ›Zwei Kulturen‹ aufmerksam gemacht. Nicht auf unsere Trennung in Ost und West oder jene zwischen Reich und Arm; sondern auf jene Trennung in eine literarisch-geisteswissenschaftliche und eine naturwissenschaftliche Kultur. Zwei Subkulturen unserer Kultur, deren Grenzen quer durch unsere Länder, Städte, Familien und selbst quer durch das denkende Individuum laufen können. Die naturwissenschaftliche stellt mit (naivem) Fortschrittsoptimismus unsere Welt auf den Kopf, die geisteswissenschaftliche sieht angewidert auf das Getriebe in jenen Niederungen herunter und wünscht, damit nicht in Zusammenhang gebracht zu werden. Die einen, sagen die anderen, ruinieren unsere Welt, die anderen, sagen die einen, haben zu unseren Lebensproblemen nichts zu bieten als Lamento.

»SNOW ist ein Verhängnis!« folgert daraus FRANK LEAVIS (1969, Seite 34). »Er ist ein Verhängnis, da er, wiewohl der Beachtung nicht wert, für eine weite Öffentlichkeit beiderseits des Atlantiks zu einem hervorragenden Geist und Weisen geworden ist.« SNOW beschreibe nicht eine Spaltung unserer Zeit, sondern die Spaltung seiner Persönlichkeit. »Snows intellektuelle Nullität«, findet LEAVIS, »stellt die einzige Schwierigkeit dar, die sich ergeben mag, wenn man sich mit seinen panoptischen Scheinweisheiten ... abgibt.«

Dies, sagt LIONEL TRILLING, »ist ein böser, ein unzulässiger Ton«. Aber für LEAVIS ist, diese Kraft nimmt er von MATTHEW ARNOLDS Auffassung, Literatur »die Kritik des Lebens«. Was also könnte ihr entgehen? Immerhin beginnt Snow »mit einer objektiven Beschreibung des Mangels an Gedankenaustausch«. Aber, setzt TRILLING fort: »Die Unparteilichkeit, mit der Sir CHARLES die Kluft zwischen den ›Zwei Kulturen‹ beschreibt, hält nicht lange an« (1969, Seite 47). Denn zuletzt ist er Partei mit der Meinung, die Naturwissenschaftler könnten die Spitze der Tugenden beanspruchen, denn nur sie hätten »die Zukunft im Blut«.

Diese Ansicht freilich hat ungeteilte Anerkennung nicht gefunden. Man begann vielmehr Argumente für eine »andere Wissenschaft« zu sammeln (wie das OSKAR SCHATZ 1981 tat). Und es sind auch Naturwissenschaftler, wie ERWIN CHARGAFF, die die Meinung vertreten, wenn es nicht gelingt, der Naturwissenschaften Herr zu werden, dann wäre es das ratsamste, sie ganz einzustellen. Wobei aber außer acht zu bleiben scheint, daß man Kultur zwar wie einen Wasserhahn abzudrehen vermag, nur wieder aufdrehen wie einen Wasserhahn kann man eine Kultur eben nicht.

Die Wissenschaften enthalten ihre Spaltung selbst

Zu den wenigen Dingen, die hinsichtlich einer sachlichen Trennung gesagt werden können, zählt der Umstand, daß sich die Artefakte unserer menschlichen Tätigkeit (unseres Geistes) von jenen Dingen sondern lassen, die wir selbst nicht gemacht haben. Zu den letzteren zählen die anorganischen und organischen Phänomene dieser Welt bis zu den angeborenen Grundlagen unserer Psyche und Vernunft. Letztere aber sind wieder die Vorbedingungen des Entstehens unserer eigenen Produkte; von der Sprache bis zu den Formen unserer Kultur. Wir sind eben, wie ARNOLD GEHLEN sagt, »schon von Natur aus kulturelle Wesen«. Daher war man mit den sogenannten ›Abgrenzungskriterien‹ zu keiner überzeugenden Aufgliederung gekommen; und folglich verfiel man auf den Gedanken: die Produkte der Natur erklärten wir, die Produkte unseres Geistes aber vermöchten wir zu verstehen. Und zwar deshalb, weil sich nur im Selbstgemachten die Kategorie des wirklichen Verstehens eröffnete. Was aber soll das heißen? Denn selbst dem Wortsinne nach, so zeigt WOLFGANG STEGMÜLLER, erwiesen sich die Begriffe ›Erklären‹ und ›Verstehen‹ als austauschbar.

Ich hatte jüngst Gelegenheit (R. RIEDL 1984), diese Frage genauer zu prüfen. Und es stellte sich heraus: der Unterschied liegt im wesentlichen in der Methode. Ist in den Naturwissenschaften die Ansicht verbreitet, ein System sei erklärt, wenn man es auf die Gesetzlichkeit seiner Teile zurückführe (reduziere), so ist dies in den Geisteswissenschaften anders. Hier ist von einem ›Hermeneutischen Zirkel‹ des Verstehens die Rede. Und dieser enthält einen Vorgang ›wechselseitiger Erhellung‹, letztlich die Wahrnehmung eines zweiseitigen Ursachenbezuges.

Man denke nur daran, mit welcher Selbstverständlichkeit wir angesichts einer uns ungeläufigen Handschrift die Buchstaben vergleichend aus den Worten erkennen, wiewohl wir umgekehrt die Worte den Buchstabenreihen entnehmen. Es handelt sich um eine zweiseitige Erklärung, nämlich der Untersysteme aus den Obersystemen wie der Obersysteme aus den Untersystemen.

Nimmt man dies wahr, dann sieht man auch, daß sich das vermeintliche Verstehen der Geisteswissenschaften eben aus Erklärungen zusammensetzt und die Einseitigkeit der naturwissenschaftlichen Erklärung zum vollen Verstehen nur einer zweiten Erklärungsseite bedarf. Und es stellt sich heraus, daß alle Wissenschaften entweder die Zweiseitigkeit der Erklärung schon verwendeten oder aber auf eine der beiden Erklärungsseiten verzichteten.

Der Teil und das Ganze

Alle Differenzierung in dieser Welt, so zeigt es sich nämlich, entsteht zwischen der Verfügbarkeit von Bauteilen und den Auswahlbedingungen eines jeweils übergeordneten Ganzen. Dies gilt für die Gegenstände der Natur wie für all unsere Artefakte.

Schon die Galaxien entstehen zwischen den kurzreichenden Wechselwirkungen der beteiligten Quanten und den übergreifenden Gravitationsfeldern des Kosmos, die Sonnensysteme zwischen den Teilchen der Materiewolken und dem Gravitationsfeld ihrer Galaxie. Und alle organische Differenzierung, ob Zellgliederung, Gewebe oder Organe, entsteht zwischen den Molekülen der Erbinformation und dem Ganzen der Individuen. So entstehen ferner alle sozialen Strukturen zwischen den Individuen und der Population oder der Gesellschaft; und alle Artefakte zwischen der Ausstattung der Individuen und den Ansprüchen der ihnen gemeinsamen Kultur.

Stets also wirken die Verfügbarkeit und die Eigenschaften, also die Disponibilitäten, der Untersysteme zusammen mit der Selektivität des jeweiligen Obersystems, wenn eine neue Differenzierung zwischen ihnen entsteht. Und entsprechend wollen die einen wie die anderen Ursachen ihre Erklärung finden, um das Zustandekommen des Systems verstehen zu können.

Aus den Untersystemen läßt sich die Herkunft der Kräfte und der Materialien ableiten, das sind die *causa efficiens* und die *causa materialis* des ARISTOTELES. Aus den Obersystemen sind die Formbedingungen zu entnehmen und das, was wir als Zwecke erleben. Dies sind seine *causa formalis* und *causa finalis.*

Kräfte und Zwecke aber scheinen nur aufgrund unserer angeborenen Anschauungsformen als völlig zu trennende Qualitäten; so, wie wir keine Anschauung dafür besitzen, daß Raum und Zeit in einem Wechselzusammenhang stehen. Und da unsere Ausstattung zudem vorsieht, uns nach einer letzten Ursache suchen zu lassen, ist es geschehen, daß wir die Welt entweder auf erste Kräfte oder aber auf letzte Zwecke zurückzuführen trachten.

So ist die Meinung entstanden, daß das anorganische Geschehen auf die Serie der Kräfte, das kulturelle aber auf die Serie der Zwecke zurückzuführen wäre. Und dennoch hat sich in jedem der Paradigmen etwas von der Ansicht der Gegenseite erhalten. Nicht die Wissenschaften selbst enthalten ihre Spaltung. Die Spaltung geht durch den Wissenschaftler. Sie ist das Dilemma des Menschen selbst.

Die Brücke in den Biowissenschaften

Das Dilemma ist also keines der Sachen, welche die Wissenschaften beschäftigen, sondern eines des Menschen: und es ist nur insofern eines der Wissenschaften, als unser menschliches Dilemma es in diese hineingetragen hat.

Dies gilt genauso für mein eigenes Fachgebiet, die Biologie. Als nach der GALILEIschen Revolution, mit dem Ziele, die Erscheinungen auf ihre Antriebe, die sich messen lassen, zurückzuführen, dieses Paradigma auf die Erklärung des Lebendigen hinübergriff, entstand mit LAMETTRIE, mit der Aufklärung, auch schon die Vorstellung vom Maschinenmenschen. In der Empörung gegen die Metaphysik wurde das Komplexe des Menschen zerschlagen. Und diese Perspektive, der Organismus könne allein als Mechanismus verstanden werden, hat sich trotz aller Widersprüche und aller Oppositionen erhalten.

Und das, obwohl mit dem Entstehen der Morphologie, der Lehre von der Gestalt, durch GOETHE, der selbst inmitten der Aufklärung von den Irrtümern der Aufklärung unangekränkelt blieb, das Komplexe schon erfaßt war. Schon sein Zugang zum Verständnis des Typus (z. B. der Säugetiere) setzt voraus, daß man aus den Teilen, den Arten, das Allgemeine, die Vorstellung vom Ganzen bilde, um vom Ganzen her wieder die Teile zu beurteilen.

Von derselben Form ist die Position, welche die Vergleichende Anatomie einnehmen mußte und bis dato nicht ablegen konnte. Denn selbstverständlich erklärt sich die Funktion wie die Topographie eines Organes aus den Unter- wie aus den Oberschichten; aus dem Schichtenbau der Systeme, deren Teil es selber ist. Wobei uns die Untersysteme die Herkunft der Kräfte und der Materialien erklären, die Obersysteme aber seine Form und Lage wie seinen Zweck. Man kann dies leicht dem Flugmuskel, etwa des Huhnes, entnehmen. ›Muskel‹ gilt als gesichert, wenn seine Bauteile aufgeklärt sind, ›Flug-‹ aber erst, wenn seine Einordnung zwischen Brustbein und Oberarmknochen, weiter zum Flügel und endlich seine Funktion zum ganzen Vogel erkannt ist.

Dies gilt natürlich nicht minder für die Physiologie. Denn freilich ist das Funktionieren, sagen wir eines Atmungsfermentes, aus seinem chemischen Bau und dieser aus den Gesetzen der Bindungs- und der Quantenkräfte zu verstehen. Aber Atmungsfermente gibt es außerhalb von Organismen nicht. Das Funktionieren und die Entwicklung der ganzen Kreatur will erklärt sein, bevor wir das Vorhandensein des Fermentes und seine spezielle Form verstehen.

Die Physiologie, die meint, Biologie auf Chemie reduzieren zu können, führt ihre Schüler durch das Zerschlagen der Morphologie in die Irre. Ebenso jene Lehren vom tierischen Verhalten, die, wie der Behaviorismus, den Organismus auf einen Reiz-Reflex-Mechanismus reduzieren wollen; oder, wie die Soziobiologie, auf einen passiven Träger egoistischer Gene.

Geschichte von oben oder von unten

Unsere geschriebene Geschichte beginnt mit der Verherrlichung von Herrschertaten, die Geschichtsschreibung mit Kriegsberichten, dann mit der Beschreibung von Herrscher- und Heiligenleben. Und erst mit dem Auftreten der Ursachenfrage wird sie zum wissenschaftlichen Problem.

Ist es die Genealogie der Herrscherhäuser, die den Gang der Geschichte bestimmt, das Kriegsglück der Heerführer? So mag es unseren Schulbüchern zu entnehmen gewesen sein, eine politische Geschichte, wie sie seit MACHIAVELLI auf uns überkommen ist. Oder ist Geschichte mit WILHELM VON OCCAM aus einer Trennung von Glauben und Wissen zu verstehen, als eine Entwicklung von der Barbarei zur Freiheit des Geistes? Ist es das Materielle des Daseins oder aber das Geistige der großen Ideen, das uns den Lauf der Geschichte verstehen macht?

Die Polarisierung beginnt wieder nach der Aufklärung. Will man ein Datum haben, so etwa mit der Auseinandersetzung, die JOHANN GUSTAV DROYSEN um die Mitte des 19. Jahrhunderts HENRY THOMAS BUCKLE geliefert hat. Diesen, sagt DROYSEN, drängte überhaupt nur »Furcht und das schlechte Gewissen in den Positivismus« (zitiert aus der Ausgabe 1929, Seite 48). Bis heute hat sich die Gegensätzlichkeit nicht aufgelöst, aber sie hat sich so weit differenziert, daß nun auch in den Geschichtswissenschaften die Zweiseitigkeit der für das Verständnis notwendigen Erklärungen deutlich wird. Es wird sichtbar, daß die Aufgabe keiner der Richtungen zur Lösung beitragen kann.

Wo also steckt die Hauptursache des historischen Geschehens? Ist es die Universalgeschichte, eine ›Geschichte von oben‹, welche die Langzeitkonzeptionen der großen metaphysischen Ideen im Auge hat? Ist der Urgrund alles Geschehens in Europa nicht das Christentum gewesen? Und ist aus Persien, so oft es auch überrannt wurde, nicht immer wieder Persien hervorgekommen? LEOPOLD RANKE und ARNOLD TOYNBEE mögen dies vertreten haben.

Oder ist es vielmehr eine »Geschichte von unten« (den Titel findet man bei H. EHALT 1984), die nach den Konstanten menschlicher Ausstattung blickt, welche den letzten Grund des Vorganges erklärt? Eine ›Geschichte der kleinen Leute‹, wie bei EMANUEL LE ROY LADURIE, oder eine ›Psychohistorie‹, eine Art historischer Verhaltensforschung, wie bei ERIC ERICSON, kann dafür typisch sein.

So gefragt, wird man schon vor Augen haben, daß beide Erklärungsrichtungen vonnöten sein werden, daß es keine Vertiefung der Einsicht bringen kann, wenn sie einander auszuschließen trachten. Der ganze dazwischenliegende Schichtenbau, etwa die kurzlebigere Regional-, Konjunktur- oder Sozialgeschichte, wird beider Seiten der Erklärung zum vollen Verständnis bedürfen.

Wirtschaft von innen oder von außen?

Die Theorien aus dem Altertum und dem Mittelalter sind, wie bekannt, ohne Wirkung geblieben. Es ist der Moralphilosoph ADAM SMITH, der im geistigen Erbe JOHN LOCKES und nach der Begegnung mit den Pariser ›Enzyklopädisten‹ und ›Physiokraten‹ die liberalen Wirtschaftsideen zur klassischen Nationalökonomie stilisierte. Es sind also wieder die Aufklärung und der Positivismus, die, in der Auflehnung gegen einen historischen Konventionalismus, den holistisch-morphologischen Ansatz zerschlagen.

JOHANN GOTTLIEB FICHTES holistischer »Handels-Staat« kommt zu spät, und die deutschen ›historischen Ökonomen‹, wie FRIEDRICH LIST und GUSTAV VON SCHMOLLER waren schon zu ihrer Zeit von den englischen und österreichischen Positivisten überholt.

Im Ringen, das sich anschließt, geht es um die Beherrschung der Komplexität, ferner um das Problem der Werte und Institutionen und endlich auch um Wirtschaftsdynamik kontra Statik. Und einer monetaristischen Wirtschaftstheorie ›von innen‹, die annimmt, auch ganz im innersten Zusammenhang, in der Schicht der Einzelindividuen ›wüßten alle alles‹, folgt zunächst als Gegenzug die Unsicherheit; die Annahme: Die meisten wissen gar nichts, und niemand weiß alles. Die *›invisible hand‹* einer Steuerung ›von außen‹, die bei ADAM SMITH noch über den Wolken schweben durfte, wird mit FRIEDRICH VON HAYEK zur höchst irdischen, wenn auch nicht minder irrationalen Ursache.

Der Anerkennung eines Wechselbezuges stehen wieder nur unsere polarisierenden Anschauungsformen im Wege. »Die hartnäckige Abneigung vieler Wirtschafts- und Sozialwissenschaftler, Systemtheorie und Kybernetik für sozialwissenschaftlich relevant zu halten«, so warnt HANS ULRICH (1981, Seite 19), ist aus dem Irrglauben zu verstehen, es »müsse notwendigerweise eine mechanistische Weltschau entstehen«. Das Gegenteil muß der Fall sein.

Jener materialistische Reduktionismus einer Ökonomie von innen, der sich so verhält, »als ob soziale Systeme nichts als komplizierte materielle Systeme seien«, ist falsch. Es bedarf, setzt HANS ULRICH fort, einer Art »freiwilliger Finanzierung, ... Aber ebenso falsch wäre es jedoch, nun ins andere Extrem zu verfallen«, in einen idealistischen Reduktionismus einer Ökonomie von außen, »und zweckhafte soziale Systeme nach der Denkweise einer klassischen Geisteswissenschaft als ›nichts als‹ kulturelle Institution zu begreifen« (1981, Seite 23).

Die Werthaltungen und Bedürfnisse des Individuums haben nämlich die Werte und Bedürfnisvorgaben seiner Gesellschaft ebenso gestaltet, wie sie von dieser gestaltet werden. Zwei Erklärungsseiten sind zum Verständnis unserer Wirtschaft aufzurufen; und dies ist in unserem Dilemma von heute längst eine dringliche Auflage geworden.

Physik von innen und außen

Ist es aber nicht so, daß die exakteste aller Wissenschaften, die Physik, an der sich auch die ganze Wissenschaftstheorie des Jahrhunderts orientierte, mit einer einzigen Erklärungsrichtung auskommt? Kann sie nicht zeigen, daß alle physikalischen Phänomene letztlich ›nach innen‹, auf Quantenkräfte, zurückzuführen sind? Wird nicht gerade dort, wo man an eternale Gesetze ahistorischer Dimension heranzureichen meint, unserem zweiseitigen Ursachenkonzept der Boden entzogen?

Dies mochte noch vor einem knappen Jahrzehnt so scheinen. In der Zwischenzeit hat aber die Physik eine entscheidende Wendung vollzogen. Sie ist, wie alle anderen Wissenschaften, »vom Sein zum Werden« vorangegangen – mit PRIGOGINE, HAKEN, WEINBERG, um nur einige, die auch mit populären Schriften bekannt wurden, zu nennen – zu einer historischen Wissenschaft geworden.

Sie hat die Physik von gestern zu einem Spezialfall der Physik von heute gemacht. Sie hat gezeigt, daß die Wirkungen der Quantenkräfte von innen zwar weiterhin das Verhalten der Einzelelemente in Materie und Plasma regieren, daß aber das ›Parlament der Moleküle‹ von außen zu den historischen, nicht prognostizierbaren Phänomenen führt. So beschreibt HAKEN die Strahlung des Lasers als eines der einfachsten historischen Ereignisse. Werden die Elektronen der Atomschalen des Kristalles durch Bestrahlung angeregt, dann steigen sie auf eine energiereichere Umlaufbahn. Springen sie in ihre Ausgangsbahn zurück, geben sie Energie ab, deren Richtung nicht festgelegt ist. So stören einander Stöße der Moleküle wie Schwimmer in einem überfüllten Rundbecken so lange, bis sich durch Zufall eine gemeinsame Schwimmrichtung, eine gemeinsame Richtung der Lichtaussendung, ergibt. Die Abgabe des Lichtes folgt den inneren Ursachen; sie ist als notwendig vorherzusehen. Die Abgaberichtung dagegen folgt den äußeren, sie ist im Prinzip unwiederholbar, historisch.

Ob es die Formen der Wogen, der Dünen, der Wolken, Gebirge, selbst der Kontinente sind, die Physik hat ihre historische zweite Seite entdeckt. Selbst unsere Planeten und Galaxien, sogar die Quanten-Wechselwirkungen sind in einem historischen Prozeß auseinander hervorgegangen. Unser ganzer Kosmos ist nur geschichtlich, zweiseitig, erst von innen *und* von außen, ganz zu verstehen. Die Kluft zu den anorganischen Wissenschaften verringert sich. Die wechselseitigen Zerstörungsanläufe erweisen sich als sinnlos.

Erklärung von unten und oben

Ob das ›So-Sein‹ der Dinge, wie die Philosophen sagen, etwas wie Kausalität enthält, das läßt sich wie das ›So-Sein‹ selbst nicht beantworten. Aber die »Wucht des HUMEschen Arguments«, daß Ursachenvorstellungen nur ein Bedürfnis der Seele sein können, hat seine Wucht verloren. Nach der ›Evolutionären Erkenntnistheorie‹ erwarten wir, daß unsere Kausalitätsvorstellung eben in dem Ausmaße in diese Welt paßt, in dem sich unsere Prognostik ihrer Ereignisse verbessert, wenn wir jene Vorstellung verwenden. Bestätigte Prognose gilt als eine Übereinstimmung unserer Erwartung mit der Welt.

Somit sind auch die Gesetze, die wir aus dieser Welt der physikalischen, organismischen und kulturellen Ereignisse extrahieren, Prognosen über Koinzidenzen ihrer Phänomene und Ereignisse. Und keine dieser erkannten Koinzidenzen enthält ihre eigene Erklärung. Als erklärt erleben wir einen Zustand oder Vorgang dann, wenn er mit anderen Koinzidenzen (Gesetzen) seiner Art als Fall eines übergeordneten Gesetzes (einer übergreifenden Koinzidenz) prognostiziert werden kann.

So enthält die Beschreibung der Wurfparabel, einer Koinzidenz aus Weg und Zeit, ihre Erklärung erst dann, wenn sie mit anderen Fällen aus der ›irdischen Mechanik‹ des GALILEI beschrieben werden kann; irdische und Himmelsmechanik KEPLERS erst dann, wenn sie beide der Gravitationstheorie NEWTONS subsumierbar sind. Aber auch diese Korrelation von Masse und Entfernung wird erst dann als erklärt empfunden, wenn sie der Allgemeinen Relativitätstheorie EINSTEINS zu subsumieren ist.

Entsprechend ist in der Erkenntnislehre heute von einem Subsumtionsschema wissenschaftlicher Erklärung die Rede. Es wurde von HEMPEL und OPPENHEIM entwickelt. Aber schon mit seiner Entwicklung empfand man es als eine Prüfung seiner Allgemeingültigkeit, ob es gelingen werde, seine Anwendung von den Kausalursachen auch auf die Finalursachen, also auf zielgerichtete Vorgänge, seien es organismische Prozesse oder menschliche Handlungen, auszudehnen.

Hendrik von Wright und Wolfgang Stegmüller beispielsweise haben das verlangt.

Wie man sich erinnert, haben wir eben dies nachgewiesen. Bei dem von mir angestellten Vergleich der natur- und geisteswissenschaftlichen Methoden (R. Riedl, 1984) zeigte es sich ja, daß in jeder Erfahrungswissenschaft ein zweiseitiger Ursachenzusammenhang in Betracht gezogen werden muß, weil all ihre Gegenstände zwischen den Bedingungen ihrer Teile und einem übergeordneten Ganzen entstehen. Und beachtet man die Hierarchie des Aufbaues aller Gegenstände dieser Welt wie eine Pyramide von Schichten zunehmender Komplexität, dann wirken die Kräfte und Materialursachen von unten, die Formursachen und Zwecke aber von oben.

Es hat also gar keinen Sinn zu versuchen, die finalistische Welterklärung durch die kausalistische zerstören zu wollen oder umgekehrt. Beide sind nur halbe Wahrheiten; und bekanntlich haben auch zwei halbe Wahrheiten zusammen noch nie eine ganze gemacht. Wir wurden nur durch unsere zu einfachen Anschauungsformen fehlgeleitet. Nach ihren Anleitungen haben wir die Welt irrtümlich in Natur und Geist zerlegt; wir haben dies sogar nach Fakultäten festgeschrieben; wir haben die Grenzgänger mit sozialen Strafen belegt, ohne wahrzunehmen, daß es stets diese gedachten Grenzen waren, an denen wir in unserer ganzen Geistesgeschichte scheiterten.

Wir haben immer wieder wertvolle Einsicht mit wertvoller Einsicht zerschlagen. Ich sagte ja, wir hätten von der Disziplin meines Schülers Roland X. lernen können. Doch wir haben noch nichts gelernt. Es ist spät in der Zeit; und wir gehen mit unserer Welt auch entsprechend unverständig um. Aber immerhin haben wir noch die Chance zu lernen; nicht ein Dilemma dieser Welt zu lösen, sondern unser eigenes.

II 3 Naturwissenschaft im Umbruch

Zweimal war nun schon von der Spaltung unserer Kultur und unserer Wissenschaften die Rede. Nehmen wir das Thema ein drittes Mal auf. Nun mit der abschließenden Frage, auf welche Weise sich in den Wissenschaften eine Milderung dieser Diskrepanz abzeichnet.

Nach meiner Meinung waren es die Naturwissenschaften, die den Versuch unternahmen, diesen Hiatus zu überbrücken. Freilich ohne gegen diese Spaltung wirken zu wollen, vielmehr um mit den Problemen in den eigenen Fächern fertig zu werden. Daher ist auch nicht vom Zuschütten des Grabens die Rede, sondern von einem Paradigmenwechsel; also von einem Wandel der Theorie in den Naturwissenschaften.

Diesen Wandel in der Konzeption kann man als eine Bewegung ansehen, dem die Geisteswissenschaften heute noch nichts Vergleichbares gegenüberzustellen haben (außer einem gewissen Argwohn gegenüber naturwissenschaftlichen Grenzübertretungen). So hat sich unsere Wirtschaftswelt über Snows *›Zwei Kulturen‹ bislang nicht beunruhigt. Doch jener Pradigmenwechsel wurde immerhin schon wahrgenommen. Über diesen zu berichten hatte mich die ›Daimler-Benz AG.‹ Ende 1985 nach Berlin gebeten. Mein Beitrag erschien 1986 unter dem Titel »Naturwissenschaften im Umbruch – Krise der kartesianischen Rationalität?« in ›Report 7‹ der Daimler-Benz AG.*

»Zu vielfältig und zu kindisch sind die Überlieferungen der Griechen, als daß man ihnen Glauben schenken könnte.« Dieses Verdikt stammt von ANAXAGORAS, aus dem 5. vorchristlichen Jahrhundert. Die Frage also, wem wir Glauben schenken könnten, reicht weit in die Zeit der Vorsokratiker zurück. Sie begleitet unsere Geistesgeschichte seit über zweieinhalb Jahrtausenden. Schätzt man die großen Perspektiven der Geschichte, dann kann man das Weltbild der Naturwissenschaften, das uns hier beschäftigen soll, auf einen Strom von Urteilen (und Vorurteilen) zurückführen, der so sehr eine Bedingung unserer Kultur enthält, wie das Weltbild, das sie suggeriert, diese Bedingung wieder zu begründen scheint. Große Perspektiven haben etwas von selbsterfüllenden Prophezeiungen.

Die Frage: Was ist die Wahrheit?, die immer lebenswichtig schien und heute lebensentscheidend werden kann, hat jede der alten Kulturen auf ihre Weise zu lösen versucht. Unsere europäische, Enkel der griechischen Kultur, hat sich auf die Trennung von Glauben und Wissen eingelassen, auf eine Trennung empirischer und rationaler Begründung des Wissens und auf eine Trennung von natur- und geisteswissenschaftlichen Lösungen. Die einen veränderten gründlich unsere Welt, und man wirft ihnen vor, sie verstünden sie nicht. Die anderen führen darüber Klage, und man wirft ihnen vor, sich ausschließlich darin zu erschöpfen.

Nun, so sagen viele, vollziehe sich ein Umbruch in den Naturwissenschaften. Wie soll der aussehen? Erlischt ›Das Feuer des HERAKLIT?‹, ist es ›Das Ende des naturwissenschaftlichen Zeitalters‹? Weder das eine noch das andere. Aber ein recht fundamentales Element des Paradigmas steht mitten in einem Wandel.

Das naturwissenschaftliche Paradigma

Ich will nicht mit einer Definition beginnen, sondern verstehen machen, woraus das Weltbild der Naturwissenschaft seine Rechtfertigung bezog; denn es ist selbst eine Zeitgestalt aus Vorbedingungen seiner Vorbedingungen. Ein System von Wechselbezügen zwischen Vorurteilen und Erfolgen.

Seine tiefsten Wurzeln, wie wir sie noch rekonstruieren können, liegen in der Eigentümlichkeit des Ursprungs unserer europäischen

Sprachen; im Indogermanischen, in der Grammatik des Griechischen. Sie suggeriert eine definitorische Begriffswelt, eine Hypostasierung der Abstrakta und die Vorstellung, man werde der Wirklichkeit mit etwas gerecht, das wir logische Schärfe nennen.

So zögerte man nicht, schon in der Zeit ANAXIMANDERS, EPIKURS, DEMOKRITS, von ›der Schuld‹ und ›der Sühne‹ zu sprechen, woraus bei uns ›die Ursache‹ und, ebenso unteilbar, ›die Wirkung‹ wurde. Man sprach bekanntlich von ›den Atomen‹, die sich zwar mit Ösen und Haken verbinden, aber ebenso unteilbare Einzeldinge wären. Und so, wie man es natürlich fand, ›das Schöne‹, ›die Wahrheit‹ oder ›das Gute‹ personifiziert in Marmor zu hauen, wurden auch die Sinne und ›die Erfahrung‹ zu aufgetrennten Entitäten. Die Ansicht, daß alles Wissen aus den Sinnen kommen müsse, konnte ebenso Schule machen wie das Gegenargument, daß man schon ›die Vernunft‹ besitzen müsse, um Erfahrung machen zu können.

Nachdem man nicht wissen konnte, woher die Sinne oder die Vernunft kämen, extrapolierte unser Verstand aus den angeborenen Formen der Anschauung Kategorien und Axiome und schrieb ihnen Gewißheiten zu, so, als ob in den geometrischen Räumen des EUKLID die getrennt angestoßenen Teilchen ihre einsamen (teils parallelen) Reisen in ›die Unendlichkeit‹ fortsetzen würden.

Als im Gegenzug zur Spiritualität des römischen Christentums und der Scholastik die Renaissance das klassische Altertum wiederentdeckte, war es nur naheliegend, jener gesäubert-kristallinen Welt mit einer weiteren Abstraktion beikommen zu wollen. Mit Zahl und Maß. Und bewiesen nicht die Entdeckungen in irdischer und Himmelsmechanik das Herrschen eines mechanischen Prinzips in diesem Kosmos? Also findet DESCARTES alles, was intuitiv klar und rational deutlich wird, als wahr, vom Schöpfer vorgegebene geschichtslose Gewißheit.

Mit den englischen Empiristen und vor allem mit den Aufklärern wird die Philosophie (bislang noch ›Magd der Theologie‹) frei und konzipiert eine Wissenschaftslehre von den gegebenen (positiven) Tatsachen; den Positivismus. Dabei verleiten die Erfolge des Verstandes dazu, die Gewißheiten unserer Logik (rationalistisch) vorauszusetzen, um von da aus sich empiristisch so zu verhalten, als könne von dieser Position aus allein der (positiven) Erfahrung getraut werden. Das definitorisch-abstrahierende Ideal, das unsere Sprache nahelegt, wird zum metrisch-axiomatischen Wissenschaftsideal der Physik und zur formalisierten Logik, die sich von der (schmutzigen) Logik des Sprechens auf eine weitere, wiederum gesäubert-kristalline Welt künstlicher Zeichen zurückzieht.

Daraus entwickelt schon das 19. Jahrhundert ein Methodensystem, das zu jenem radikalen Wandel unserer Lebenswelt geführt hat, der uns so beschäftigt (bzw. beunruhigt). Befördert durch das Ideal des Machbaren der Aufklärung entsteht eine mächtige Physik mit machtvoller Technik, eine Chemie mit wachsendem Einfluß, potente Disziplinen der Medizin mit neuen sozialen Wechselabhängigkeiten im Gefolge. Die Erfolgsmethode selbst beruht auf dem konsequenten Ausbau der schon vorbereiteten Vereinfachungen der Welt; der Restriktion auf das Gegebene (das leicht Zugängliche), das Quantifizierbare (exakt Faßbare) und das Materiale. Letzteres mit der Erwartung, ein System sei zureichend verstanden, wenn man es auf seine Bauteile reduziere (zurückführe). Damit sind wir beim Paradigma des heutigen Szientismus angelangt, der dem Begriff des Qualitativen mißtraut, Zweck- und Sinnfragen für unwissenschaftlich erachtet, Systembedingungen auf Elemente reduziert und den Weltenbetrieb als reparierbar, als eine Art Proliferation geschichtsloser Quantenkräfte auffaßt.

Das Dilemma der Biowissenschaften

Diesem Strom haben die biologischen Wissenschaften (sowie Richtungen der Medizin) zuerst fern und später gespalten gegenübergestanden. Ihre spärliche Tradition im Anschluß an ARISTOTELES belebte sich erst wieder zeitgleich mit der Aufklärung und mit der Einsicht in die Deszendenz der Organismen. Sie war also schon mit ihrem Wiederentstehen gegensätzlich geartet: eine Wissenschaft vom Wandel, von den Zwecken und von der Geschichtlichkeit nicht reparierbarer (unwiederholbarer oder unwiederbringlicher) Weltenordnung.

Ebenso aber waren diese Wissenschaften vom Lebendigen von Anfang an beeinflußt von der großen, exakten alten Schwester. Ich erinnere an »Der Mensch als Maschine« des JULIEN OFFRAY DE LAMETTRIE und die sogleich folgende Empörung, die ihn 1748 ins Asyl der Fredericianischen Akademie nach Berlin vertrieb. Das Dilemma der Unentscheidbarkeit im Für und Wider der mechanizistischen Lösung des Lebensproblems blieb der Biologie bis in unsere Tage.

Kaum hatte nämlich die folgende Deszendenztheorie LAMARCKS durch das WALLACE-DARWINsche Ausleseprinzip den Zeitgeist erreicht, fand dies KARL MARX zuträglich, die Opponenten ERNST HAECKELS aber unerträglich materialistisch; und die Lamarckisten in Opposition entwickelten einen seltsamen Psycholamarckismus. Was in der Auseinandersetzung um die Phylogenie geschah, wiederholte sich zwei Generationen später in der Auseinandersetzung um die Prozesse in der Ontogenie. ROUX gründete ein »Journal für Entwicklungsmechanik«, DRIESCH setzte ihm den Vitalismus entgegen. Umgekehrt stellt sich der finalistischen Instinktlehre der *Tabula-rasa*-Standpunkt der Behavioristen entgegen; und dieser beeinflußt die Psychologie bis heute und in einem Maße, daß sie die ganzheits- und gestaltpsychologischen Disziplinen völlig von der Szene vertrieb.

Die anderen Disziplinen fielen ganz auseinander. Den Physiologen erlaubten ihre chemophysikalischen Methoden, den Rang der exakten Schwester anzustreben; die Morphologen schlossen sie dementsprechend aus dieser Gilde aus. Die Systemtheorie des Lebendigen, von BERTALANFFY und PAUL WEISS, mit der ich aufgewachsen bin, geriet unter Vitalismusverdacht und war bald mit einer technisch stilisierten Kybernetik konfrontiert.

Freilich ist auch seit ARISTOTELES immer wieder die vernünftige Mitte gesucht worden. Sie war schon früh in der Weisheit GOETHES und ALEXANDER VON HUMBOLDTS wieder dargeboten worden. Aber bald diskreditierte man GOETHES Morphologie als (idealistisch) unwissenschaftlich und HUMBOLDTS Sicht als überholtes Bildungsideal. Wer immer späterhin die Mitte halten wollte, mußte sich auf zwei Fronten einlassen. Das gilt heute zum Beispiel für BERTALANFFYS Systemtheorie ebenso wie für KONRAD LORENZ' Ethologie, für die von uns daraus entwickelte ›Evolitionäre Erkenntnistheorie‹ wie für meine Systemtheorie der Evolution; und die eben entstehende Kognitionspsychologie wird dasselbe zu erwarten haben: für den Fall nämlich, daß die Wende, die wir Biowissenschaftler nochmals in Richtung auf ein mehrdimensionales Ursachenkonzept und ein aristotelisches Raumverständnis vorsehen, nicht auch in den exakten (anorganischen) Naturwissenschaften weitergreift.

Denn das Lebendige läßt sich ohne Geschichtlichkeit nicht verstehen, nicht, ohne das Auftreten neuer Qualitäten wahrzunehmen, nicht allein aus einer Reduktion auf seine (anorganischen) Teile; vielmehr müssen die Wirkungen aus allen Obersystemen mitbetrachtet werden und die sich aus ihnen entwickelnden Programme, die wir dann als die Funktionen einer Organisation erkennen oder (in gewissen Grenzen) als deren Zwecke.

Die neue Einigung

Die Evolution der Kultur hat gegenüber der der Organismen reiche Möglichkeit der Hybridisierung (der Bildung von Mischformen). So streng auch die Ströme der exakten, anorganischen und der unexakten, organischen Naturwissenschaften getrennt sein mochten, Wechselwirkungen hat es immer gegeben. Und das Dilemma, das alle, die nachdachten, empfunden haben, war ja nur durch das getrennte Vorschriftenmachen der gelehrten Sozietäten überdeckt. Es wird für den Wissenschaftshistoriker eine interessante Aufgabe werden, nach Abklärung des Wandlungsprozesses dessen Ursachen aufzuklären.

Heute ist der Wandel in den exakten (anorganischen) Naturwissenschaften, von dem die Rede sein soll, so jung, daß ich mich auf den Versuch beschränke, eine Fährte für diese Suche vorzuschlagen. Denn wieder mag nicht nur die Art des Wandels interessieren, sondern mit seinem Hergang auch seine Begründung.

Eine Spur, so meine ich, beginnt mit der neu gestellten Frage nach dem Aufbau der Welt. Die Wirkung LUDWIG BOLTZMANNS kann bei dieser Spurensuche gar nicht hoch genug eingeschätzt werden: sein Festhalten an der atomistischen Hypothese und die wahrscheinlichkeitstheoretische Begründung des Entropiebegriffs (man vergleiche die Biographie von BRODA). Da nun wird der Wechselbezug von Chaos und Ordnung deutlich; Thermodynamik, fern vom physikalischen Äquilibrium, und ordnende Prozesse werden greifbar. HEISENBERGS Unschärferelation wird eingefügt.

Von seiten der Philosophie schafft NICOLAI HARTMANN, etwa zeitgleich mit SCHRÖDINGER, seine materiale (oder reale) Schichtenontologie. Beide Strömungen wirken auf BERTALANFFYS Systemtheorie vom Fließgleichgewicht des Lebendigen, und diese wirkt zurück auf die Physik. Der Begriff von der Selbstorganisation entsteht, die Frage der Lebensentstehung wird greifbar; und damit die nach den herrschenden Mechanismen. Auch die sogleich folgende Polarisierung der Standpunkte, wie sie zeitgleich JACQUES MONOD und PIERRE TEILHARD DE CHARDIN vertreten, fördert das Nachdenken.

UREY und MILLER zeigen das Werden der Aminosäuren und Proteine in der rekonstruierten Zweitatmosphäre unseres Planeten. Und nun redet man zu Recht auch von chemischer Evolution, womit etwas Entscheidendes geschieht. Die nicht umkehrbare Zeit zieht in die anorganische Wissenschaft ein, das Schöpferische des Zufalls und die Unwiederholbarkeit seiner Kreationen. »Das Bild der Natur«, das von der anorganischen, erkennt ILYA PRIGOGINE, »hat sich (damit) grundlegend geändert – hin zum Mannigfaltigen, zum Zeitbedingten, zum Komplexen.« Die Annäherung an die Problemwelt der Biologen ist unverkennbar, der Graben, über den hinweg nicht mehr verhandelt wurde, beginnt sich aufzufüllen, nun auch von seiten der dominierenden (noch) exakten Wissenschaften her. »Die eigentümliche europäische Schizophrenie«, wie NEEDHAM bemerkt, die »tragische Alternative«, wie PRIGOGINE sagt, zwischen mechanizistischer versus finalistischer Weltdeutung beginnt sich aufzulösen.

Daß Geschichte, sagt PRIGOGINE, auch »bei einfachen chemischen Prozessen eine so bedeutende Rolle spielen kann, ist etwas ganz Unerwartetes«. Man spricht von Symmetriebrüchen (der Zeit), von Bifurkationen (Entwicklungsalternativen) und entdeckt, daß die Entscheidungen aus dem Ensemble der Zustände kommen oder aus ihrem Milieu (gewissermaßen der energetischen Landschaftsgliederung, in der sich ein Prozeß abspielt). Das aber sind jene Obersysteme unserer biologischen Schichtenterminologie. Die Chemiker entdecken die zweite Ursachenseite, von der ich sprach. Die alte Chemie wird ein Spezialfall der neuen.

Fast zeitgleich schließt die Physik an. Und zwar charakteristischerweise an ihren beiden Enden. Wie in der Renaissance die irdische Mechanik GALILEIS und die Himmelsmechanik KEPLERS zeitgleich in Erscheinung traten (Vorbedingung für NEWTONS Gravitationsgesetz), treten nun eine irdische und eine kosmische Dynamik und Geschichtlichkeit zutage.

Im Irdischen kommt RICHARD BUCKMINSTER FULLERS Begriff von der Synergetik wieder zu Ehren. HERMANN HAKEN zeigt die Geschichtlichkeit an noch einfacheren Systemen: am Laser. Daß der Laser strahlen wird, wenn ihm Energie zugeführt wird, ist gewiß. Über die Richtung seiner Entladung aber entscheidet, wie HAKEN das so schön ausdrückt, bereits »das Parlament seiner Moleküle«. Nun ist Geschichte, Irreversibilität, Wirkung aus den Obersystemen und deren Nichtvorhersehbarkeit auch in die Physik eingezogen; die alte Thermodynamik wird gegenüber der Nichtäquilibrium-Thermodynamik eine Art Thermostatik, und die alte Physik des Einfachen zum Spezialfall der Physik des Komplexen.

In den Theorien der kosmischen Physik wird die Geschichtlichkeit aber noch weiterhin aufgedeckt. Nach der Begründung der chemischen Evolution erhält der Begriff von der kosmischen Evolution erst seine tiefere Bedeutung. Schon in der ersten Hundertstelsekunde nach dem (rekonstruierten) Urknall, beim Absinken der Temperatur auf 3 000 Billionen Grad »ging eine Symmetrie verloren«, referiert STEVEN WEINBERG den Komplex dieser Entdeckung, »die Symmetrie zwischen den schwachen und den elektromagnetischen Wechselwirkungen«.

Nach diesem Typ einer Eichtheorie wurden selbst unserem Kosmos die Weichen gestellt. Er hätte auch ganz anders werden können; er ist ebenfalls von geschichtlicher Art. Und da ich hier darüber rede, bemüht man sich schon längst darum, eine noch frühere Entscheidung in diesem Kosmos aufzuklären, die historische Trennung der Gravitation von den starken Wechselwirkungen (den Kernkräften) nachzuweisen, durch eine *Great unification theory.*

Entwicklungen in unserer Geistesgeschichte beruhen gewiß auf großen Ideen und heroischen Lebenshaltungen mutiger Persönlichkeiten, deren Biographien wir kennen. Sie beruhen aber nicht minder auf einem uns noch nahezu unbekannten kulturgeschichtlichen Sikkerprozeß, in dem ein schwer faßbarer, vielleicht sogar nicht bewußt werdender Wandel von Einstellungen und Selbstverständlichkeiten durch die Schulen, Journale und Gespräche zieht. Ich will darum nicht behaupten, daß es gerade in der Abfolge sickerte, in der ich den Pfad suchte. Nur daß die Koinzidenzen mit dem, was wir Zeitgeist nennen, nicht von zufälliger Art sind, das scheint mir naheliegend. Nicht nur in den anorganischen Wissenschaften tauchen die biologischen Termini auf: Komplexität, Organisation, Organisatoren, Ordnung, Geschichtlichkeit und Evolution. Der Zeitgeist selbst ist ein biologischer geworden.

Zunächst bemerkt man (im engeren Kreis), daß Naturwissenschaftler der beiden Strömungen, über den alten Graben hinweg, wieder miteinander zu reden beginnen: beispielsweise geradezu im Chor über Evolution. Es ist keine leere Rede mehr, von kosmischer und chemischer Evolution ebenso zu sprechen wie über biologische oder kulturelle. Und es nimmt nicht einmal wunder, daß das Thema in die Linguistik, Geschichts- und Wirtschaftstheorie, Pädagogik und so weiter weitergegriffen hat.

Das Neue selbst enthält aber wieder einen wechselbezogenen Schichtenzusammenhang. Im Ganzen des Naturwissenschaftlichen kann man ein neues Raum-Zeit-Konzept wahrnehmen. Die Erkenntnis vernetzter Zusammenhänge in einem Raum, in dem selbst die Wirkungen (unkanalisierbar) auf ihre eigenen Ursachen zurückwirken können; mit einem Zeitkonzept, in dem alles Werden von Ordnung unwiederbringlich und historisch ist. Man kann an die Stelle des euklidisch-kartesianischen Raumkonzepts wieder ein aristotelisches setzen. Aber freilich in neuer Form; denn auch hier ist nichts schon dagewesen (Lorenz). Vielleicht wird die positivistische Anleitung der Naturwissenschaften von einer evolutionistischen abgelöst.

Im weiteren Kreise des Wissenschaftlichen hat sich die dynamische Sehweise auch auf eine kritische Betrachtung noch grundsätzlicher sogenannter Selbstverständlichkeiten ausgedehnt. Seit Platon, so meine ich mit Carl Friedrich von Weizsäcker, können wir wieder über den Wahrheitsgehalt der Logik reden sowie über die limitierenden Konsequenzen der Art unserer europäischen Sprache. Ein Kulturrelativismus, wie ihn Benjamin Lee Whorf entwickelt, muß nun ernst genommen werden. Ja man kann fragen, wie es kommt, daß eine Zivilisation mit so offensichtlich revisionsbedürftiger Begrifflichkeit (nämlich der unseren) dazu kommt, alle anderen zu überrennen; womit wir überrannten und mit welcher Rechtfertigung.

Ziehen wir das Umfeld nochmals weiter in die Erkenntnisfragen, so erlaubt unsere ›Evolutionäre Erkenntnistheorie‹ eine Kritik auch noch der Selbstverständlichkeiten der Ausstattung unserer Vernunft; nämlich unserer angeborenen Anschauungsformen; wie sich diese als die Vorbedingungen unseres Verstandes und damit unseres Handelns und Urteilens erweisen. Und wenn wir auf diese Weise auch unser rationalistisches Vertrauen in die Logik daran prüfen, wo immer diese, ganz im Sinn Sir KARL POPPERS, fortgesetzt an ihren Prognosen scheitert, dann kann es sein, daß selbst der kritische Rationalismus von einem kritischen Empirismus abgelöst werden wird.

Und im weitesten der Umfelder, in dem unserer europäischen Kultur, wird ein wesentliches Prinzip der Aufklärung in Zweifel gezogen. Der Glaube, den Menschen besonders durch das von ihm Machbare glücklich machen zu können. Die Aufklärung forderte freilich zu Recht, daß wir für unser Schicksal selbst die Verantwortung übernehmen, und gab zu Recht den humanitären Auftrag, den Mitmenschen von der Unwissenheit zu befreien. Aber wir Aufgeklärten haben begonnen, uns zu überschätzen, und, was dasselbe ist, die für uns relevante Welt zu unterschätzen. Wir haben diese so lange gedanklich vereinfacht, bis das Einfache, das wir ihr zumaßen, auch von uns machbar wurde. Und dies haben wir in Mengen gemacht. Und weil das, womit wir unsere Lebenswelt überschwemmen, so einfach ist, daß es reparierbar ist (in seiner Zeit umkehrbar), verfielen wir auf den lebensbedrohlichen Gedanken, wir könnten auch unsere Lebenswelt reparieren – und bringen uns in existentielle Gefahr.

Das alles ist aber nicht von ungefähr. Was ich hier als Schichten eines neuen Weltbildes auseinanderlegte, Zeitgeist, Kultur, Erkenntnis- und Wissenschaftsdynamik, beeinflußt einander wechselseitig. Auch dies ist ein Systemzusammenhang (und daher ist es gleich schlecht, von welcher seiner Seiten die Beschreibung beginnt).

Was also steckt im Kern dieser Wende? Vielleicht eine Verschiebung von Werten: vom physikalischen zum biologischen Wissenschaftsideal. Das mag gut sein, weil die biologische Mitte die anorganischen selbst mit den Kulturwissenschaften verbinden kann. Eine Verschiebung vom technischen zum ökologischen Ideal, was unser Milieu retten kann. Und eine Verschiebung von der Aufklärung zur Abklärung, was eine zeitgemäße Humanität, eben nach den Maßen des Menschen, erhoffen läßt.

Natur und Gesellschaft

II 4 Natur der Selbstorganisation

Unsere Kultur hat sich, wie wohl jede andere, ein Bild von den Zusammenhängen in dieser Welt gemacht; und bedacht oder unbedacht, es wird gleichwohl nach diesen erwarteten Zusammenhängen gehandelt und dieses Handeln legitimiert.

Im Grunde dieser Erwartungen findet sich zunächst unsere Vorstellung davon, wie sich die Dinge in dieser Welt ordnen. Als Folge dieser Vorstellung entwickeln sich jene eher ungeschriebenen Legitimationen und Anleitungen, nach denen man meint, selbst ordnend in diese Welt eingreifen zu sollen.

Ihren unmittelbarsten Niederschlag finden diese Handlungsanleitungen in unseren politisch-wirtschaftlichen Doktrinen. Und aus dieser Einsicht hat die Hochschule für Wirtschafts- und Sozialwissenschaften in St. Gallen im September 1983 zu einem Symposium über »Selbstorganisation und Management sozialer Systeme« eingeladen. Das Ergebnis haben ULRICH und PROBST unter diesem Titel 1984 herausgegeben. Mein folgender Beitrag ist dort (in englischer Sprache) enthalten.

Für unser Thema ist der Unterschied meines evolutionistischen Standpunktes zu dem konstruktivistischen, den HEINZ VON FOERSTER und FRANCISCO VARELA dort vertreten, aufschlußreich. Dem Interessierten sei darum dieser Band sehr empfohlen.

Wenn wir, etwa im Trickfilm, zusehen, wie sich die Bausteine gleichsam von selbst erheben, wenden und zu einer Mauer, einem Tor, einer Burg zusammenordnen, dann reden wir von Selbstorganisation. Dabei gehen wir davon aus, daß die Burg zwar als eine der Möglichkeiten in dem Baukasten vorhanden war; daß bei der Vielzahl der Möglichkeiten, die in ihm steckten, eine Voraussicht aber nicht möglich war. Die Bausteine waren prädisponiert.

Hingegen erwarten wir nicht, daß sie prädeterminiert und schon gar nicht, daß sie prädestiniert waren. Das heißt, daß weder Kräfte und Antriebe noch Ziele und Zwecke vorgegeben waren, die das Entstehen jener speziellen Burg hätten vorhersehen lassen, und daß sich diese nicht lediglich unserer Voraussicht entzogen hätten. Wir sind dagegen der Ansicht, daß die genaueste Kenntnis des Vorganges gerade die Unmöglichkeit einer Voraussicht nachweisen ließe.

Diese Situation ist merkwürdig; weil man wohl fragen kann, welche Ursachen oder Zwecke es dann wohl gewesen seien, die den Bau zwar vollendeten, zunächst aber gewiß nicht vorlagen. Das Schlüsselwort heißt ›zunächst‹. Denn es soll natürlich Schritt für Schritt mit rechten Dingen, also mit physikalischen Kräften und natürlichen Auslesebedingungen zugehen. Aber wir erwarten, daß eben Schritt für Schritt mehrere Möglichkeiten des Antriebs wie der Auswahl vorliegen und es zu einem Gutteil dem Zufall der Vorbedingungen überlassen bleibt, welche, dann allerdings in notwendiger Weise, gewählt werden. Damit bemühen wir die Mitwirkung des echten mikrophysikalischen Zufalls, von welchem man weiß, daß er beim Durchlaufen längerer Kausalketten bis in den Makrobereich hineinwirkt. Wir schließen damit jene Differenzierungsprozesse von unserem Begriff der Selbstorganisation aus, die aufgrund ihrer Antezedenzbedingungen und Programme auf ein vorhersehbares Ziel zulaufen. Das sind die teleonomen Prozesse; so, wie das Genom und das Milieu eines gesunden, befruchteten Hühnereis das Schlüpfen eines Kückens erwarten läßt, wie eine Ratte letztendlich das komplizierteste Labyrinth durchläuft oder wir die Integralrechnung beherrschen lernen.

Wir haben Prozesse vom Typus der Phylogenie, nicht der Ontogenie vor Augen; nicht die Wiederbildung, sondern die Neubildung von Ordnung, wie sie nicht einmal in Spuren in den Vorbedingungen enthalten war. Soviel zur Eingrenzung des Gegenstandes.

Einiges über korrespondierende Phänomene

Selbstorganisation findet sich in allen Schichten unserer komplexen Welt: von den physikalischen Systemen bis zu jenen der Kulturen und deren Artefakten. Dabei läßt sich ein hierarchischer Bau dieser Systeme feststellen, wobei immer mehrere Untersysteme am Bau des nächstübergeordneten Systems beteiligt sind. So setzen bekanntlich die Quanten die Atome, diese die Moleküle, Biomoleküle, Ultrastrukturen, Zellen, Gewebe, Organe und Organismen zusammen und diese die Schichten der Sozietäten und Kulturen (RIEDL 1976).

Die Entwicklung dieses hierarchischen Schichtenbaus erfolgt entlang der Zeitachse kosmischer, chemischer, biologischer, sozialer und kultureller Evolution mit wachsender Beschleunigung. Entlang dieser Entwicklung entstehen auch die neuen Gesetzlichkeiten und, was dasselbe ist, die im Prinzip mögliche Voraussicht über Organisations- oder Ordnungszustände. Die Ordnungsgrade der Systeme oder den Umfang der gewinnbaren Voraussicht kann man als ›Gesetz mal Anwendung‹ formulieren, als eine determinierte Korrelation mal der redundanten Wiederholungen derselben in den Gegenständen dieser Welt. Und es zeigt sich, daß mit der Evolvierung der Systeme, begonnen mit etwa 10^{80} identischen Repräsentationen der Quantengesetze, der Redundanzgehalt abnimmt; man kann auch sagen, daß der Ordnungswert oder die Differenzierung steigt.

Beispiel: 10^7 Ziegel können in einem Ziegellager in 1 000 Stapel à 100 mal 50 mal 20 Ziegel zu einer vollständigen, aber hoch redundanten Ordnung gefügt werden. Dieselben 10^7 Ziegel in einem Backsteindom zeigten den Ordnungsgrad gleichermaßen hoch, die Redundanz aber stark reduziert. Der Ordnungswert oder die Differenzierung wäre in dem Maße gestiegen, in dem die Angaben zur Lagebestimmung der Einzelziegel angewachsen sind. Allerdings machte ein Ziegelchaos, 10^7 Ziegel über einen Hang gekippt, den größten Beschreibungsaufwand; es wäre völlig redundanzlos.

Nach der Art unserer Anschauungsformen pflegen wir Ordnungsgrade nur schichtweise zu betrachten. Die Ordnung der Unterschichten setzen wir gewissermaßen voraus. In dem Sinne, als für uns jede Struktur stets wieder eine Zusammensetzung aus Substrukturen erwarten läßt.

Beispiel: Die Feststellung: »Das Kinderzimmer ist ein Chaos«

meint, daß die Spielsachen Zufallsverteilung erreichten, ihr eigener Zustand indes unverändert war. Die Spieluhr zum Beispiel ist noch intakt. »Die Spieluhr ist nun auch kaputt« meint, daß ihre Teile den Funktionszusammenhang verloren. Das Einzelzahnrad ist aber noch in Ordnung und so fort.

Ordnungsgrade sowie Redundanzgehalt, Ordnungswert und Differenzierung können jeweils für die Systeme aller Schichten gelten, aber stets in jenem hierarchischen Bezug, in dem wir sie schichtweise ins Auge fassen. In derselben Weise, wie wir Schicht für Schicht von verschiedenen Gesetzen reden, zum Beispiel jenen der chemischen Bindungen, der Atmung, der sozialen Ränge oder der Gotik.

Eine weitere Beziehung, die für alle Schichten der Selbstorganisation zu gelten scheint, hat mit der Art und Richtung zu tun, in der die Ursachen bei der Entstehung neuer Systeme in Erscheinung treten. Neue Systeme entstehen nämlich nicht als bloße Überbauten, allein als Synthesen aus den bereits bestehenden. Vielmehr entstehen sie als Einschübe jeweils zwischen den vorgegebenen Teilen und einem ebenso vorgegebenen Ganzen. Dies ist von Interesse, weil damit zweierlei Ursachen, nämlich vom Obersystem wie von den Untersystemen ausgehend, zu erwarten sind; und weil sich diese zwei Ursachenrichtungen auch nach den Ursachenarten unterscheiden.

Beispiele: Die Galaxien entstehen zwischen den Teilen der Materiewolken und dem Ganzen des Gravitationsfeldes des Kosmos; die Proteine zwischen den Konzentrationen der Moleküle und dem Gesamtmilieu der Sekundäratmosphäre des Planeten; die Gewebe zwischen den Zellen und den Individuen der Gesamtpopulation; die Professionen zwischen den Bedürfnissen der Einzelmenschen und jenen einer ganzen Kultur.

Die Wirkungen von den Untersystemen her sind nach zweierlei Ursachenformen zu beschreiben; nach der von ihnen ausgehenden Dynamik der Kräfte oder Antriebe, der *causa efficiens,* sowie nach den Disponibilitäten oder Prädispositionen der verfügbaren materiellen Bauteile, der *causa materialis,* im Sinne ARISTOTELES'. Die Wirkungen vom Obersystem her sind wieder von zweierlei Art. Gemeinsam ist ihnen, daß es sich um Selektions- oder Auswahlbedingungen handelt. Von ihnen hängt es ebenso ab, welche Bauteile, in welcher Zahl, Verbindung und Anordnung den Erhaltungsbedingungen des neuen Systems förderlich sein werden. Beziehungsweise es bleiben nur jene versuchten, neuen Systeme erhalten, die jenen Bedingungen genügen. Die statische oder materielle Ansicht solcher Ausleseergebnisse erleben wir als Form. Organisation oder Plan, im Sinne eines Bauplanes, entsprechend der *causa formalis.* Die dynamische oder funktionelle Ansicht macht, in unserer Sprechweise, das, was wir als die Funktion, den Zweck oder Sinn einer Sache erleben, gleich der *causa finalis* wieder des ARISTOTELES (RIEDL 1980).

Damit liegt, und zwar bezogen auf die Hauptachse der Schichtenhierarchie dieser Welt, eine doppelte Symmetrie vor. Die *causa efficiens* und *causa materialis* wirken von den Untersystemen aus, die *causa formalis* und *causa finalis* dagegen von den Obersystemen. Eine Abtrennung der Finalität von der Kausalität, wie dies seit den ersten Fehlinterpretationen des ARISTOTELES bis in unsere Tage üblich ist, wurde zu Unrecht eingeführt, ARISTOTELES verstand, wie der Biologe heute, Finalität nicht im Sinne von Teleologie, sondern von Teleonomie als eines Programmes (KULLMANN 1979 und 1982). Und dies kann für chemophysikalische, genetische wie bewußt intendierte Programme gleichermaßen gelten.

Diese Symmetrie wird von der Spiegelung jenes kognitiven Dualismus erzeugt, der uns den Zustand und das Wirken derselben Gegenstände in zweierlei Formen anschauen macht. Er teilt die Welt wiederum schichtweise in Leib versus Seele, Materie versus Geist und über den ganzen Bau der organismischen Strukturen versus Funktionen bis zur scheinbaren Dualität der Materie in deren Erscheinungsformen als Welle versus Korpuskel, letzten Endes in Kraft versus Information. Wobei es die selektiven Bedingungen aus den Obersystemen sind, die durch ihre Ausschlüsse Information entstehen und die Informationsgehalte, im Sinne von Ordnung, Beschreibungs-, Konstruktions- und Entscheidungsaufwand, wachsen lassen.

Die zweite Symmetrie ist darin gegeben, daß uns die materiellen Seiten der Ursachenbezüge, *causa materialis* und *causa formalis,* Schicht für Schicht als veränderte Bedingungen erscheinen. Daher differenzierten wir diese in die Sprachen der verschiedenen Wissenschaften, von der Physik und Chemie, Molekularbiologie, Zytologie, Histologie und so fort bis zur Psychologie, Soziologie und zu den Humanwissenschaften. Die Begriffe der Kräfte und der Zwecke hingegen, der *causa efficiens* und *causa finalis,* reichen nach Art unserer Vorstellung durch das ganze Schichtensystem, soweit wir meinen, sie mit unseren Kräften und Zwecken vergleichen zu können. Was die Zwecke angeht, so reichen sie nur für die organischen Bezüge; die Kräfte dagegen meinen wir hinunter bis zu den Quantenkräften und hinauf bis zu den Kräften eines Machtblockes als dieselben zu erkennen.

Dabei gilt als Paradigma, daß die Gesetzlichkeit aller unteren Schichten, und zwar Kräfte wie Materialien, durch alle oberen hindurchreichen. Wie aber die Wechselbedingungen der Oberschichten die unteren beeinflussen, das hat uns weniger interessiert.

Beispiel: Wir setzen dieselben Elektronenschalen des Atombaues in den Biomolekülen, diese in der Atmung, die Atmung als Vorbedingung der Gruppendynamik und diese in den Gesetzen wieder des wissenschaftlichen Paradigmawechsels voraus. Wie hingegen die Wahl eines Paradigmas die Dynamik der beteiligten Gruppen beeinflußt, Streß und Befriedigung die Atmung der Individuen, die Atemfrequenz die Aktivität der Moleküle und diese die Anregungszustände der Elektronen der beteiligten Atome, das pflegt man nicht vor Augen zu haben. Nur im intentionalen Bereich ist es uns klar, daß etwa der Plan eines Gebäudes dessen Räume bestimmt, diese die Wände, die Bausteine und deren Verbindung.

Anerkennt man übereinstimmende Eigenschaften in den verschiedenen Schichten der Selbstorganisation, wie Ordnungsgrade, Differenzierung, Zweiseitigkeit der Entstehungs- wie der Erklärungsgründe und das Hindurchreichen der Gesetzlichkeiten, dann kann man fragen, ob auch übereinstimmende Bedingungen der Selbstorganisation zu erwarten seien.

Einige gemeinsame erklärende Terme

In der Mehrzahl sind es wohl Biologen, dann Physiker und Wirtschaftswissenschaftler gewesen, die über Selbstorganisation publizierten. Hier habe ich die Werke von ASHBY, VON BERTALANFFY, EIGEN, VON FOERSTER, HAKEN, JANTSCH, LORENZ, MALIK, MATURANA, PRIGOGINE, PROBST, RIEDL, SIMON, ULRICH, VARELA, WADDINGTON und WEISS vor Augen. Dabei haben manche von uns ihren Band mit der Absicht verfaßt, dem Vorgang der Selbstorganisation eine generelle Erklärung zu geben. Wie wir aber heute sehen, ist es oft nur einer der

Terme gewesen, wie er zwar gewiß zur Erklärung beiträgt, andere aber unberücksichtigt ließ.

Hier nun will ich vergleichend zusammenstellen, was an Bedingungen in allen Komplexitätsschichten Geltung haben mag. Gewissermaßen mit dem ambitiösen Ziel, bei der Vorbereitung einer Metatheorie der Selbstorganisationsprozesse behilflich zu sein. Um aber eine Grenze zu ziehen und zur leichteren Überschaubarkeit will ich nur (wie in einem Rondo) von drei mal drei Phänomenen reden.

Zunächst von den *drei Vorbedingungen* (1 bis 3) in einem, wie wir voraussetzen, gesetzlichen Universum hoch redundanter Phänomene und der Existenz offener Systeme, die sich mit dem Wandel von Energie, Entropie und Information beschreiben lassen. Unentbehrlich für Selbstorganisation ist in diesem

1. Die *Variation* des Milieus, in dem sich das System entwickelt: physikalisch sind dies Symmetriebrüche, chemisch Konzentrationen, biologisch die Bedingungen der ökologischen Nischen, soziologisch solche der Trends und kulturell der Ideen. Stets in einem nichteuklidischen und nichtkartesianischen, also aristotelischen Raum.

2. Die *Fluktuation*, Schwankungen im betrachteten System selbst. Die Fähigkeit, Starrheit oder determinierende Bedingungen zu lokkern. Physikalisch sind das energetische Instabilitäten, chemisch Gefälle der Reaktionskinetik, genetisch die Drift, anatomisch adaptive Radiation, sozial Paradigmawechsel und Revolution.

3. Der *Wettbewerb*, der die Auseinandersetzung in einer Pluralität vergleichbarer Systeme voraussetzt, und zwar um Erhaltungsbedingungen; *und* eine *Selektion*, welche die Systeme geringerer Entsprechung auflöst. Eine Selektion durch die Obersysteme als Symmetriebrüche, Milieu- und Marktselektion oder soziale Selbstverständlichkeiten, führt zu Anpassungen; eine Systemselektion als molekulares Parlament, als interne, als Betriebsselektion oder Urteilskraft führt durch Organisation, Management oder Vernunft zu höherer Anpassungsgeschwindigkeit. (Die Systemselektion ist so wenig bekannt, daß ich auf sie noch speziell zurückkomme.)

Neben jenen Vorbedingungen aller Selbstorganisationsprozesse möchte ich auf *drei Grundbedingungen* (4 bis 6) aufmerksam machen, die in den Systemen selbst gegeben sein müssen.

4. Die *Stabilisation* als die Fähigkeit, bei Störungen mittleren Grades in stabile Zustände zurückzuschwingen. Das Phänomen ist che-

mophysikalisch als Äquilibrierung, biologisch besser als Homöostase oder Regulation, der Psychologie als Flexibilität bekannt. Es steht zwischen den Extremen Rigidität und Inäquilibrium oder Labilität.

5. Die *Innovation* als die Chance oder Möglichkeit der Selbstveränderung zu grundsätzlich neuen Zuständen; also solchen, zu denen die am System beteiligten Kompartments zwar prädisponiert, aber weder prädeterminiert noch prädestiniert sind. Nach dem Zeitpunkt, dem Ort oder der Form ihrer Bildung sind sie von zufälliger Art. Physikalisch redet man von neuen Bewegungen oder Strukturen (BENARD-Zellen, Strand-Rippeln), chemisch von neuen Eigenschaften, biologisch von Mutanten und Fulguration, sozial von kulturellen Mutanten oder Ideen. Dabei ist bei komplexen Systemen die Innovationsrate mit dem Informationsgehalt abzustimmen.

6. Die *Erhaltung des Zufalls*, nämlich des echten, mikrophysikalischen Zufalls (nicht des kognitiven, der bloßen Unkenntnis), bis in den Betrieb der makrophysikalischen Systeme. Entweder durch die Verbindung makrophysikalischer Determinanten mit dem mikrophysikalischen Zufallsgeschehen, wie in der Mutabilität biologischer Systeme, oder aber, wie weit verbreitet, durch Komplexität, das heißt durch lange Kausalketten; wieder vom Parlament der Moleküle bis zu schöpferischen Ideen. Denn auch von diesen ist keine in ihren Prämissen zur Gänze enthalten. Wir könnten ansonsten alle noch möglichen Erfindungen und Entdeckungen heute schon machen.

Erst nach Erfüllung dieser Vor- und Grundbedingungen können jene Phänomene in Erscheinung treten, denen wir den Ehrentitel ›Evolutionsphänomene‹ geben. Es handelt sich (hier nur die ersten drei; Phänomene 7 bis 9) um *Verbesserungen der Wettberwerbsbedingungen*, um Erhaltungschancen. Nicht anthropomorph ausgedrückt: um jene Eigenschaften evolvierter Systeme, die übriggeblieben sind.

7. Die *hierarchische Differenzierung* im Sinne einer Überführung von Kompliziertheit in komplexe Ordnung. Man kann auch sagen: im Sinne eines Abbaues von Redundanz und des Aufbaus übergeordneter Interdependenzen, was wir neue Gesetzlichkeit nennen. Dieses Prinzip ist zunächst unter Ökonomie- oder Konkurrenzbedingungen durch größere Homöostase gegenüber stochastischen Störungen erfolgreich. Später, in Funktionserweiterung, fördert es die Anpassungsgeschwindigkeit sowie die Lagerung und Abrufbarkeit von Daten. Es heißt in allen Schichten Differenzierung oder Organisation.

8. *Reproduktion und Gedächtnis* kommen zu evolutivem Erfolg, weil in einem gesetzlichen, aber variablen und redundanten Kosmos eine Pluralität des gleichen Systems dem Prinzip des Systems die Treffer- oder Adaptierungschancen, kurz die Erhaltungschancen, vergrößern muß. Mit der Reproduktion wird die Übertragung oder Reproduktion von Information nötig. So sprechen wir im Anorganischen von allosterischer Autokatalyse, biologisch von Vererbung und kulturell von Tradierung, wobei diese Schichten einander gleichzeitig Vorbedingungen sind.

9. *Kreativität* im Sinne einer Lenkung oder Kanalisierung der Innovation. Und zwar durch Konservierung der bislang erfolgreichen Interdependenzen innerhalb des Systems. Man kann auch sagen: durch Ausschluß von Unsinn beziehungsweise der Konservierung des Bewährten aus dem Suchfeld des innovativen Zufalls. Damit wird auch das Suchfeld klein gehalten. Denn die Chance des Treffers ist reziprok der Zahl der Lose. Eine Folge ist die Adaptierbarkeit auch des Komplexen, eine andere die Eigengesetzlichkeit, der Eigenstatus des Systems und damit die Einschränkung seiner Freiheitsgrade sowie die Kanalisierung jener Adaptibilität. Schichtweise spricht man von vorgegebenen Codices, vom epigenetischen System, vom Archigenotypus (WADDINGTON 1957), von Homologie, morphologischem Typus, von Instinkten, angeborenen Anschauungsformen, Überzeugungen, sozialen und kulturellen Errungenschaften.

Aber mit dem Gebiet der Evolution ist im Feld der Selbstorganisationsprozesse bereits die Evolution der Evolutionsmechanismen berührt. In ihm ist zwar weiterhin mit dem Hindurchreichen der tieferen Schichtgesetze zu rechnen, aber ebenso mit Überbauten, die auch in Spuren in den Unterschichten nicht enthalten sein können. Wir verlassen das Thema der schichtweisen Gemeinsamkeiten.

Zur Selbstorganisation der Vernunft

Bekanntlich ist unsere Vernunft mit reinen Vernunftgründen nicht zu begründen. Das Trilemma der Erkenntnis läßt nach ALBERT (1968) nur die Anerkennung eines Zirkels, eines unendlichen Regresses oder den Abbruch der Verhandlungen zu. Selbst die Realität der Welt ist ihr unbeweisbar, der Solipsismus unwiderlegbar. Als Destillat aller der

Vernunft vorgegebenen und daher aus ihr nicht hinterfragbaren Kategorien gelten die Postulate von Raum und Zeit sowie die KANTschen *Apriori:* Wahrscheinlichkeit, Vergleichbarkeit, Kausalität und Finalität. Damit ergibt sich in der Philosophie das Problem der Isomorphie, das die Frage aufwirft, wieso diese Vorgegebenheiten jeder Vernunft in diese Welt passen.

Die ›evolutionäre Lehre vom Kenntnisgewinn‹ enthält heute die Antwort, indem wir die der reflektierenden Vernunft vorgegebenen, erblichen Anschauungsformen als *A-posteriori*-Lernprodukte durch die Selektion erkennen. Damit sind diese selbst vor jeder Reflexion entstandene Produkte der Selbstorganisation und damit Teil meines Themas.

Wir betrachten Evolution als einen kenntnisgewinnenden Prozeß, zumal gezeigt werden kann, daß der Lebenserfolg auf einer Extraktion der Gesetzlichkeiten des jeweils relevanten Milieus beruht, als Entscheidungshilfe zur Sicherung erfolgreicher Prognostik. So hat das Lernen der Gene alle einer bestimmten Differenzierung erreichbaren Gesetze der Optik dem Milieu extrahiert und diese unserem Auge nach Aufbau- und Betriebsanleitung eingebaut. Und das in einem Maße, daß unsere Physiker die Gesetze der Optik, und zwar mit Hilfe der ihnen bereits eingebauten Optik, nur wiederentdeckt haben.

Es ist daher angebracht, von schöpferischem Lernen zu reden. Und will man den Begriff ›Erkenntnis‹ den kognitiven Prozessen vorbehalten, so handelt es sich doch um ›Kenntnisgewinn‹, weil der Begriff des ›Informationsgewinns‹ nichts mit Richtigkeit und gar nichts mit der Relevanz notwendigen Informiertwerdens zu tun hat. – Auch von Extraktion ist in dem Sinne zu Recht die Rede, als an Kenntnis nur gewonnen werden kann, was an Gesetzlichkeit nicht nur im Milieu enthalten, sondern auch dem Extraktor zugänglich ist.

Was nun von den Konsequenzen dieser Theorie für das Thema der Selbstorganisationsprozesse von Interesse ist, betrifft drei Gegenstände. Erstens das Hindurchreichen der Selbstorganisation bis in die Bedingungen unserer Anschauung; zweitens die Grenzen dieser Selbstorganisationsprodukte, mit deren Hilfe wir Selbstorganisation anschauen – und damit auch das Verhältnis von Evolutionismus und Konstruktivismus; und drittens die Möglichkeit einer Selbsttranszendenz jener Anschauungsformen.

Erstens: Es zeigt sich, daß unsere Anschauungsformen zwar Gesetzlichkeiten dieser Welt abbilden, jedoch in einer höchst elementaren Form und zur Bewältigung von Lebensproblemen in den noch sehr einfachen Milieus unserer weit zurückliegenden Vorfahren. Raum- und Zeitsinn sind wahrscheinlich so alt wie die Wirbeltiere, die jüngste der Anschauungsformen, die von den Zwecken, ist älter als die Gattung *Homo*, zirka 400 und 5 Jahrmillionen.

Sie bilden also nicht die Welt ab und schon gar nicht das ›So-Sein‹ der Dinge; sie sind vielmehr als Entscheidungshilfen aufzufassen, die gültig sein müssen für sehr universelle Aufgaben im Milieu langer Ketten von Generationen. Es sind schmale Sinnes- oder, besser, Interpretations- oder Deutungsfenster in die Grundformen der Ordnung in der Umwelt; gewissermaßen in einer kompaßhaften Anordnung und ohne Verbindungen zwischen ihnen herzustellen. Die Folge sind Dualismen der Anschauung einer wahrscheinlich in keinem der Fälle zweigeteilten Welt; kognitive Dualitäten.

Die Zeit wird uns eindimensional vorstellbar, der Raum dagegen unabhängig von ihr dreidimensional, euklidisch. Es sind dies für unsere kosmische Mikrowelt Erde durchaus zureichende Ausschnitte aus dem Wechselbezug des vierdimensionalen Raum-Zeit-Kontinuums. Eine Theorie, die eine bessere Näherung zur Realität darzustellen scheint.

Hinsichtlich der Wahrscheinlichkeit, nämlich einer Abtrennung des Zufalls von der Gesetzlichkeit, von Notwendigkeit oder Absicht, wie dies eben zur Prognostizierbarkeit von lebenserhaltender Bedeutung ist, ist uns die Erwartung vorgegeben, daß mit den Bestätigungen unserer Prognosen das Zutreffen der Folgeprognosen immer wahrscheinlicher werden würde. Dieses Prinzip steuert allen assoziativen Kenntnisgewinn vom bedingten Reflex bis zur Beurteilung unserer Observationen und Experimente. Wir würden ansonsten nicht forschen. Es ist die Grundlage der Induktion, ein außerlogisches Prinzip, denn es widerspricht der Unmöglichkeit des wahrheitserweiternden Schlusses. Wir neigen sogar dazu, bei langem Ausbleiben eines Ereignisses (die Wolken werden sich verziehen) seinem Eintreten eine höhere Wahrscheinlichkeit zu geben.

Diese beiden Erwartungen sind insofern isomorph mit unserer Welt, weil in ihr die meisten wiederholten (sukzedanen) Koinzidenzen nicht von zufälliger Art sind beziehungsweise weil die meisten

Ereignisfolgen geclustert sind und nicht nur vom Zufall abhängen. Solche Erwartungen werden freilich oft enttäuscht, entsprechen aber wohl unter den einfachsten Näherungen der besten. Dieses Erbprogramm wurde zur Grundlage des Empirismus, wobei übersehen wird, daß schon das Programm selbst jeder individuellen Erfahrung vorgegeben sein muß.

Dem empiristischen Prinzip steht ein projektivistisches gegenüber mit den Programmen des Vergleichens und der Gestaltwahrnehmung. Es ist uns mit der Erwartung vorgegeben, daß das Ungleiche im Gleichen abstrahiert, das Fehlende hinzugedacht, Abfolgen in einen Zusammenhang gebracht und Gestalten als Ganze transponierbar und räumlich (perspektivisch) zu deuten seien. Auch diese Erwartungen sind logisch nicht begründbar.

Die Isomorphie mit der Welt beruht auf deren redundanter Ordnung und darauf, daß die meisten ihrer Strukturen tatsächlich räumlich sind, sich nach Perspektive, Entfernung und Verdeckung verschieden abbilden, sich nicht sprunghaft wandeln und gewissen Grundgesetzen folgen werden. Sie beruht auf der meist nicht beliebigen Kombinierbarkeit der Merkmale, nun jenen gleichzeitigen (simultanen) Koinzidenzen. In diesem Sinne der Vorauserwartung einer geordneten Welt ist jenes Erbprogramm die Grundlage des Rationalismus. Wobei übersehen wird, daß die dem reflektierenden Individuum vorgegebene Erwartung ein empirisch gewonnenes Produkt genetischer Erfahrung ist.

Endlich besitzen wir von zweien der vier Ursachenformen, wie man sich erinnert, jeweils eine einheitliche Anschauungsform; von den Kräften und von den Zwecken. Aber der Wechselbezug zwischen den beiden, Kausalität und Finalität, ist von der Anschaulichkeit wieder ausgeschlossen.

Was die Kausalität betrifft, so sind wir mit der Erwartung ausgestattet, daß gleiche Dinge oder Ereignisse dieselbe Ursache haben werden, daß jede Sache ihre Ur-Sache hat und daß sich in der Kette der Vorausursachen eine erste oder Ur-Ursache finden lassen müsse; ein erster Anstoß, eine erste Kraft, aus der exekutiv alle weitere Bewegung folge.

Die Isomorphie dieser Erwartung mit der Welt ist wieder eine Näherung. Sie beruht darauf, daß die meisten Sukzessionen von Zuständen und Ereignissen tatsächlich nicht nur zufälliger Natur sind und daß dies eben auch für deren Vorauszustände und Vorausereignisse gilt. Auch daß dies mit Kraftverwandlungen zusammenhängt, wird man anerkennen. Daß aber Ursachen nicht in Ketten, sondern in Netzen zusammenhängen, daß ihre Wirkungen nicht kanalisierbar bleiben, dafür fehlt die Anschauung. Das Programm begründet die Theorie des Materialismus. Wobei übersehen wird, daß aus Kräften allein kein historisches System dieser Welt verstanden werden kann.

Der Erwartung der Kausalität steht die der Finalität gegenüber, daß gleiche Strukturen oder Vorgänge denselben Zweck haben, daß sie Funktionen derselben Überfunktion sein werden, daß jeder Zweck in einen übergeordneten Zweck einginge und man in der Kette der Zwecke einen letzten oder Endzweck aller Dinge finden müsse, etwa eine Absicht ihres Schöpfers.

Auch in dieser nach KANT letzten *A-priori*-Vorausbedingung unserer Vernunft haben wir noch ein näherungsweises Programm vor uns. Zweifellos ist es trotz aller möglichen Enttäuschung die wohl am häufigsten bestätigbare Hypothese, Gleiches werde denselben Zweck haben. Aber wieder sind die Folgeerwartungen von Kettenform und Endzweck höchst irreführende Vereinfachungen. In diesem Sinn ist diese Erwartung einer auf letzte Zwecke gerichteten Weltordnung die Grundlage des Idealismus. Wobei übersehen wird, daß sich letzte Zwecke nicht nachweisen, sondern eben nur postulieren lassen und jegliche Funktion erst an ihrem materiellen System entstehen kann.

Der Prozeß der Selbstorganisation fertigt also vor jeder Reflexion die Vorbedingungen unserer bewußten Reflexion, und zwar in der Form von Entscheidungs- oder Urteilshilfen, als Vorausurteile. Diese sind zweifellos an Gesetzen, an den Ordnungsmustern des Milieus herausgebildet, stellen aber nur generelle Näherungen dar, zureichend fürs Überleben in einem noch sehr einfachen Ambiente. Die Isomorphie ist eine annähernde.

Es liegen sogar Anzeichen für eine Isomorphie höherer Ordnung vor, indem die Symmetrien von Raum und Zeit, Sukzedan- und Simultankoinzidenzen sowie von Kräften und Zwecken auch in unserer Erwartung wiederkehren. Allerdings ohne daß wir eine Anschauungsform ihrer Beziehung zueinander besäßen. Und dieser Mangel hat uns dazu verleitet, sie als Gegensätze zu erachten.

Zu den Grenzen solcher Selbstorganisation

Zweitens: Die Grenzen solcher Selbstorganisationsprozesse liegen zunächst an den Grenzen des Milieus. Was es an Problemen nicht enthält, darauf kann nicht reagiert und eine Lösung auch nicht vorbereitet werden. Und natürlich gibt es umgekehrt Lebensprobleme, die umgangen werden müssen, weil das System keine Lösung produzieren kann; eine Kieme für den Delphin, ein Gefieder für die Fledermaus und Flügel für Ikarus.

Selbstredend sind alle diese näherungsweisen Lösungen von Lebensaufgaben Lösungen unter anderen. Solche alternativen Lösungen nennt man Analogien. Man denke an die unterschiedlichsten Lösungsformen des Sehens wie des Fliegens bei Biene und Vogel. Und gerade die Unterschiede zwischen analogen Lösungen zeigen uns, wie weit sie von einer maximalen oder endgültigen Lösung entfernt sind. Dennoch handelt es sich um Prozesse der Optimierung. Wobei jener Plafond, der asymptotisch erreicht wird, von den Möglichkeiten abhängt, die dem jeweiligen System gegeben sind. Und diese sind für Libelle und Mauersegler so verschieden wie für Helikopter und Segelflugzeug.

Dennoch muß es eine relative Übereinstimmung mit den Gesetzen der realen Welt geben, solange diese durch Selektion ihre Wirkung tut. Freilich hat WATZLAWICK recht, wenn er sagt, daß ein Kapitän, der nachts eine unbekannte Meeresstraße, ohne zu stranden, durchfuhr, vom genauen Küstenverlauf noch nichts weiß. Aber immerhin weiß er, daß die Küsten nicht auf seinem Kurs lagen.

Diese relative Isomorphie schwindet allerdings, wenn die Selektionsbedingungen unbestimmt werden oder wegfallen. Das nun kann mit dem Entstehen des Bewußtseins leicht möglich werden, weil es das Experimentieren im gedachten Raum erlaubt und damit die Kontrolle der Hypothesen oder Erwartungen vom Milieu in den Organismus selbst verlegt. Damit kann das Denkbare mit der Realität verwechselt werden. Und krasser noch: Dank der Überzeugungskraft des Vorgestellten hat es seit jeher gegenüber »dem lärmenden Haufen der Sinne« (PARMENIDES) realer als die Realität gewirkt. Ist den genetisch erlernten Prognosen nur der relative Unsinn entwickelbar, »an den reinen Unsinn zu glauben ist ein Privileg des Menschen« (LORENZ).

Künstliche Wirklichkeiten von beliebiger Realitätsferne, wie sie uns der Konstruktivismus nachweist, können allerdings nur unter zwei Bedingungen von einigem Bestand sein. Entweder sie liegen unter gar keiner Selektivität empirischer Art oder unter der Pseudoselektivität der sogenannten ›sozialen Wahrheiten‹.

Letztere sind ja ebenso Konstruktionen, lediglich mit dem Unterschied, daß sie von einem ganzen Kollektiv entwickelt oder adoptiert werden (BERGER und LUCKMANN). Zweifellos können wir irren, »oft jahrhundertelang« (DESSAUER), bis uns doch einmal die Erfahrung widerlegt.

Ob wir uns die Welt mit Äther angefüllt denken oder mit Gravitonen, die auch noch niemand nachgewiesen hat, sobald es unter viel Risiko und Rechenwerk gelingt, einen Mann auf den Mond zu setzen und ihn wieder heil seiner Familie zurückzubringen, muß es eine gewisse Übereinstimmung von Erwartung und Realität geben. Allein daß wir uns hier befinden und über irrige Konstruktionen reden, ist nur evolutionistisch zu deuten. Selbst unsere Existenz können wir wohl nur aus einer gewissen Übereinstimmung verstehen zwischen den ›Hypothesen, die unsere Organe darstellen‹ (POPPER) und einer Wirklichkeit, was immer an ›So-Sein‹ sich hinter ihrer Wahrnehmung verbergen mag. Die evolutionistische Theorie und der von ihr vertretene ›hypothetische Realismus‹ (CAMPBELL) bilden die Voraussetzung der Existenz und der Kritik von seiten des Konstruktivismus. Denn Evolution selbst ist ein Wechselspiel von Erfindung und Kritik.

Wir können darum aus einer Analyse der Grenzen unserer Anschauungsformen eine Voraussicht darauf gewinnen, welches die vorbewußten ratiomorphen Mängel und welches die rationalen Fehler unserer Vernunft sind. Für die Summe unserer erblich angeleiteten Vorausurteile über diese Welt besitzen wir den Begriff des ›ratiomorphen Apparates‹ (BRUNSWIK). Seine Leistungen entsprechen dem des gesunden, unreflektierten Hausverstandes. Seine Urteile und vorfabrizierten Anschauungen können nicht ganz falsch, aber auch nicht vollständig sein. Sie enthalten Wahrheit, aber keineswegs nichts als die Wahrheit und schon gar nicht die ganze Wahrheit.

Dies erklärt, warum wir für eine ganze Reihe von Phänomenen, wie sie sich aus der Empirie von Evolutions- und Selbstorganisationsprozessen als notwendige Annahmen erweisen, keine Formen der Anschauung besitzen und daß wir gut beraten sind, wenn wir aus dem

Mangel einer Anschaubarkeit nicht die mögliche Realität jener Phänomene verwerfen.
Als schon klassisches Beispiel kennt man unsere Unfähigkeit, sich ein vierdimensionales Raum-Zeit-Kontinuum vorzustellen. Mit der Folge, daß wir uns weder den Beginn der Zeit noch das Ende des Raumes vorzustellen vermögen.

Weniger Beachtung findet unsere Unfähigkeit, als eine Konsequenz quantitativer Änderungen das Auftreten neuer Qualitäten vorauszusehen. Gegenüber der Frage: »Wie viele Körner machen einen Haufen?« (HASSENSTEIN) anerkennen wir zwar im nachhinein, daß die ersteren rollen, der letztere aber gleitet oder fließt. Aber die Wahrnehmung der Übergangsphase macht unserer Vorstellung Schwierigkeiten und veranlaßt uns, die Analyse als unnötig zu betrachten. Noch deutlicher wird dies im komplexen Bereich, wo es Schwierigkeiten macht, bei der Verschmelzung von Systemen mit dem Auftreten von neuen Systemeigenschaften zu rechnen, wie sie nicht einmal als Spuren in den Konstituenten vorhanden sein konnten.

Tatsächlich besitzt unsere Umgangssprache für derlei ›Erscheinungen‹ gar keinen Begriff. ›Schöpfung‹ wie ›Evolution‹ haben das Hervorholen oder Auswickeln von Vorgeformtem im Auge; wie die alte Präformationslehre. Die Hoffnung der sprachlogischen Positivisten (WITTGENSTEIN), daß in unseren Begriffen Gewißheiten gegeben wären, müssen wir begraben. In Wahrheit ist unsere Sprache zum Begriff nicht einmal des Gestaltenwandels geeignet. Sie ist voll irreführender Analogien, hat aber zum Beispiel für Schwimmblase – Lunge, Primärkiefer – Gehörknöchel, Haarbüschel – Nasenhorn (des Nashorns) keine Begriffe, obwohl diese alle auseinander hervorgingen (REMANE).

Besonders groß ist unsere Behinderung aber dadurch, daß wir für den Wechselbezug, wie er zwischen Kausalität und Finalität bestehen muß, keine angeborene Form der Anschauung besitzen. Ebenso haben wir für Material und Plan, Disposition und Selektion, Kraft und Information keine verbindende Form der Anschauung. Selbst Strukturen und Funktionen sind in allen unseren Sprachen in Haupt- und Zeitwörter getrennt; obwohl noch kein Bein, ohne zu laufen, entstand und niemand ohne Beine je gelaufen ist.

Wenn es sich also im Falle unserer ratiomorphen Leistungen um bloße Mängel handelt, ist es auffallenderweise unsere rationale Leistung, welche die gravierenden Fehler macht. Diese sind im allgemeinen darauf zurückzuführen, daß die ratiomorphe Anleitung als mit der Realität übereinstimmend betrachtet und erwartet wird, von ihr aus beliebig extrapolieren zu dürfen. Wir wissen aber, daß unsere Anschauungsformen nur Näherungen darstellen und beliebige Extrapolation zu einer Eskalation der Fehler führen muß.

Hätten sich beispielsweise die drei Raumdimensionen von ihrer Zeit und ihrem Inhalt unabhängig erwiesen, wie uns dies unsere angeborene Anschauung glauben macht, dann wäre das Konzept des EUKLID und DESCARTES zutreffend, das Parallelen-Axiom zwingend und die Vorstellung von einer Welt einsam reisender Teilchen. Nachdem sich diese Erwartung aber als irrig erwiesen hat, sind alle Konsequenzen in Frage zu stellen und das Raumkonzept des ARISTOTELES und EINSTEINS die nächstbessere Näherung.

Hätte es sich erwiesen, daß die Bestätigung von Prognosen auch ohne Vorwissen zur Wahrheitsfindung führt, dann könnten wir mit dem Empirismus der Positivisten unser Auskommen finden. Hätte es sich erwiesen, daß unsere Vorstellungen oder Ideen von den Gestalten ohne Vorauserfahrung zu wahren Abbildungen der Welt führen, dann könnte uns auch das Konzept des Rationalismus genügen. Nachdem sich aber zeigt, daß alle Empirie des Vorauswissens bedarf und alle Vorstellung auf Vorauserfahrung beruht, sind auch alle Konsequenzen des Empirismus wie des Rationalismus in Frage zu stellen. Die Trennung also wird falsch sein.

Dasselbe, so sieht man nun schon voraus, wird auch für die Trennung kausalistischer und finalistischer Lösungen gelten. Natürlich kann man, wie es der materialistische Reduktionismus tut, Systeme fortgesetzt zerlegen und letztlich aus ihren Antriebskräften erklären. Niemand übersieht die außerordentlichen Erfolge des pragmatischen Reduktionismus. Aber zu glauben, daß damit das System ganz verstanden sei, wie es der ontologische Reduktionismus behauptet, ist eine grobe Irreführung. Man denke zum Beispiel an die Entstehungsgründe eines Systems. Genauso irreführend ist aber auch der idealistische Reduktionismus, wenn er meint, die Systeme dieser Welt allein aus letzten Zwecken verstehen zu können.

Wir sind zwar auf eine Wahrnehmung sowohl der Kräfte als auch der Zwecke angelegt; allerdings ohne die einer Verbindung zwischen ihnen. Und unsere reflektierende Vernunft ist es dann, die aus dem Unterschied einander ausschließende Lösungen konstruiert.

In diesem Umstand, am Rande oder schon jenseits unserer Anschauungsformen operieren zu müssen, sehe ich die entscheidende Behinderung, die der Entwicklung von Evolutions- und Selbstorganisationskonzepten auch weiterhin harrt. Man denke nur daran, daß entlang jener Widersprüche unsere ganze Kultur zweigespalten wurde (SNOW); daß immer noch geglaubt wird, unsere formale Logik enthielte irgendwelche Gewißheiten, obwohl das schon BOLTZMANN in Frage stellte. Und welches Heer von Feinden sich allein der hier nötige Systemansatz eingehandelt hat (CHURCHMAN).

Zur Selbsttranszendenz

Drittens: Damit komme ich zur letzten Frage im Zusammenhang einer Selbstorganisation der Vernunft: Könnten wir die Grenzen unserer erblichen Anschauungsformen übersteigen? LORENZ nennt sie unbelehrbar, und tatsächlich sind sie unveränderbar. Wir selbst könnten uns dagegen als belehrbar erweisen. Aber unter wessen Anleitung? Nur unter Anleitung der Erfahrung und durch Scheitern unserer Prognosen, wann immer sie unsere Anschauung nicht verlassen. Ich verwende nun das Modell EINSTEIN.

Für mich Evolutionisten besteht die große Leistung EINSTEINS darin, daß er sich, im Konflikt zwischen Anschaubarkeit und einer ganz unanschaubaren theoretischen Lösung bisheriger Rätsel der Erfahrung, der Erfahrung gebeugt hat. Dabei hat seine Entdeckung seine eigene erbliche Anschauung von Raum und Zeit gewiß nicht verändert. Die Theorie hat die Anschauung überstiegen, sogar eine neue Dimension hinzugefügt.

Das ist im Ursprung genau das, was die Philosophen unter Transzendenz oder transzendieren verstehen, das Hinübersteigen, ausgehend von der Erwartung, daß es etwas geben muß, was die raumzeitliche Anschauungswelt des Menschen übersteigt. Der Unterschied unserer Betrachtungsweisen allerdings ist beträchtlich. Er besteht darin, daß wir erwarten, die Produkte der spekulativen Vernunft würden an der Erfahrung bestätigt werden oder aber scheitern können. Wir erwarten eine Naturwissenschaft von der Transzendenz.

Diese Erwartung entspricht aber wieder dem uns bekannten Mechanismus des Kenntnisgewinns der Evolutionsprozesse. Die Transzendenz unserer erblichen Ausstattung liegt also direkt am Wege unserer möglichen Entwicklung.

Dabei geht es also nicht mehr um eine genetische Adaptierung. Diese zu erwarten haben wir keine Chance. Außerdem liegt humanerweise auch gar kein Selektionsdruck auf einer Anpassung unserer Anschauungsformen. Unsere Chance besteht lediglich darin, sie rational zu übersteigen. Da sie sich als unveränderbar erweisen, müßten wir, trotz ihrer Suggestivität, uns selbst belehrbar zeigen.

Im Falle der Relativitätstheorie bestätigen einige bescheiden wirkende Phänomene die Richtigkeit des Konzepts. Unter diesen, noch am leichtesten mitvollziehbar, die Lichtablenkung im Gravitationsfeld der Sonne (um 2,2 Bogensekunden am Sonnenrand). Ihnen gegenüber aber stehen die unglaublichsten Konsequenzen. Reisten wir mit annähernder Lichtgeschwindigkeit, wir fänden unsere Umgebung in der Fahrtrichtung geschrumpft. Umgekehrt würde ein ruhender Beobachter seinen Sinnen nicht trauen; er fände uns völlig abgeflacht. Oder sähen wir nur weit (und rasch) genug, wir würden in jeder Himmelsrichtung immer unseren Hinterkopf sehen. Mag das zur Illustration des Unvorstellbaren genügen.

Wir müßten also mit annähernder Lichtgeschwindigkeit reisen, um den Irrtum unserer angeborenen Anschauungsformen sinnlich wahrzunehmen. Im kosmischen Mikrobereich unserer Erde sind unsere Anschauungsformen, wie gesagt, zureichende Näherungen.

Dies aber scheint mit den Phänomenen der Wahrscheinlichkeit, Vergleichbarkeit, der Kausalität und Finalität anders zu sein. Sie wirken dimensionslos und damit auch im Bereich des Alltags auf unserer Erde. Hier muß jede Eskalation auch bescheidener Anpassungsmängel zu unserer ureigenen irdischen Plage werden. Dieses Problem ist also, wie man heute sagt, ungleich relevanter. Nur die metrische Fassung unserer Irrtümer steht noch aus. Sie aber ist ungleich schwieriger.

Wir besitzen aber untrügliche Daten darüber, daß wir an komplexe Phänomene stets mit zu einfachen Modellerwartungen herangehen, daß wir dazu neigen, Ursachenzusammenhänge gedanklich beliebig zu vereinfachen und im Filz der wechselseitigen Abhängigkeiten nach einer Haupt- oder Erstursache (DÖRNER, RIEDL) trachten. Noch gravierender dürfte unser Irrtum sein, Kausales und Finales für unvereinbare Größen zu halten (wie jüngst wieder SPAEMANN und LÖW), letztlich unsere Unfähigkeit, die Wechselbeziehung von Kraft und Information zu begreifen. Das alles ist aber wieder so alt wie die Lehre PLATONS; also fast so alt wie unsere Kultur.

Anstatt mit diesem Gegenstand allgemein fortzufahren, will ich ihn durch zwei Beispiele illustrieren. Beide umfassen eine Entwicklung in der Geistesgeschichte der letzten zwei Jahrhunderte. Und beide sollen zeigen, wie ein mehrseitiger Ursachenbezug in selbstorganisierenden Prozessen allmählich fortrationalisiert worden ist, weil er unserer Anschauung nicht entspricht. Im einen Fall geht es um Evolutionstheorie, im anderen um Wissenschaftstheorie; in beiden Fällen um die Kenntnis unserer Selbstorganisation zur Erkenntnis von Selbstorganisation.

Sichtverluste über genetischen Kenntnisgewinn

Wie man sich erinnert, hat die Theorie der Evolution der Organismen mit der Vorstellung von einer Wechselkausalität begonnen. Als der Kreationismus, wie ihn noch CUVIER vertrat, durch den Evolutionismus abgelöst wurde, vorbereitet durch MAUPERTUIS, durch LAMARCK und ERASMUS DARWIN, dachte man an einen zweiseitigen Ursachenbezug. Einerseits setzte man voraus, was jeder Züchter beobachtete, daß das Erbmaterial die Körperstrukturen bestimmt. Andererseits suchte man nach einer Wirkungsweise, welche die Beeinflussung nun umgekehrt des Erbmaterials durch die Körperstrukturen erklärte; der Gene durch die Phäne, wie wir heute sagen. Denn daß eine solche Wirkung angenommen werden müsse, das schien außer Frage zu stehen.

LAMARCK erwartete eine ›Rückmeldung‹ der Veränderung der Phäne durch ihren Gebrauch, und CHARLES DARWIN, in dieser Annahme ganz Lamarckist, entwickelte mit seiner ›Pangenesistheorie‹ (1868) ein Modell dafür, wie man sich die Bewerkstelligung einer solchen Rückmeldung vorstellen könnte. Es waren die Phänomene der Regeneration, der taxonomischen Einheiten und deren Merkmale, die DARWIN an der Voraussetzung eines ursächlichen Wechselbezuges zur Erklärung der Evolution festhalten ließen.

Zum Darwinismus wurde diese Lehre erst durch ALFRED RUSSEL WALLACES Buch »The Darwinism« (1891), sieben Jahre nach DARWINS Tod; und zwar durch Weglassung des Pangenesiskonzepts und damit aller LAMARCK-DARWINschen Wechselkausalität. Der sympathische, aber weniger gebildete WALLACE, der das Selektionsprinzip gleichzeitig mit DARWIN entdeckte, war der Ansicht, daß es zur Erklärung der Evolution genügen müßte. Und als mit der Wiederentdekkung der MENDELschen Gesetze um 1900 auch die Wandlungsweise des Erbgutes durch Mutationen bekannt wurde, meinte man sich endgültig auf eine Einwegkausalität festlegen zu müssen.

Nicht, daß es an Opposition gefehlt hätte. Aber die bequeme Denkweise, unsere »faule Vernunft«, wie KANT gesagt hätte, setzte sich als Lehrbuchwissen durch. Mutationen änderten gelegentlich ein Gen, und die Selektion lese den Träger des jeweils erfolgreicheren Phänproduktes aus. Ein Rückfließen von Information wurde ausgeschlossen, die Annahme eines solchen sogar durch die WEISMANN-Doktrin (seit 1902) verboten. Noch HERBERT SPENCER, auf den ja der Selektionsgedanke vom *survival of the fittest* zurückgeht, hat WEISMANN lebhaft widersprochen. Aber Doktrin und Verbot, so sehr schon derlei Termini in einer empirischen Wissenschaft befremdlich sein sollten, haben sich zum Paradigma verfestigt.

Als schließlich der Mechanismus der DNA-Replikation und der chemische Übertragungsprozeß der Nachricht durch die Boten- und Übersetzungs-RNA aufgeklärt wurde (mRNA und tRNA), hielt man das neue Stück ›Wahrheit‹ für eine Dokumentation des Besitzes der ganzen Wahrheit. Das Paradigma der anorganischen Wissenschaften, der Physiker und Chemiker, das sich in dieser Aufklärung so sehr bewährte, förderte die Zementierung der WEISMANN-Doktrin zum »zentralen Dogma der molekularen Genetik«. Was wie die Verhöhnung einer empirischen Wissenschaft klingt, mag als ›Laborscherz‹ begonnen haben. Er wurde aber zum bitteren Ernst.

Aus dem dogmatischen Verbot auch nur der Erwägung eines Rückflusses von Information aus den Genprodukten wurde eine Art von sozialer Wahrheit; und ein Verstoß gegen dieselbe führte von nun an zum Ausschluß aus jener Gemeinschaft, die Mittel und Anerkennung verteilt, zum Verstummen der Debatte, in eine Minorität, auf deren Stufe man sich aus Gründen nunmehr seines wissenschaftlichen Ethos nicht stellen darf.

Also sind die Folgen katastrophal. Die Pangenesistheorie wird verschwiegen. Die ganze Fülle der Phänomene der Morphologie und der transspezifischen Evolution (der Großabläufe der Stammesgeschichte), die unerklärlich bleibt, wird verdrängt, zu einer Art anachronistischem Gerümpel und schließlich vergessen. Die Lehrbücher einigen sich auf eine einzige Ursachenkette, die, allein vom DNA-Molekül ausgehend, die Welt der Organismen erklären soll. Der Rest wird nicht mehr unterrichtet, denn er ist oft auch den Unterrichtenden nicht mehr bekannt. Selbst DARWIN wird bei seinen Biographen (HEMLEBEN 1968, Seite 100 und 129) »ein schlechter Darwinist«. Die Sache wird absurd. Der pragmatische Reduktionismus wurde zum ontologischen. Die Biologie ist dabei, sich in Chemie aufzulösen. Das Weltbild auch.

Tatsächlich verhält man sich so, als ob allein der Markt, die Milieuselektion, die Struktur, beispielsweise unserer Autos, bestimme. Das Werk probierte herum, und die Käufer urteilten über die Dimensionierung der Zylinderkopfschrauben, die Legierung und die Toleranzen der Kolbenringe. Keine Betriebsorganisation wäre erlaubt. Der Betrieb dürfte nur vom Markt, nicht aber von seinen Produkten lernen; er dürfte keine gemachte Erfahrung vorwegnehmen, ja sein Produkt eigentlich gar nicht kennen (RIEDL 1975, 1976, 1977).

Die bescheidenen Vereinfachungen, mit deren Hilfe unsere angeborenen Anschauungsformen uns diese Welt abbilden, werden, durch die rationale Reflexion extrapolierend, zu wirklichem Irrtum eskaliert. Unser lineares Kausaldenken macht uns blind gegen das, was real fortgesetzt um uns herum geschieht. Das Paradigma siegt gegen die Vernunft.

Sichtverluste über assoziativen Erkenntnisgewinn

In dieselben Jahrzehnte des beginnenden 19. Jahrhunderts, da das Werk des ERASMUS DARWIN (gest. 1802) zu wirken anhebt, das entscheidende Werk LAMARCKS erscheint (1809, im Geburtsjahr CHARLES DARWINS), da bald LYELL, DARWIN und SPENCER denken werden, bereitet sich ein weiterer, bedeutender Gedanke vor. Die Systembedingungen unseres Erkenntnisgewinns, wie wir heute sagen würden, werden erkannt.

Der Materialismus oder Mechanizismus des 18. Jahrhunderts, etwa eines LAMETTRIE, der noch FRIEDRICH II. Eindruck machte, hatte sich als obsolet erwiesen. Der neue, in der Aufklärung wurzelnde Reduktionismus, den der Positivismus verbreiten sollte, war noch zu jung, um die Wissenschaften durchtränkt zu haben. In diesen Jahrzehnten entstehen mit dem alten GOETHE die Methodenlehre der Vergleichenden Anatomie und mit dem jungen AUGUST BOECKH (1785–1867) die »Methodenlehre der philologischen Wissenschaften«.

Interessanterweise geschieht dies unabhängig von der Evolutionstheorie, deren Entstehen ich oben erwähnte. Baron CUVIER beispielsweise war die Diskreditierung LAMARCKS so vollständig gelungen, daß GOETHE von diesem niemals gehört hat. Und das, obwohl GOETHE sich für die Auseinandersetzungen im Pariser ›Jardin des Plantes‹ (dem Vorläufer der Sorbonne) so lebhaft interessierte, daß er die Diskussion zwischen CUVIER und GEOFFROY SAINT-HILAIRE ins Deutsche übertrug. Beide Konzeptionen wurzeln also in einem noch allgemeineren gemeinsamen Bildungskonzept der Jahrhundertwende, in das noch WINCKELMANN hineinwirkte und in dem SCHLEIERMACHER und die Brüder HUMBOLDT typisch sind. Was GOETHE und BOECKH gewannen, das war die Einsicht in das Prinzip der wechselseitigen Erklärung zum Verständnis eines komplexen Systems, dort eines morphologischen, da eines literarischen Typus. Und auch dies geschieht unabhängig voneinander. BOECKH, nur vier Jahre älter als GOETHES Sohn AUGUST, bezieht sich meines Wissens nirgends auf die identische Methode des ihm wohlbekannten Meisters. Übrigens legte er seinen erst posthum veröffentlichten Vorlesungen bis zu seinem Ende ein im Jahr 1809 gefertigtes Manuskript zugrunde (wie erinnerlich das Jahr von LAMARCKS »Philosophie Zoologique« und DARWINS Geburt).

GOETHE erkannte, daß der Typus, das ist der Grundbauplan einer systematischen Einheit, in seinem Falle der Säugetiere, aus keinem der Repräsentanten hervorgehen kann. Er muß aus allen seinen Fällen, also aus allen Arten der Säuger, als eine Theorie abstrahierend gewonnen werden. Erst dann kann er wieder zum Vergleich mit einer jeden Art der Gruppe sowie gleichzeitig zu seiner empirischen Kontrolle und Korrektur selbst verwendet werden. Und der Typus der Säuger muß mit jenem der Vögel, Reptilien und so fort wieder zu einem der Fälle werden, aus welchem nun der morphologische Typus der Wirbeltiere abgezogen werden kann.

Dieselben schichtweisen Wechselbezüge findet BOECKH. Der Sinn eines uns noch nicht bekannten Wortes wird aus den Fällen der Sätze erhellen, in deren Sinn man ihn findet. Und umgekehrt ist uns bekannt, daß man den Sinn eines Satzes dem seiner Worte entnimmt. Ob aber ein Satz beispielsweise ironisch zu verstehen ist, ist dem Satz allein wieder nicht zu entnehmen. Sein tieferer Sinn wird erst aus den Fällen der Sätze hervorgehen, mit denen er im Kontext steht. So, wie der Sinn des Kontexts aus den Sätzen erhellt, die ihn zusammensetzen.

Dieser Wechselbezug der Erkenntnis entspricht dem Wechselbezug in der Selbstorganisation der Dinge, also jener Einschübe der Differenzierung zwischen dem Teil und dem Ganzen. Denn selbstredend sind die Säuger wie die Vögel zwischen den Vorgaben des Ganzen der Wirbeltieranlage und den Teilen, den Einzelarten, entstanden. Ebenso wie sich die Worte und Sätze der Sprachen zwischen dem Ganzen des Bedürfnisses einer Mitteilung in einer Gruppe und den Teilen, den ihr möglichen Lauten, entwickelt haben mußten. Diese Isomorphie zwischen Entstehungs- und Erkenntnisgründen (zuerst in RIEDL 1983) ist freilich nicht bekannt gewesen. Aber die Weitsicht GOETHES und BOECKHs hat sich von der Komplexität des Wechselbezuges der Erkenntnis nicht beirren lassen. Anders dagegen ihre Nachfolger.

Es muß wiederum die erbliche Anleitung zur linearen Form des Ursachendenkens gewesen sein (RIEDL 1978/79), welche die folgenden Denker schon gegen die Mitte des 19. Jahrhunderts gespalten hat. Unsere Anlage, wechselseitig mit materialen und finalen Ursachen zu rechnen, mußte zwar immer in einen Konflikt mit der Anschauungsform einzelner Lösungen münden. Es ist dann mehr der Zeitgeist, also eine sozial vereinbarte Überzeugung und Beschwichtigung von Unsicherheiten, der lenkend in die kulturelle Szene eingreift. Und war es nach der Jahrhundertwende noch ein universalistisch-holistisches Weltbild, das im Dilemma unserer Anschauungsformen manche Geister im Sattel beidseitigen Ausblickes hielt, änderte sich die Szene bald.

Der Positivismus tat seine Wirkung. Segensreich für die theoretische Stützung vor allem der exakten (anorganischen) Naturwissenschaften. Denn er stand dem pragmatischen Reduktionismus Pate, der diese Wissenschaften zu ihren großen Erfolgen führte. Dieser selbe Szientismus, materialistisch wie er in seiner Konsequenz war, konnte aber den biologischen und den Humanwissenschaften nicht genügen und leitete das neue Schisma ein; sich rechts oder links aus dem Sattel in die lineare Kausalität materialistischer oder aber idealistischer Weltdeutung zu verfügen.

Im Falle der Erkenntnismöglichkeit des morphologischen Typus suchten die deutschen idealistischen Philosophen ihren Gewährsmann und meinten, unglücklicherweise, diesen in GOETHE zu finden. Sie deuteten den Typus im Sinne PLATONS als vorausgegebene Idee, wo GOETHE denselben doch ausdrücklich als eine Abstraktion aus der empirischen Forschung verstand. Und sie deuteten seine Ursache, die GOETHE eine esoterische nannte, als geheimnisvoll. Man mißverstand oder wollte nicht verstehen, daß GOETHE ein Begriffspaar verwendete; nämlich ›exoterisch‹ gegenüber ›esoterisch‹. Mit welchem er äußere gegenüber inneren Ursachen oder Gründen unterschied. Heute reden wir von milieuimmanenten gegenüber systemimmanenten Bedingungen. Eben jene, die nach der ›Systemtheorie der Evolution‹ die Analogien gegenüber den Homologien begründeten (RIEDL 1975). Und diese Homologien, die ›Wesensähnlichkeiten‹, sind es, die den Bauplan oder Typus einer Systemgruppe bestimmen.

Die Umdeutung der Morphologie zu einer Geheimlehre durch den Deutschen Idealismus erwies sich für die Biologie als katastrophal. Denn die Kunde von den Strukturen wurde idealistisch, die von den Funktionen aber, in Opposition, materialistisch. Die Biowissenschaften wurden gespalten, das Gespräch über die Grenze hinweg abgebrochen. Und bis dato wurde das Schisma noch nicht überbrückt.

Entsprechendes geschah dann in den Humanwissenschaften mit BOECKHs Einsicht in die Erkenntnismöglichkeit des literarischen Typus. Bekanntlich gilt DILTHEY als deren Neubegründer, seitdem er mit seiner »Einleitung in die Geisteswissenschaften« (1. Band 1883) diese als im Besitz einer ›verstehenden Methode‹ gegen die ›erklärende‹ der damals überhandnehmenden Naturwissenschaften abgrenzte. Aber DILTHEY, so sehr auf ihn noch SCHLEIERMACHER wirkte, wurde erst 1866, ein Jahr vor BOECKHs Tod, Professor. Die neue Szene spielt also zwei Generationen später. Und da ist von BOECKHs wechselseitigen Gründen (die auch erst 1877 von BRATUSCHEK publiziert wurden) nicht mehr viel übrig. Denn DILTHEYs Ansatz ist die Lebens- oder Erlebnisphilosophie in Deutschland und mit ihr die Ansicht, daß sich unser Verstehen erst in den Produkten des Menschen voll entfalte, weil wir selbst die Produzenten sind.

Damit ist ein Wechsel von der pragmatischen Hermeneutik der einzelnen Fachwissenschaften zu einer philosophischen Hermeneutik vorbereitet. Eine Spaltung, die sich wiederum als folgenschwer erweisen wird, weil sie über den vermeintlichen ›Niederungen der Erfahrungswissenschaften‹ ein Himmelsgewölbe der Spekulation zuläßt, das nicht mehr an der Erfahrung scheitern muß. Man will die Hermeneutik bald nicht mehr »verkürzt«, als eine Hilfswissenschaft, sehen, sondern als »die Gemeinsamkeit einer Kritik am Methodenbegriff der modernen Wissenschaften« überhaupt. HEIDEGGER, GADAMER, HABERMAS, APEL reichen diese Sicht weiter. Die idealistische, existentialistische oder phänomenologische Interpretation wird für die Positivisten und analytischen Philosophen, wie ALBERT feststellt, »zu einem Ersatz theologischer Heilspläne«, zur Bewahrung traditioneller Selbstentwürfe.

Die Folge ist, daß man, nun wieder in monokausalen Deutungshoffnungen, an die Theorie der Wechselbeziehung, wie diese in der Pragmatik des unglücklichen Begriffes des ›Hermeneutischen Zirkels‹ steckt, lauter falsche Fragen stellt.

Erstens: Ist es vielleicht ein logischer Zirkel? Und wenn es kein Zirkelschluß ist, wo wäre, zweitens, in einem Kreislauf der Fragen mit der Frage zu beginnen? Und wenn man dies wüßte, da doch Zirkel über Zirkel vorzuliegen scheint, von welchem dieser Zirkel hätte nun, drittens, die Analyse auszugehen, der erste Grund den Ausgang genommen? Und da man, viertens, das Ende der Zirkel nicht ausnehmen kann (dies ist das Abgrenzungsproblem), wo hätte die Analyse ihr Ende und damit Gewißheit gewonnen?

Wie der Kenner von Systemzusammenhängen bemerken wird, sind hier lauter Systemeigenschaften berührt und lauter Fragen gestellt, die eine Einsicht in deren Zusammenhänge verhindern. Fragt man nach den Entwicklungsgesetzen selbstorganisierender Prozesse, wie sie das Werden einer organismischen oder kommunikativen Struktur beherrschen, so wird man in jedem Fall mit Wechselzusammenhängen und nie mit einem Ort erster Gewißheit rechnen dürfen.

So ist es schlechthin mit dem Erkenntnisprozeß selbstorganisierender Systeme. Ein sicheres Gefühl für die Rechtfertigung einer solchen Erwartung ist aber nicht entstanden. Im Gegenteil. Die Fachdisziplinen sind durch die geschilderte Entwicklung nur verunsichert worden. Weder die Dialektik der idealistischen noch die formalisierte Logik der analytischen Philosophie hat in der Sache geholfen.

Die Lösung deutet sich erst an (RIEDL 1984). Sie beruht auf der Einsicht, daß das Subsumtionsschema der Gesetzlichkeit aufgrund der symmetrischen Bedingungen, unter denen alle Differenzierung entsteht, einer spiegelbildlichen Erweiterung bedarf.

Dieses Subsumtions- oder HEMPEL-OPPENHEIM-Schema (von 1948) besagt bekanntlich, daß sich Erklärung von Gesetzlichkeit zu einem hierarchischen System subsumiert. Jedes Einzelgesetz enthält ja seine Erklärung nicht, sondern die Beschreibung einer Korrelation. Als erklärt empfunden wird es erst dann, wenn es mit weiteren Gesetzen als Fall eines übergeordneten Gesetzes beschrieben werden kann; zum Beispiel die Hebel- und Fallgesetze unter jenem der irdischen Mechanik, die irdische Mechanik GALILEIS und die Himmelsmechanik KEPLERS unter der NEWTONschen Gravitationstheorie.

Die Notwendigkeit, eine symmetrische Doppelhierarchie zu erwarten, will ich an unserem philologischen Beispiel der Wort- und Satzschicht erläutern. Die Theorie des Sinns eines Wortes etwa entwickelt man aus den Fällen der Sätze, in denen es erscheint. Die Theorien der Bedeutung vieler Worte aber bilden gleichzeitig die Fälle einer Theorie der Zeichenbedeutung in Richtung auf die nächste Unterschicht. Ebenso entwickelt man nun gegenläufig die Theorie der Bedeutung eines Satzes aus den Fällen der Bedeutung der Worte, die er enthält. Die Theorien der Bedeutung vieler Sätze bilden aber gleichzeitig die Fälle der Theorie der Kontextbedeutung in Richtung auf die nächste Oberschicht.

Generell kann für alle komplexen, selbstorganisierenden Systeme gelten, daß die Funktion, der Zweck oder der Sinn eines jeden Schichtkompartments aus den Auswahl- oder Selektionsbedingungen der jeweiligen Oberschicht, aus dem Übersystem, zu verstehen ist. Das sind jene Bedingungen der *causa formalis* und *causa finalis*, von denen die Rede war. Umgekehrt ist die Struktur, die Differenzierung, der Betrieb wie der Antrieb jedes Schichtkompartments aus den Disponibilitätsbedingungen der jeweiligen Unterschicht zu verstehen, eben der *causa materialis* und *causa efficiens.*

Rückblick in die Komplexität

Fallstudien solcher Art ließen sich leicht vermehren. Man wird solche Fälle wohl selbst vor Augen haben. Sie stützen die ganz allgemeine Beobachtung, daß wir uns die Sache des Verständnisses von komplexen selbstorganisierenden Systemen zu leicht machen. Dennoch wird unsere Haltung eine ambivalente bleiben; wir werden die komplexere Lösung gleichermaßen als richtig wie verwirrend empfinden. Dies ist mein Thema.

Wenn wir von Selbstorganisation reden, dann erwarten wir den Besitz von korrespondierenden, die Sache abbildenden Vorstellungsformen. Die Sache, wie wir uns ausdrücken, wäre ja ansonsten nicht vorstellbar; nachgerade unvorstellbar. Es ist aber nachweislich, daß wir für manche, hier entscheidende Phänomene, angeborene Formen der Anschauung gar nicht besitzen können. Denn der Selbstorganisationsprozeß, der die stammesgeschichtlichen Grundlagen unserer Vernunft organisierte, hatte nicht die Fähigkeit der Einsicht in Selbstorganisationsprozesse zum Anliegen. Er hat die Vorbedingungen unserer Vernunft zur Lösung von Lebensproblemen in einer noch sehr einfachen Umwelt entwickelt.

Ergo rechtfertigte es keinerlei Bedenklichkeit, wenn unsere Vorstellungskraft ein mutmaßliches Phänomen nicht abzubilden vermag. Sollte irgendeiner Sache zu trauen sein, so nur der fortgesetzten Bestätigung von Prognosen aus unseren Theorien, gleich, ob diese von der Anschauung gestützt werden oder nicht. Den letzteren Fall halte ich sogar für eine Herausforderung von besonderer Bedeutung. Er bietet die Chance, unsere eigene sinnliche Ausstattung zu übersteigen; und damit den Eintritt in eine neue Phase der Selbstorganisationsprozesse wie der Evolution.

Wir wollen anerkennen, daß unsere Sinne als Theorien, als Entscheidungshilfen zum Überleben, in einem noch recht simplen Problemkreis organisiert worden sind, und wie VON DITFURTH sagt: nicht für die Zwecke der Wissenschaftstheorie. Wir wollen auch anerkennen, daß uns unsere heutige komplexe Zivilisation einfach passiert ist, daß wir in sie hineingestolpert sind, wie dies VON HAYEK lehrt. Was wir aber nicht anerkennen wollen, das ist die Aussicht, daß wir aufgrund von Anpassungsmängeln dabei sind, unsere Welt und damit uns selbst zu ruinieren.

II 5 Ökologie und Ökonomie

Man versetze sich an die Côte d'Azur, in die Berge über Antibes und Nizza, Saint Paul de Vence; prachtvoller Blick vom Symposium-Haus der ›Sperry Univac‹. Der multinationale Konzern hat zu Wirtschaftsgesprächen eingeladen: Bankiers, Industriekapitäne, Wirtschaftsbosse, Finanzminister. Dazu (befremdlich?) ein Biologe. Wie könnte er sich verständlich machen?

Noch dazu schreiben wir erst 1982; die Ökologiedebatte steckt noch in den Kinderschuhen. Offenbar kann nur eine Rede im Plauderton die Sache treffen, wenn es gelingt, von den Prinzipien der Organisations- und Evolutionsprozesse bis zum Problem unserer Tage voranzukommen. Das Folgende ist das Ergebnis. Der Konzern hat es 1983 unter dem Titel »Wohin entwickelt sich die Weltwirtschaft? Zukunftsschock oder Zukunftshoffnung« veröffentlicht.

Heute, nur vier Jahre später, besitzen wir schon weitere Übersichten. Denn immer mehr Ursache gab es, über Ökonomie und Ökologie nachzudenken. Sie verhalten sich wie Kurz- zu Langzeiterfolg, wie Kurz- zu Langzeitmoral. Und als die Aufgabe der Ministerien für Umweltschutz ergab sich, uns vor der Tätigkeit der anderen Ministerien zu schützen. Damals war noch um manche Formulierung zu ringen. Man lese das Folgende als einen Rückblick.

Ich darf Ihnen vorausschickend sagen wie Mephisto seinem Scholaren: »Bescheidene Weisheit sag' ich dir«; vor allem deshalb, weil diejenigen Dinge, die mir wichtig sein werden, Ihnen wahrscheinlich ganz unbedeutend erscheinen können und umgekehrt. Ich will Ihnen aber auch nicht zu weit entgegenkommen, denn das würde bedeuten, zu weit von meinem Gegenstand abzurücken und unwahr zu werden.

Ökologie und Ökonomie sind ja dem Wort, dem Wortsinn nach schon sehr verwandt. Es geht um den Herd oder im übertragenen Sinn um den Haushalt; um die Lehre oder die Wissenschaft auf der einen Seite oder die Regel der Verteilung auf der anderen.

Ich darf Ihnen das zunächst nur ganz abstrakt vorlegen und werde versuchen, dies dann mit Inhalt und Beispiel zu füllen. Ökonomie und Ökologie sollten sich zueinander wie die Permanenz eines Lebenserfolges zu den Lebensbedingungen eines Systems verhalten. Die Naturgesetzlichkeit des Zusammenhanges ist durch das Fließen von Energie (oder *power*), das Speichern von Ordnung, Werten, Information und nach Überlebensstrategien beschreibbar. Parameter sind die innere Organisation des Systems, das überleben soll, und die äußere des Übersystems, mit dem es kommuniziert. Das Überleben der Ökosysteme und ihrer Kompartments, das sind die Arten, hängt nach innen vom Lernerfolg ab, letztlich von der Extraktion der Gesetzlichkeit aus dem Milieu zur Entscheidungshilfe; nach außen vom Erlernen der Pufferung oder Homöostase gegen unvorhersehbare, wir nennen dies stochastische Störungen. Dies gelingt durch hierarchische Differenzierung und Optimierung der negativen Rückkoppelkreise.

Alles das ist noch sehr abstrakt. Beide Gesetzlichkeiten lassen sich aber in der Sprache der Ökonomie im Sinne von Langzeit-Lebenserfolg übersetzen, mit dem Ziel, unseren rationalen Lernerfolg zu erhöhen, da er von den Anpassungsmängeln unserer erblichen Anschauungsformen behindert ist. Dieses, meine Damen und Herren, ist mein Hauptthema.

Ich möchte Ihnen also nicht von den Grenzen des Wachstums reden, sondern von den Mängeln unserer Anpassung an die Aufgaben in dieser Welt, in der wir uns befinden; von der Feststellung ausgehend, daß wir anders gemacht sind, als wir leben.

Das Ganze darf ich Ihnen in drei Teilen schildern; im ersten, unter der Überschrift »Der Teil und das Ganze«, werde ich versuchen, einen Überbau oder etwas Metatheoretisches über den Zusammenhang Ökonomie – Ökologie zu skizzieren; der zweite Teil, »Die Ausstattung des Menschen«, befaßt sich mit diesbezüglichen Aufgaben; und im dritten Teil beschäftige ich mich mit »Leistungen und Fehlleistungen unserer bewußten Reflexion«. Wobei ich mich bei den Leistungen zurückhalten darf. Diese werden Sie sicher genügend vor Augen haben. Lassen Sie mich also das Schwergewicht auf die Fehlleistungen legen.

Ich werde den Bereich der Wirtschaftstheorie kaum berühren. Nur damit Sie eine gewisse Voraussicht haben, wes Geistes Kind Sie hier vor sich haben, welche Sprache hier gesprochen wird oder welche Erwartungen ich an die Ökonomie knüpfe, darf ich Ihnen ein paar meiner Gewährsleute nennen: JOHN GALBRAITH, Professor KOHR, zum Teil VON HAYEK und FORRESTER.

Zunächst einmal ist der Gesichtspunkt, von dem ich ausgehe, schon nach der Zeitskala ungewohnt. Er umfaßt etwa dreieinhalb Jahrmilliarden. Das ist die Spanne des Lebens auf diesem Planeten, in dem sich Überlebensstrategien ausgebildet haben, von denen wir annehmen können, daß jene Strategien, die zu unserem Überleben geführt haben, nützlich waren. Und es kann die Frage gestellt werden, was von diesen Strategien für die außerordentlich kurze Zeitspanne unseres Kulturbegreifens Anwendung finden kann.

Hinsichtlich meiner Position darf ich mich als pessimistischer Kulturoptimist bezeichnen oder umgekehrt. Pessimistisch deshalb, weil ich glaube, daß der Warnung und des Lernanstoßes nicht genug sein kann; Optimist deshalb, weil ich als Biologe weiß, daß sich jede niedergetretene Pflanze wieder aufzurichten versucht, jedes Käfigtier ein Leben lang an den Gitterstäben entlangläuft, in der Hoffnung, doch einmal den Ausweg zu finden, und weil jeder Gefangene, solange er noch gesund ist, auf irgendeine Befreiung hofft. Das ist aus biologischer Einsicht der Grund meines Optimismus.

1. Der Teil und das Ganze

Es geht hier um die Prinzipien des Entstehens von Ordnung, von Gesetzmäßigkeit, von Werten vielleicht in Ihrem Sinne, von Wertschöpfung aber in einem weiteren Sinn. Ich werde hier von drei Gesichtspunkten ausgehen; von Ordnung, von Hierarchie und von genetischem Kenntnisgewinn.

Zuerst über Ordnung. Ich darf Sie an den zweiten Hauptsatz der Thermodynamik erinnern, laut dem sich in einem geschlossenen System alle Temperaturgefälle ausgleichen werden; man kann auch sagen: alle Energie, alle Antriebe, verlorengehen werden; oder noch einmal anders ausgedrückt: die Dinge zu einer chaotischen Mischung führen werden. Ob es geschlossene Systeme in dieser Welt gibt, wie der zweite Hauptsatz es verlangt, wissen wir nicht. Ein geschlossenes System ist eines in einem adiabatischen Kasten, einem Kasten, dessen Wände weder von Temperaturen noch von Materie durchdrungen werden können. Keiner von Ihnen wird so einen Kasten je gesehen haben. Wir wissen nicht einmal, ob der Kosmos als Ganzes ein geschlossenes System ist.

Organismen, Kulturen, von denen die Rede sein wird, sind zweifellos offene Systeme, und diese sind dadurch charakterisiert, daß ihr Kasten über eine Einfuhr- und eine Ausfuhröffnung verfügt, durch welche fortgesetzt Energie und Materie ein- und ausfließen; gewissermaßen eine Umgehung des zweiten Hauptsatzes, wodurch Ordnung erzeugt werden kann. Innerhalb des Kastens kann nun Ordnung aufgebaut werden auf Kosten von Unordnung, die nach außen abgeführt wird. Insofern kann also – nicht entgegen dem zweiten Hauptsatz – fortgesetzt Ordnung in dieser Welt entstehen.

Diese Ordnung pflegen wir überwiegend nach Energiewerten zu beschreiben, aus dem einfachen Grund, weil sich diese messen lassen, während ein viel wesentlicherer Inhalt dessen, was hier an Ordnung entsteht, nämlich das Vorhersehbare, der Konstruktionsvorgang, die Information (aber jetzt Vorsicht, ich werde mich gleich korrigieren), nicht beschreibbar ist. Und zwar handelt es sich hier nicht um Information im Sinne von SHANNON und WEAVER, die mit Wissen oder Richtigkeit nichts zu tun hat, sondern es handelt sich stets um richtige und relevante Information. Wenn also SHANNON-WEAVERsche Information etwas mit Entropie zu tun haben mag, dann hat jener Ordnungsbegriff, den wir noch suchen, mit negativer Entropie oder Negentropie zu tun. Das entwickelte schon SCHRÖDINGER. Und ich darf hier ein bißchen ausführlicher sein, weil der Mangel dieses Begriffes, also Energie auf der einen Seite vorzüglich meßbar, Information als Konstruktionsaufwand, als Leistung, als Prognostizierbarkeit und so weiter, nicht meßbar, für uns ein offenes naturwissenschaftliches Problem ist und, wie ich hoffe, Ihnen zeigen zu können, ein kulturelles.

Die Schwierigkeit, Information in meinem Sinn von Negentropie metrisch zu fassen, ist vielfältig. Zwei Probleme darf ich Ihnen vorführen. Zunächst einmal enthält dieser Ordnungsbegriff neben Quantitäten Qualitäten. Folgendes Beispiel: Sie können die Ziegel in einem Ziegellager und einen gotischen Backsteindom zu völliger Ordnung bringen; im Ziegellager mit sehr wenig, den gotischen Dom nur mit sehr viel Information.

Beim Ziegellager genügt es anzugeben: Blöcke von 100 mal 100 mal 100 Ziegel in einem Meter (oder drei Ziegel) Abstand zu ordnen, und schon können Sie mit dieser bescheidenen Information die Lage aller anderen Ziegel vorhersehen. Beim gotischen Dom brauchen Sie ungleich mehr Information. Worin liegt der Unterschied? Die Ordnung im Ziegellager ist hoch redundant, das heißt, es wiederholt sich immer wieder ein und dasselbe Muster, die Redundanz im gotischen Dom ist zwar noch da (kenne ich die linke Seite, kenne ich den Großteil der rechten, kenne ich ein Fenster, kenne ich vielleicht mehrere Fenster), dennoch: Die Redundanz ist ungemein geringer. Trotzdem befinden sich beide quantitativ in völliger Ordnung, nur das Ziegellager in einer primitiven, der Dom in einer qualitativ höheren Ordnung. Die gesamte Evolution tendiert nun von einer niederen zu einer qualitativ höheren Ordnung, letzten Endes, wie ich andeuten darf, in Richtung auf ein geistiges Prinzip.

Die zweite Problematik des Ordnungs- oder Informationsbegriffes in meinem Sinn besteht darin, daß Ordnung eine hierarchische Dimension hat. Ich muß sie Schicht für Schicht angeben. Wieder ein Beispiel: Wenn ich gegenüber meinen Kindern feststelle, euer Zimmer ist ein völliges Chaos, dann ist damit gemeint, daß die Gegenstände, die dieses Zimmer füllen, in eine Zufallsverteilung geraten, aber, wie beispielsweise die Spieluhr, noch intakt sind. Wenn ich anschließend bemerke: Jetzt hast du auch deine Spieluhr kaputtgemacht, dann ist gemeint: Die Teile sind in eine andere Lage gekommen, als sie zum Funktionieren der Spieluhr erforderlich sind. Wir sind also eine Schicht tiefer. Wenn ich sage: Jetzt hast du auch noch das Zahnrad kaputtgemacht, dann heißt das, die Legierung des Zahnrades ist ja noch in Ordnung, nur die Form des Zahnrades hat nicht mehr jene, die zum Funktionieren des Systems erforderlich ist.

In biologischer Organisation kennen wir 18 und mehr Schichten – ein ungeheures hierarchisches System von Ordnungsbedingungen. Ein Organismus wie der Ihre, meine Damen und Herren, enthält, wollte man die Lage der Moleküle beschreiben, 10^{28} bit Information; eine unvorstellbare Zahl. Das ist mehr Information, als alle Bibliotheken der Welt gemeinsam beinhalten, ihre Redundanz einberechnet.

Wir stehen also vor einem Problem. Auf der einen Seite Energiedimensionen, deren Veränderung wir leicht beschreiben können. Das aber wohl Wesentlichere, den Informations- oder Konstruktionsgewinn, den Ordnungsgehalt, das, was wir über ein System vorauszusagen in der Lage sind, vermögen wir metrisch nicht zu fassen. Und wir meinen daher oft, diese Dimension existierte nicht.

Die Hierarchie ist der nächste Gegenstand in unserem ersten Teil. Alle Kreation in diesem Kosmos erweist sich als ein Einschub zwischen dem Teil und dem Ganzen. Das darf ich Ihnen illustrieren. Es ist uns allen geläufig, daß der Zeit nach auf die kosmische die chemische und die biologische Evolution folgt; daß Schicht auf Schicht die Quanten Atome zusammensetzen, die Atome Moleküle, diese Biomoleküle und so weiter, daß Schicht für Schicht Ultrastrukturen, Zellen, Gewebe und Organe in den Organismen entstehen, die Organismen schließlich Verbände, Sozietäten und Kulturen bilden. Das ist also zeitlich eine Reihenfolge.

Wir wissen zudem, daß alle tieferen Schichtgesetze durch die oberen hindurchreichen. Wir sind zum Beispiel überzeugt, daß die Quantengesetze, die in meiner Uhr wirken, in meiner Haut auf dieselbe Weise wirksam sind. Wir sind ebenso überzeugt, daß beispielsweise biochemische Gesetze der Atmung in einem gotischen Dombaumeister ebenso funktionierten wie in einer Ratte heute. Das heißt, wir sind gewiß, daß alle tieferen Schichtgesetze durch die oberen hindurchreichen und daß alle oberen Schichten als Überbauten der tieferen Schichten zu verstehen sind.

Gleichzeitig müssen wir uns aber vor Augen halten, daß dieser Pyramidenbau, der nun in der Zeit zu verstehen ist, auch nach der Abfolge der kosmischen, chemischen, biologischen und sozialen Evolution stets eine Gegenpyramide gegenüber hatte. Denn stets war das Ganze zugleich mit den Teilen vorhanden, von welchen die Selektionsbedingungen ausgegangen sind. Nämlich der Kosmos als Ganzes, Galaxien, Sonnensysteme, Planetensysteme, Biosphäre und so weiter bis in die Teile der Organismen. Und selbstverständlich hat das Gravitationsfeld des gesamten Kosmos bestimmt, wo die einzelnen Galaxien in ihrer Verteilung zu liegen kamen. Genauso hat das Bewegungs- und Gravitationsfeld der einzelnen Galaxie darüber entschieden, wie sich ihre Sonnensysteme ordnen. Nicht anders hat die Protosonne mit ihren Protoplaneten-Wirbeln als Ganzes festgelegt, welche Planeten in welchen Entfernungen und mit welchen Massen und Geschwindigkeiten jene semistabilen Zustände erreichen können.

Schicht für Schicht finden wir also eine Auswahlbedingung, eine Selektionsbedingung. Und diese Selektionsbedingungen setzen sich immer weiter fort, denn es ist ganz klar, daß die Gruppe das in ihr tolerierte Individuum selektiert. Es ist völlig eindeutig, daß unsere Lebensbedingungen unsere Organe selektiert haben, die Organe die für sie erforderlichen Gewebe und so weiter bis herunter zur letzten Wasserstoffbrücke, die zum Beispiel ein Guaninmolekül im Desoxyribonukleinsäurefaden unseres Erbmaterials an einer bestimmten Stelle anspinnt und damit Ihre braune Augenfarbe als Merkmal festhält.

Ich habe hier etwas vorgegriffen und muß nochmals vorgreifen. Die Schilderungen von Systembedingungen kranken ja daran, daß unsere Sprache eine lineare ist und daß es überall gleich schlecht ist, mit ihrer Beschreibung anzusetzen, oder es gleichgültig ist, wo mit der Beschreibung begonnen wird.

Der Vorgriff geht dahin, daß wir in diesem System die Welt bereits hierarchisch auseinandergelegt dachten. Wenn Sie sich hier umsehen, werden Sie kaum eine Hierarchie dieser Welt bemerken, sondern Sie müssen Ihr geistiges Auge bemühen. Dann aber stellt sich folgende merkwürdige doppelte Symmetrie dar, wie wir sie als Einsicht in Bedingungen oder Ursachenzusammenhänge erleben.

Es taucht nämlich die doppelte Symmetrie jener vier Bedingungen auf, die schon ARISTOTELES gekannt hat.

Hier findet sich zunächst die Kraft, eine Bedingung, die durch das ganze System hindurchreicht, die aristotelische *causa efficiens.* Das englische *power* ist vielleicht der bessere Begriff. Die Anschauung kommt vom Erlebnis unseres Bizeps, wird aber von hier übertragen hinunter bis zu den Quanten und hinauf bis in die Dimensionen des Kapitals und der Rüstung. Und es ist richtig, daß wir überall in diesem Durchzug, ob wir von Quantenkräften oder von der Macht einer

Kultur sprechen, diese *causa efficiens* als eine durchgängige Qualität erleben.

Daneben gibt es eine zweite Ursachenform, die auch in dieser Richtung verläuft, nämlich von den unteren zu den oberen Systemen. Ihnen wird das sehr abstrakt vorkommen, aber ich werde konkreter werden, damit Sie dem folgen können, was mir wichtig ist für den zweiten Teil meiner Darstellung. Diese zweite Ursache oder Bedingung, die *causa materialis,* zieht auch durch alle Schichten, aber sie ändert schichtenweise ihre Bedingungen. Diese Materialbedingungen erleben wir mit unserer menschlichen Ausstattung Schicht für Schicht verschieden. Die Bedingungen, die Quanten zu Atomen führen, folgen anderen Beschreibungsarten als jene, die Atome zu Molekülverbindungen führen oder Gewebe zu Organen oder Individuen zu Sozietäten. Obwohl es sich immer wieder um ein und dasselbe, nämlich die Disponibilität von Materialien der verschiedenen Schichten und um die Auswahlbedingungen durch das Obersystem handelt.

In der Gegenrichtung wirken zwei andere Bedingungen, nämlich Auswahlbedingungen, von oben nach unten durch dieses System hindurch. Auch diese kennen wir – ich gehe dabei so vor, daß ich zuerst jene Bedingung darstelle, die sich Schicht für Schicht verschieden ausnimmt; das ist die sogenannte *causa formalis.* Hier regiert nun das Obersystem über die Untersysteme und bestimmt, unter welchen Bedingungen das Ensemble der Untersysteme zu den Erhaltungsbedingungen des Ganzen beitragen kann. Das klingt zunächst final, aber wir können dies auch nichtfinal ausdrücken, indem wir sagen: Alle Systeme verschwinden bis auf jene, die zureichende oder genügend große Erhaltungsbedingungen besitzen. Dies wirkt gestuft, weil wir Schicht für Schicht in den einzelnen Natur- wie Geisteswissenschaften unterschiedlich interpretieren.

Wir sprechen von Randbedingungen in den exakten Naturwissenschaften Physik und Chemie, durch die Biologie hindurch dann von Selektion, von Zuchtwahl, von Wahlverhalten und, wenn es in den bewußten Bereich hineingeht, von Auswahl, Entscheidung und Vernunft. Auch Vernunft ist eine Auswahlbedingung. Wenn Sie daran denken, wie viele mögliche Lösungen Ihnen einfallen, bis Sie feststellen: diese Lösung muß ich wählen.

Daneben aber läuft eine zweite Bedingung geradlinig durch, die sogenannte *causa finalis;* weil wir, zumindest in jenem Mittelbereich, zu dem wir Menschen uns im Vergleich sehen, alles als zweckvoll empfinden, wozu eine Gruppe von Untersystemen oder Unterfunktionen zu den Erhaltungsbedingungen eines Gesamtsystems positiv beiträgt. Daß das unsere Vorstellung sehr bald verläßt, ist leicht zu schildern. Wenn Sie einen Freund mit einer Schubkarre Ziegel zu einer Baustelle karren sehen und fragen: Was soll das für einen Zweck haben? Dann wird er antworten: Siehst du denn nicht, daß ich hier eine Mauer errichte? Wozu errichtest du denn diese Mauer? Ja siehst du denn nicht, daß ich ein Haus baue? Man sieht, immer das übergeordnete System wird zum Zweck des unteren. Ich gebe nun für die Etablierung des nächsten Übersystems nur eine Handlung an: Wozu baust du das Haus? Damit (Zweck des Hauses) gewisse Lebensbedürfnisse von mir befriedigt werden. Wenn man aber jetzt weiterfragt: Was ist dein Zweck? Wenn die Frage nicht als Unhöflichkeit aufgefaßt wird, dann wird als Lebenszweck angegeben werden: die Gruppe, für die man wirkt, die Familie, der Verein, die Partei, was immer es ist. Frage ich aber jetzt: Was ist der Zweck deiner Familie?, dann muß schon etwas in die metaphysische Lade gegriffen werden (wenn man eine hat), und man wird sich etwa auf die Menschheit beziehen. Frage ich weiter nach dem Zweck der Menschheit, dann muß der Griff in die metaphysische Lade tiefer gehen. Wir wissen aber nun, daß die Menschheit nicht minder teilhaben sollte an der Erhaltungsbedingung dieser Biosphäre. Frage ich schließlich, was ist der Zweck dieser Biosphäre oder dieses Planeten, dieses Sonnensystems, dann werden Sie zugeben, der Zweckbegriff wandert völlig aus unseren Vorstellungsmöglichkeiten hinaus.

Die Zwecke sind eine interessante Sache, und ich darf Sie darauf hinweisen, daß sich dieser Kosmos als prädisponiert für das Entstehen von Ordnung erweist, daß aber diese Ordnung nicht prästabilisiert ist, sondern daß die Bedingungen dieser Ordnung erst mit ihren Systemen entstanden. Daß Europa existiert und Nizza und dieser Kongreß, war zwar als Möglichkeit gegeben, als mögliche, aber keineswegs notwendige Folge der Entwicklung dieses Kosmos.

Ich darf Ihnen nun auseinandersetzen, wie das Leben sich in einer dritten Schicht einbaut.

Der genetische Kenntniserwerb, der ja so weit geführt hat, daß jedes hier befindliche Individuum über 10^{28} bit Information verfügt, läßt sich in einer sehr einfachen Graphik darstellen. Der Verlauf ist ein Algorithmus. Der erste Teil liegt im Organismus, der zweite liegt außerhalb des Organismus. Übersetzt in unsere Alltagssprache ist dies der Wechselbezug von Erwartung und Erfahrung. Organismen wollen fortgesetzt irgend etwas. Wir selbst erleben das als unsere Hypothesen. Sie versuchen sich an der Welt, und die Welt korrigiert.

Zwei Möglichkeiten sind dem Organismus geboten; entweder identische Replikation, es genauso zu machen wie vorher, in der Erwartung, daß mein Sohn es genauso gut haben wird wie ich, falls er genauso geartet ist wie ich (dies baut auf gleichbleibende Lebensumstände), oder es ein bißchen anders zu versuchen. Letzteres nennen wir eine Mutante. Und außerhalb des Organismus entscheidet nun das Milieu darüber, ob der identischen Wiederholung oder aber dem etwas veränderten Versuch der Vorrang gegeben werden muß. Wir nennen das Förderung oder Behinderung durch Selektion.

Um zu zeigen, daß es sich dabei um eine Extraktion von Naturgesetzlichkeit handelt zum Zweck der Entscheidungs- und Überlebenshilfe für den Organismus, denke man nur an das eigene Auge: Mit welcher Akribie hier alle für uns relevanten Gesetze der Optik dieser Welt extrahiert und diesem Auge nun in Aufbau- und Betriebsanleitung eingebaut worden sind. So, daß wir sagen können, die Physiker haben die Gesetze der Optik eigentlich nur wiederentdeckt. Es ist ein Vorgang der Entdeckung von relevanten Gesetzlichkeiten aus dem Milieu als Entscheidungs-, als Lebenshilfe für den Organismus.

Der interessanteste Teil dieses Lernerfolges ist jener, der unsere Vernunft anleitet. Ich übergehe hier alle angeborenen Verhaltensweisen, die natürlich nicht minder solche Lernergebnisse sind, und schildere jene, die wir als Anleitungen unseres bewußten Entscheidens erleben. Wir nennen diese einen ratiomorphen oder vernunftähnlichen Apparat. Diese unsere ratiomorphe Ausstattung werde ich noch genauer auseinanderzusetzen haben und möchte hier nur anführen, daß in dieser selbst die Erwartungen stecken, die auch die ganze Wissenschaftsdynamik dirigieren. Vom Lernen der Amöben bis zu jenem der Akademien wird damit gerechnet, daß die Bestätigung einer Erwartung es zuläßt, die Wiedererwartung als wahrscheinlich erwarten zu können. Das ist ja der Grund, warum wir Experimente wiederholen. Es gibt sogar Fachzeitschriften, die *eight replica* der Experimente verlangen, so, als ob die achte Wiederholung oder Bestätigung eine Sache sicher machen würde.

Dies wird Ihnen selbstverständlich erscheinen, und trotzdem befinden wir uns damit (wie dieser ganze Lernalgorithmus) in der Position des RUSSELLschen Huhns, das mit jedem Tag seiner Prognostik »mein Fütterer wird mich wieder füttern« überzeugter werden muß, daß sein Fütterer sein Wohltäter sein wird, ohne ahnen zu können, daß jeder weitere Tag es jenem nahebringt, wo ihm jener Wohltäter den Hals umdrehen wird.

Man möge mir vergeben, daß ich uns hier mit RUSSELLschen Hühnern vergleiche, aber dieser Lernalgorithmus steckt in uns allen und ist im Prinzip nicht zu überwinden.

Um Ihnen die Komik des Zusammenhanges zu zeigen oder den Beginn des Aberglaubens, noch ein Beispiel aus der ›SKINNER-Box‹. Herr SKINNER ist ein merkwürdiger Biologe, der in Amerika arbeitet und die SKINNER-Box erfunden hat: eine Schachtel, in die ein Tier gesetzt wird; man kann hineinschauen, aber das Tier nicht heraus. Nun werden also Hühner, je eines in jede Schachtel gesetzt und ein Apparat – hier das Beispiel, das ich Ihnen darstellen möchte –, ein Mechanismus wirft in regelmäßigen Abständen in jeden dieser Kästen ein Futterkorn. Was wird geschehen? Woran SKINNER nicht dachte, ist, daß Hühner auch Tiere sind und fortgesetzt etwas wollen: herumlaufen, sich das Gefieder putzen, schreiten, schauen. Da muß es nun nach einiger Zeit passieren, daß das Hereinfallen des Futterkornes zwei-, dreimal mit einer bestimmten Bewegung koinzidiert, und schon entsteht das, was wir eine Assoziation nennen, das assoziative Lernen. Der angeborene Apparat des Huhnes sagt ihm – ich darf das jetzt alles in unsere Sprechweise vereinfachen –, »da gibt's einen Zusammenhang«. Und jetzt beginnt die *self-fulfilling prophecy*, die Sie selber auch kennen, die ›selbsterfüllende Prophezeiung‹. Ein Huhn zum Beispiel assoziiert jetzt das Hereinfallen des Kornes mit einer Kopfbewegung nach links. Es wird jetzt häufig die Kopfbewegung nach links machen, mit dem Ergebnis, daß das Hereinfallen des Futterkornes tatsächlich noch öfter und schließlich ganz mit dieser Bewegung koinzidiert. Es muß also überzeugt werden, »meine Kopfbewegung ist die Ursache des Hereinfallens des Futterkornes«. Und das Ergebnis sind lauter närrische Hühner. Das eine, das nur den Kopf nach links bewegt, das zweite, das immer den Flügel nach rechts streckt, und derlei mehr.

Daß solche Art von Aberglauben auch bei uns heimisch ist und eine große Wirkung auf unsere Kulturentwicklung gehabt hat, brauche ich Ihnen wahrscheinlich nicht vor Augen zu führen.

2. Die Ausstattung des Menschen

Diese erste Evolution, die also außerordentlich viel an unseren Entscheidungshilfen vorgebaut hat, der ratiomorphe Apparat also, ist ja übersetzbar als unser unreflektierter, gesunder Hausverstand. Das folgende assoziative Lernen beginnt zwar im Tierreich schon ziemlich früh, führt aber in der Evolution nicht sehr weit, solange kein Weitergabesystem entwickelt ist. Auch Ihr sehr gelehriger Hund, wieviel er auch gelernt haben mag, gibt nichts weiter, sondern alles, was er gelernt hat, verfällt mit ihm im Hundegrab.

Entscheidend wird dieser Fortschritt erst durch ein neues Weitergabesystem, durch Sprache, Schrift, Bibliotheken. In diesen besitzen wir jetzt einen neuen Träger, der den genetischen Träger ablöst und überbaut; zusammenhängend auch mit der Entwicklung unseres Bewußtseins. Wir sagen bei Tieren vorsichtigerweise ›zentrale Repräsentation des Raumes‹, die wir zweifellos bei Primaten, wahrscheinlich bei vielen Raubtieren und sogar bei einigen Vögeln nachweisen können.

Dieses Bewußtsein ist von der Evolution durchgesetzt worden aufgrund seines außerordentlichen Vorteils. Mit Hilfe des Bewußtseins kann nämlich die Hypothese stellvertretend für den Besitzer sterben. Daß das evolutiv ein Vorteil ist, werden Sie sofort erkennen. Der Nachteil des Bewußtseins wird dabei oft übersehen, aber Sie werden auch ihn sofort vor Augen haben, wenn ich daran erinnere, daß der selektive, kontrollierende äußere Teil des Lernalgorithmus nunmehr in unserem Bewußtsein ablaufen kann. Das ist zunächst ein Vorteil, wie wir eben sagten, die Hypothese kann stellvertretend für den Besitzer sterben. Der Nachteil ist aber der, daß man nun das Gedachte oder das Denkbare für Realität halten kann. Ja noch ärger im platonischen Sinn, nach dem man glauben kann (dort der ›lärmende Haufen der Sinne‹ und hier mein klarer Verstand), daß das Denkbare realer als die Realität sei – eine Verwirrung, der wir durch zweieinhalb Jahrtausende Kulturentwicklung aufgesessen sind.

Denselben Prozeß dieses Kenntnisgewinns, in unsere Denkformen übersetzt, gliedern wir in Induktion und Deduktion. Sie können auch sagen, hier verbindet sich der Satz oder das Gesetz mit seinen Fällen. Die Induktion entspricht der Erwartung, aus einer Zahl von Fällen die Abstraktion, die Prognose weiterer Fälle, bilden zu können; die Deduktion ist meistens der logische Schluß vom Gesetz auf die Fälle. Das nur zur Erinnerung.

Zu diesen unseren Ausstattungen gehören eine Reihe von Phänomenen, die KANT als *Apriori* unserer Vernunft beschrieben hat, und wir lösen damit zunächst einmal das Empirismus-Rationalismus-Problem, indem wir bestätigen, Erfahrung ist nur aus Erfahrung zu gewinnen, aber jede Erfahrung muß schon auf Vorerfahrung basieren.

Diese erblichen Anschauungsformen, die unseren bewußten Verstand lenken, jene *Apriori* KANTs, die als Vorbedingungen unserer Vernunft von der Vernunft nicht hinterfragbar sind, lassen sich also biologisch auflösen, indem wir nun zurücktreten und mit den Methoden der Vergleichenden Anatomie einen kosmischen Prozeß beschreiben, in dem wir nur Beobachter sind. Sie werden sich daran erinnern, daß die menschliche Vernunft nicht dazu geeignet ist, sich selbst zu begründen. Schon KANT sagte: »Es ist ein Skandal, daß es der Philosophie nicht gelingt, die Realität dieser Welt zu beweisen.« Sie wissen, der extreme Idealismus, der Solipsismus, ist logisch unwiderlegbar. Um zu zeigen, wie modern das Problem ist; Sir KARL POPPER sagte erst jüngst: »Es ist der größte Skandal, daß es den Philosophen nicht gelingt, die Realität dieser Welt zu beweisen, obwohl wir dabei sind, diese Welt und nicht nur diese« – gemeint sind offenbar auch noch mit den Menschen die Philosophen – »zu zerstören.«

Es ist also notwendig (die Philosophie nicht mißachtend), die spekulative Vernunft nicht allein zu lassen, sondern, mit dieser Überlegung beginnend, im Zweifels-, im Konfliktfall der empirischen Erfahrung den Vorzug zu geben. Wir erleben damit das Werden einer Wissenschaft, die, wie alle Wissenschaften ein emanzipiertes Kind der Philosophie, bald ein undankbares emanzipiertes Kind der Philosophie sein möge.

In diesen erblichen Anschauungsformen spielen zunächst Raum und Zeit eine Rolle. Diese Tatsache ist mir nur aus didaktischen Gründen wichtig, weil sie einen ererbten Irrtum, eine jener Vereinfachungen darstellt. Sie werden, wie ich erwarte, die Zeit als eindimensional erleben, den Raum als dreidimensional; aus dem einfachen

Grund, weil Ihre physiologische Uhr chemisch tickt, und dies nur in einer Dimension. Räumlich dreidimensional, weil die Bogengänge in Ihrem Ohr in drei Raumebenen aufeinanderstehen seit dreihundertfünfzig Jahrmillionen (also seit der Zeit der Knochenfische) fest eingebaut sind. Auch die Ableitung aus den Augen ist ebenso wie Ihr Tastraum dreidimensional geordnet. Wir können aus dieser Anschauung gar nicht heraus. Daher können Sie sich weder den Anfang der Zeit noch das Ende des Raumes vorstellen.

Wichtig ist mir hier, daß wir von EINSTEIN gelernt haben, daß beides unrichtig ist. Wir leben in einem vierdimensionalen Raum-Zeit-Kontinuum, in dem eine rasche Zeitveränderung eine Raumveränderung mit sich bringt und umgekehrt. Der Irrtum spielt aber keine große Rolle; problematisch ist er nicht in unserem kosmisch-mikroskopischen Lebensbereich. Denn wir müßten fast mit Lichtgeschwindigkeit reisen, um den Irrtum unserer Anschauungsformen sinnlich erfahren zu können. Nur seine Aufdeckung ist als Leistung entscheidend, eine Leistung, die wir zu wiederholen versuchen mit unserer Lehre; nämlich, im Konflikt zwischen der individuellen, kreatürlichen Ausstattung und der Erfahrung, sich sofort der Erfahrung zu beugen. Das halte ich für die entscheidende Leistung EINSTEINS.

Anders ist es mit den weiteren Phänomenen, Anschauungsformen, von denen ich nur Kausalität/Finalität herausgreifen möchte und die anderen aus Zeitgründen weglasse. Diese Anschauungsformen sind offenbar so etwas wie Fenster in diese Welt; so, wie wir aus dem ganzen elektromagnetischen Spektrum nur einen bestimmten Bereich als Temperatur erleben, einen anderen als sichtbares Licht, gewisse Schwingungen als Vibration, andere als Ton, als völlig verschiedene Qualitäten. Offenbar blicken diese Sinnesfenster wie jene für Raum und Zeit in Wahrheit in ein Kontinuum.

Die Isomorphie, wie die Philosophen sagen, die Ursache, warum eine Korrespondenz besteht zwischen unserer sinnlichen, erblichen Ausstattung und der Natur, erklären wir uns nun wie die ganzen KANTschen *Apriori* als ein Produkt der Anpassung. Diejenigen Anschauungsformen der Organismen, die die Natur am deutlichsten abgebildet haben, die ihren Grundmustern entsprachen, hatten den größten Vorteil, haben sich durchgesetzt.

In der Anschauung von Kausalität und Finalität haben wir nun, wie ich hier versucht habe anzudeuten, Vorstellungsfenster in irgendein für uns völlig unbekanntes Feld von Beziehungen, Bedingungen und Vorbedingungen. Sie wissen ja, daß DAVID HUME schon vermutet hat, daß unsere Kausalitätserwartung nur ein Bedürfnis der Seele sei; und daß das alles KANT sehr angeregt hat (so daß er sich selbst für einen Schotten hielt und meinte, daß sich seine Vorfahren daher mit C geschrieben hätten; das war ein Irrtum).

Aber die KANTschen *Apriori* sind kein Irrtum. Es existiert für unsere Sinne eine doppelte Symmetrie, indem wir zwei schmale Fensterchen durchlaufend offen haben für die *causa finalis* und *causa efficiens*, das Erleben der Zwecke und der Kräfte. Und daß es daneben zwei Fensterchen gibt, unbestimmterer Form, für *causa materialis* und *causa formalis*, die wir zwar erleben, aber Schicht für Schicht in Form unterschiedlicher Bedingungen. Daß wir mit einer Anpassung an früher sehr einfache Lebensumstände unserer Vorfahren in die Lage gekommen sind, aus dem Feld von Bedingungen einen Gegensatz zwischen dem zu machen, was nun in unserer Kulturgeschichte hier Kausalität, dort Finalität geheißen hat. Noch dazu mit dem fürchterlichen Irrtum zu meinen, daß Finalität eine Ursache sei, die aus der Zukunft in die Gegenwart wirke. Der Irrtum ist ARISTOTELES in die Schuhe geschoben worden. Wir wissen erst seit einigen Jahren, daß auch das ein Irrtum ist. Die Teleologie ist eine Idee PLATONS gewesen. ARISTOTELES meinte eine Teleonomie, wie wir heute wissen, eine durchaus der Kausalität vergleichbare Dimension.

Zu den weiteren Schwierigkeiten gehört, daß wir Kausalität wie Finalität in Kettenform erleben, wenn A dann B, wenn B dann C, wie das Fallen von Dominosteinchen. Das wieder veranlaßte eine Suche nach der Ur-Ursache; Ursachen, die in den Kosmos hinauslaufen und irgendwo draußen gesucht werden müssen, dort nämlich, wo wir tatsächlich nichts mehr wissen können. Das hat schon die Griechen beunruhigt. Sie also fanden die ersten Kräfte im ›unbewegten Beweger‹, wie Sie wissen, der zwar seine Bewegung nur so klein machen durfte, daß man nicht mehr fragen kann, wer denn ihn wieder bewegte, aber stark genug, um den ganzen Kosmos in Bewegung zu setzen. Ich darf daran erinnern, daß wir heute statt unbewegter Beweger ›Urknall‹ sagen und vor demselben Dilemma stehen, wenn wir fragen, wer den Urknall gewollt hat.

Und natürlich laufen auch die Zwecke aus dieser Welt hinaus, nur in eine andere Richtung. Man fand also die *causae exemplares*, die letzten Zwecke Gottes. Wiederum an einer Stelle, letzte Gewißheit dort, wo wir nichts wissen können. Wir halten ferner Wirkungen für kanalisierbar. Auch das ist ein Irrtum. Alles Wirken ist vernetzt, und es gibt keine Wirkung in dieser Welt, die nicht irgendwie auf ihre eigene Ursache zurückwirkt.

Damit komme ich auf den ersten meiner erwähnten Autoren zurück, auf FORRESTER, der sagte: »Es ist mein Grundgedanke anzunehmen, daß der menschliche Verstand nicht dazu geeignet ist, menschliche Sozialsysteme zu verstehen.« Das las ich zunächst einmal als ein Bonmot, dann begann ich darüber nachzudenken, ob es nicht richtig sein könnte, und heute haben wir die Möglichkeit zu untersuchen, warum es richtig ist.

Warum also sind wir nicht in der Lage, diese Welt in Ordnung zu halten? Man erinnert sich an den Wechsel von Erwartung und Erfahrung, von Induktion und Deduktion. Als Kreislauf zieht nun das Ganze durch die Hemisphären unseres Gehirns. Das Bewußtsein sitzt merkwürdigerweise vorwiegend in der linken, deduktiven Hemisphäre. Die rechte Hemisphäre dagegen hat, als ich noch in die Schule gegangen bin, die ›leere Hemisphäre‹ geheißen. Heute wissen wir, daß lediglich die induktiven Operationen dieser Hemisphäre unserem Bewußtsein nicht zugänglich sind. Das sind alle schöpferischen Leistungen. Was da drinnen geschieht, alle kreativen Leistungen, tauchen aus ihr auf und gelangen über die große Brücke in die linke Hemisphäre. Hier werden sie bewußt als sogenannte BÜHLERsche Aha-Erlebnisse, wie von fremder Hand.

Daher läßt sich das Schöpferische nicht unterrichten. Wir kennen seine Mechanismen nicht. Es wird sich auch kaum bewerkstelligen lassen, sie zu beschreiben, denn hier wirkt noch ein Zufallsgenerator mit. Keine schöpferische Leistung gelingt ohne Wirkung des Zufalls. Es geht ja bekanntlich keine Erfindung oder Entdeckung allein aus ihren Prämissen hervor. Denn ansonsten könnten wir ja alle notwendigen Erfindungen und Entdeckungen schon heute machen, da wir die Prämissen besitzen. Der Zufallsgenerator, der zunächst Mutation geheißen hat, heißt hier ›kulturelle Mutante‹. Und die Population wirkt als Filter oder Träger, als das selektive Prinzip, das entscheiden wird, ob man sich damit nicht oder doch befassen werde, um daraus irgendeinen Nutzen zu ziehen.

Ich darf Sie noch auf ein paar außerhalb dieser Phänomene gegebene Mechanismen aufmerksam machen, die unsere Entscheidung lenken. Sie sind heterogen, aber das Gebiet ist eben noch sehr jung. Nehmen wir ein einfaches Beispiel: den Drahtkantenwürfel. Wenn Sie einen Würfel aus Draht bilden und ihn vor seinem Spiegelbild rotieren lassen, dann muß das Spiegelbild natürlich gegenläufig sein. Wenn Sie das mit zwei Augen betrachten, sehen Sie den Gegenlauf, dies setzt eine komplizierte Verrechnung voraus. Wenn Sie ein Auge abdecken, reißt ein Würfel den anderen sofort mit. Rational unbelehrbar, obwohl Sie die Spiegelgesetze kennen. Sie können sich beliebig oft vor Augen halten: »sie laufen nicht miteinander«, es reißt der eine doch den anderen mit.

Dies ist ein Beispiel dafür, daß wir einen Mechanismus eingebaut haben, der uns unter allen möglichen Hypothesen sagt: Die einfachere Lösung ist die richtige. Was das schon an Problemen gebracht hat, wird Ihnen in Ihrem erfahrungsreichen Leben gut vor Augen stehen. Aber noch viel gefährlicher als diese vereinfachenden Anleitungen unseres Bewußtseins ist folgendes.

Wenn man in unserem Beispiel nahe genug herangeht und nun die perspektivische Veränderung sieht, so ist der falsch laufende Würfel ja nur deshalb als falsch laufend anzusehen, weil das, was sich nach vorn bewegt, nach hinten bewegt gedacht ist. Damit tritt aber ein perspektivischer Fehler auf. Das, was kleiner werden sollte, wird entsprechend größer. Nun sollte man hoffen, daß in diesem Gehirn eine Alarmglocke schrillte, die gebietet: »Halt, an deiner Hypothese stimmt etwas nicht.« Eine sofortige Kontrolle, wie POPPER das verlangt. Es ist leider keine Alarmglocke eingebaut, sondern im Gegenteil ein Vertuschungssystem. Dieses System sagt uns, es wird schon nicht so schlimm sein. Und es liefert die beliebigste, die phantastischste Zusatzhypothese im Gefolge irgendeiner Erklärung für dieses Phänomen zur Vertuschung des Fehlers. In diesem Fall des Drahtkantenwürfels erleben wir den falsch laufenden Würfel weich werdend. Er vollführt eine seltsame Art von Bauchtanz, um diesen perspektivischen Fehler auszugleichen.

Aus einem völlig anderen Gebiete kommt das Phänomen der angeborenen Hemmungsmechanismen. Unsere Hemmungsmechanismen sind optisch gesteuert. Sehr wichtig ist die Tötungshemmung. Sie wissen, daß ein gesunder Mann nicht in der Lage ist, ein weinendes Mädchen zu schlagen; daß derselbe Mann aber im Bombenflugzeug unter Zugzwängen durchaus in der Lage ist, auf jenen roten Knopf zu drücken, der Hunderte weinender Mädchen zu Tode kommen läßt. Die Fernwaffe schaltet also unsere angeborenen Hemmungsmechanismen aus. Der Tötungsmechanismus wird perfekt.

Tiefen Einbau zeigt auch die Sprache. CHOMSKY und LENNEBERG sind der Meinung, daß unsere Kinder eigentlich nur mehr Vokabeln lernen. Die ganze Spracherwartung und die ihrer Struktur ist schon vorbereitet. Vieles andere kennen wir noch, das ich jetzt nicht anschneiden möchte. Wichtig ist vielmehr folgendes:

Durch das Freiwerden der bewußten Reflexion, das Operieren in zwei Hemisphären, das Hereinverlegen der deduktiven Kontrolle, werden wir zum Zauberlehrling dieser Evolution. Es ist zwar vieles vorbereitet, aber jetzt, als wolle ein Schöpfer prüfen, ob wir allein mit unserer Vernunft zu Rande zu kommen vermögen, kann der Mensch nur mehr mit seiner eigenen Vernunft diese Evolution fortsetzen. Unsere Instinkte sind zwar noch alle da, aber sie sind natürlich längst überbaut von wesentlich komplizierteren Elementen der kulturellen Entwicklung. Was als moralähnliche Phänomene in der Biologie bekannt ist, wurde längst überbaut von Ordnungssystemen innerhalb der Gesellschaft.

An dieser Stelle möchte ich VON HAYEK zitieren. Ich glaube mit ihm, daß wir diese Kultur, diesen Überbau nicht eigentlich gemacht haben, sondern in ihn hineingestolpert sind, er ist uns passiert. Und in diesem Sinne sind wir gar kein rationales, sondern ein rationalisierendes Wesen. Stets passiert etwas, wir befinden uns in einer fürchterlichen oder zwanghaften Situation, und nun wird retrospektiv rationalisiert, wie dies zu verstehen sei.

Das Problem besteht ja darin, daß diese unsere sinnliche Ausstattung ein Adaptierungsergebnis für gestern ist – für spätestens den Urmenschen, den Primaten, das Säugetier, ja manche unserer Adaptierungen sogar schon für das einfache Wirbeltier. Und daß sie nicht abzuwerfen sind, daß sie in alle Schichten hineinwirken, bis hinein in die Anleitungen unserer Vernunft.

Nun passiert es uns, daß wir mit dieser sehr bescheidenen Ausstattung glauben, daß beispielsweise Kausalität und Finalität zweierlei seien, wir versuchen, mit unserer rationalen Extrapolation jener bescheidenen Anleitung diese Welt zu regieren, und wir wundern uns, daß das nicht funktionieren kann. Selbstverständlich ist jede Innovation hier weiterhin die Chance und das Risiko eines Individuums, so wie das der genetischen Mutante, und die Population ist auch in unserem Fall das Regulativ.

3. Die Fehlleistungen der bewußten Reflexion

Ich darf nun zum dritten Teil übergehen, um Ihnen die Fehlleistungen, die mutmaßlichen Mängel dieser unserer Ausstattung, anzugeben. Auch nicht wirklich systematisch. Alles ist viel zu jung, vieles bedarf noch der Erforschung, aber was ich ausspreche, ist zumindest erforschbar, es ist der Methode nach zugänglich.

Ich werde mit einem Spaß beginnen, der von HUBERT ROHRACHER in seiner ›Einführung in die Psychologie‹ in jedem Jahrgang einmal illustriert worden ist; nämlich die Geschichte vom Versuchsleiter und der Ratte. Die Ratte, auch in jener SKINNER-Box, sagt zur Nachbarratte »Ha, meinen Versuchsleiter habe ich konditioniert. Immer wenn ich auf die Taste drücke, wirft er mir Futter herein.« Und wir haben gelacht »die dumme Ratte glaubt, sie sei die Ursache. Natürlich ist der Versuchsleiter die Ursache.«

Meine Damen und Herren, der große Fortschritt unserer Einsicht besteht darin, daß wir heute darüber lachen, daß wir damals darüber gelacht haben. Denn selbstverständlich sind die beiden einander Ursache. Wäre nicht das Verhaltensmuster des Versuchsleiters im selben Kreisprozeß zusammenspinnbar mit dem möglichen Verhalten der Ratte, niemals könnte ein erfolgreiches Experiment herauskommen. Sie sind einander Ursache wie alles andere auf dieser Welt. Und hier zitiere ich gerne JOHN GALBRAITH, der die Wirtschaftsplanung für eine Mischung aus Beschwörung, Extrapolation und Wahrsagerei hält.

Wie also ist die Ausstattung beschaffen, die wir jetzt besitzen? Sie besteht aus einer Fülle von Erwartungen, die wir als Kreatur gegenüber dieser Welt besitzen; nämlich mit den Gegenpositionen schützen zu dürfen und beschützt zu werden, lieben zu dürfen, geliebt zu werden, zu verstehen, verstanden zu werden, gewinnen und geben zu können, Freiraum zu besitzen und Kontakt zu haben. Sie kennen diese Ausstattung alle aus Ihrer Empfindung. Allein, diese Ausstattung der Kreatur ist nicht veränderbar. Sie steckt in uns aus Gründen der genetischen Evolution, als genetisches Lernprodukt. Und diese genetische Evolution verläuft bis zu neun Größenordnungen langsamer als unsere kulturelle Evolution. Daher können wir auf eine genetische Adaptierung gar nicht mehr hoffen.

Wir können daher nur auf den rationalen Überbau hoffen. Ich gebe gleich ein extremes Beispiel. An die Energiegrenze dieses Planeten werden wir nie gelangen. Es zählt zu den Geschäften meines Faches auszurechnen, wieviel Menschen auf diesem Planeten leben könnten, wenn wir kein Photon verlieren würden; jedes Photon sofort über Blaualgenrührwerke unmittelbar in Futter umgesetzt, könnten wir so viele Menschen ernähren, für deren Unterbringung wir ein dreihundertstöckiges Gebäude brauchten, das die ganze Welt unter Einschluß der Ozeane überzöge, und in diesem Riesengebäude könnte jeder Mensch noch vier Kubikmeter Raum beziehen. Sie werden vorhersehen, daß die menschliche Ausstattung dieses Extrem nie zulassen wird. Wir werden uns längst erschlagen haben, bevor wir eine solche Dichte erreichen.

Das als ein Beispiel dafür, daß menschliche Ausstattung und Grenzen solcher Art miteinander gar nicht verträglich sind. Wir finden, daß längst vorher schon Ausstattungen wirksam würden, die in eine andere Richtung führen: Kriege. Kriege wieder können nur über Feindbilder erzeugt werden. Es muß zunächst das zwischen menschlichen Kreaturen selbstverständlich bestehende Band zerrissen werden; der andere muß gewissermaßen zum Untermenschen stilisiert werden, um ihn überhaupt angreifen zu können. Die älteren unter Ihnen, die den Krieg noch erlebt haben, werden sich erinnern, welche Überwindung es kostet, tatsächlich mit einem Bajonett auf einen Menschen loszugehen. Mit den Fernwaffen ist es leichter, wie ich schon sagte. Und es ist bedauerlich, daß das erfolgreichste Mittel, eine Gruppe zusammenzuschweißen und regierbar zu machen, die Erzeugung von Feindbildern ist.

Aber nun weiter zu Kausalität und Finalität. Ihre Trennung, diese ererbte Trennung, ist die Ursache der von SNOW schon kritisierten ›Zwei Kulturen‹. Wir sind tatsächlich in zwei Kulturen getrennt, und zwar nicht geographisch sortiert, sondern Sie finden sie in einer Stadt, in einer Familie, manchmal sogar in ein und derselben Person, die sich am Vormittag im Labor materialistisch und am Abend bei der Lektüre GOETHES idealistisch empfindet; und der Bruch geht mitten durch uns durch. Er verläuft genau dort, wo es für uns Menschen am schmerzlichsten ist. Er bricht Leib und Seele, Natur und Geist auseinander.

Bleiben wir noch etwas bei der Kausalität. Die Art, in der wir Kausalität betrachten, bezieht sich nie auf das Ganze. Ich sagte schon, wir halten unsere Eingriffe in diese Welt für kanalisierbar, so, als ob nichts anderes als die gesuchte Wirkung erzeugt werde und wie vorgesehen ein Ende der Wirkungen abzusehen sei, ohne zu bedenken, daß über für uns in keiner Weise übersehbare und noch unbekannte Wege die Wirkung zurückwirken wird auf die eigene Ursache. Die Linearität, in der wir Ursachenbezüge, auch Finalitätsbezüge erwarten, steht einer tieferen Einsicht im Weg. Es kommt daher zum *overexploiter.* Derlei ›Über-Ausbeuter‹ gibt es in der biologischen Entwicklung nicht. Zum Beispiel besitzt der Ameisenbär, der Termitenbaue aufgräbt, eine verhältnismäßig dünne Haut. Wenn er in den Bau ein Loch gekratzt hat und die Termiten frißt, wird er von den wehrhaften Tieren bald überlaufen und beträchtlich gebissen. Die Evolution könnte ihm nun eine Elefantenhaut geben. Warum haben sich Ameisenbären mit Elefantenhäuten nicht durchgesetzt? Aus dem einfachen Grund, weil die so gerüsteten die Termiten ihrer Gegend ausgerottet haben. Nur jene sind übriggeblieben, die ihre Ressourcen erhalten haben; nicht aus Intelligenz, sondern aufgrund ihrer dünnen Haut. Sobald er gegraben und, sagen wir, das erste Zehntel des Termitenbaues ausgefressen hat, ist er so gepiesackt worden, daß er weggezogen ist und einen anderen Bau gesucht hat. Er hat also keinen Bau vollständig ruiniert.

Es gibt natürlich völlig andere Überlebensstrategien; wie jene der Überproduzenten. Nehmen Sie eine Wiese. Eine Wiese kann nur als Wiese überleben, indem sie fortgesetzt abgefressen wird. Dazu ist die Wiese gebaut. Die Gräser könnten ein Repellent einbauen, um die Weidetiere durch einen üblen Geschmack von sich abzuhalten. Wir kennen ja Hunderte Pflanzen, die das machen. Warum macht das ›die Wiese‹ nicht? Weil sie sonst zu hoch aufwachsen und sich selber ruinieren würde. Daher muß die Wiese so operieren, daß man ihr gerade so viel wegfrißt, daß sie immer als Wiese existieren kann. Das nur als ein Beispiel; man könnte noch viele anfügen.

Unser Irrtum von der Kanalisierbarkeit der Ursachen führt dazu, daß alle jene Persönlichkeiten, die Geschichte gemacht haben, nicht gewußt haben, welche Geschichte sie einmal gemacht haben werden;

denn keine hat vorausgesehen, welche Vielfalt von Konsequenzen aus ihren Handlungen resultieren wird. Besonders schön geschildert finde ich das in GOLO MANNS »WALLENSTEIN«, ein Mann, der offenbar mehr Konsequenzen bedachte als alle Potentaten Europas seiner Zeit zusammen. Dennoch mußte er unter der Pike eines einfachen Landsknechts sterben.

Eine weitere Konsequenz scheinen die Zugzwänge in unserer Zivilisation zu sein, die Sie als Wirtschaftsfachleute und Industrielle besonders deutlich empfinden werden. Und Sie werden zugeben – manche Industriekapitäne mit Verantwortung sagten mir das, und achten Sie auf das Paradoxon –, daß Sie zum Überleben Ihres Systems einen selbstmörderischen Kurs zu steuern haben. Überlebensbedingungen in den Zugzwängen zum Beispiel zwischen Konkurrenz und Gewerkschaft veranlassen diesen selbstmörderischen Kurs, ungeachtet dessen, welche katastrophalen Folgen er nach sich ziehen muß.

Ich vermute sogar, daß wir für eine korrekte Beschreibung dieser Welt nicht einmal die richtige Mathematik haben oder, genauer gesagt, die richige Logik. Um das zu illustrieren, versuchen Sie, sich eine Veränderung um elf Größenordnungen vorzustellen. Das sind Dimensionen, wie sie noch im Jahresbudget der Firma Sperry Univac vorkommen oder mit denen unsere Finanzminister umgehen. Also durchaus Zahlen, mit denen einige von Ihnen immer wieder zu tun haben.

Was nun, wenn wir unseren Körper um elf Größenordnungen vergrößern? Dann, meine Damen und Herren, befände sich das Sonnensystem als ein Körnchen auf Ihrer Hand. Jetzt frage ich Sie, wie sollen wir uns vergrößern? Soll die Zahl der Atome gleichbleiben bei weiter auseinandergezogenen Abständen unserer Atome? In diesem Fall wären wir ein kosmischer Nebel, so dünn, daß wir kaum mehr nachweisbar wären. Wir wären also offensichtlich etwas anderes. Oder sollen wir uns vorstellen, daß wir jedes unserer Moleküle mit 10^{11} (10^{13}) multiplizieren, dann allerdings enthielten wir eine Masse, die zu einem Massenkollaps führen würde. Wir würden zu einem Schwarzen Loch im Kosmos. Es wären wiederum nicht wir. Schon elf Größenordnungen rein quantitativer Änderung, mit denen Sie zu operieren gewohnt sind, führt uns also in völlig unvergleichliche Qualitäten. Verkleinerten wir uns um elf Größenordnungen, dann wäre ein Elektron etwa so groß wie diese Anlage. Wir wären ein Tausendstel eines Elektrons und kreisten, wären wir in einem Wasserstoffatom, um einen Atomkern ungefähr in unserer Entfernung zur Küste. Wären das wir? Wir wären es wieder nicht.

Warum also stimmen diese Dinge nicht? Offenbar deshalb, weil die Reichweite der Kräfte sehr unterschiedlich ist und diese sich zudem mit der Entfernung ändern. Sie können daher nicht beliebig extrapoliert werden. Und haben wir uns jemals Sorgen darüber gemacht, daß nicht beliebig extrapoliert werden darf?

Ein weiteres Beispiel: Ich habe in einem Hörsaal vor 350 talentierten Studenten der Ökologie die Frage gestellt: Angenommen, eine Papierindustrie hätte die Mur ruiniert; wer trüge Schuld? Der Schleusenwärter, der Abteilungsleiter, der Direktor, die Stockholder, die konkurrierende Papierindustrie, der Innenminister, die mangelnden Schutzzölle, die Konkurrenz durch die deutsche Papierindustrie und so weiter. Eine ganze Palette und wieder zurück über die Gewerkschaften bis zum Schleusenwärter, und jedem wird etwas der Schuld zugemessen, aber so, daß jeder nur im Zugzwang handelt. Und was war das Ergebnis?

Diese talentierten Studenten, die künftig unsere ökologischen Entscheidungen lenken werden, waren alle überzeugt, einer müsse schuld sein. Sie besitzen kein Sensorium dafür, daß das System die Schuld trägt, die Verkettung der Zwänge. Der einzelne wird darin nur persönlich verpflichtet, so zu handeln, wie es dieses Modell vorgeschrieben hat.

Die Juristen unter Ihnen werden das folgende in das Gebiet der Zurechnungslehre einreihen: Eine Gruppe von Buben zerschießt dem Nachbarn mit dem Fußball das Fenster. Wer ist schuld? Nach der Rekonstruktion des Vorganges findet man heraus, jener Junge, von dessen Fußspitze der Ball zuletzt abgesprungen ist. Nun zu glauben, daß der wirklich die Schuld trägt und alle anderen nicht, ist absurd. Trotzdem werden mir die Juristen unter Ihnen bestätigen, daß es unmöglich ist, der Verzweigung aller Ursachen, beispielsweise eines Verbrechens, nachzugehen. Es kann ja sein, daß die Mutter des Verbrechers dank ihrer miserablen Lebensführung viel ursächlicher an diesem Verbrechen beteiligt ist als der, der die Waffe tatsächlich gebraucht hat. Es wird technisch an sich gar nicht möglich sein. Man muß eine kurze Ursachenkette suchen.

Zum Schluß: Worauf gründet sich unsere Sicherheit? Ich darf dies scharf zeichnen. Frauen, sagen böse Zungen, suchen die Sicherheit in der Ehe. Der junge Mann sucht sie wo? Im Konto, im Parteibuch, in der Lebensstellung. Woher hat nun die Partei oder seine Bank die Sicherheit? Man sagt sich, die eine in der Verfassung, die andere im Bankenkonsortium. Woher hat aber der Staat seine Sicherheit? Der Staat, sagt man, in den Bündnissen. Woher beziehen diese Bündnisse die Sicherheit? Aus den Machtblöcken. Und worin besteht deren Sicherheit? In den Atombomben, die sie gespeichert haben. Und da soll jetzt jene Jungvermählte glauben, daß ihre Sicherheit, die sie besitzt oder zu besitzen meint, letzten Endes von der Anzahl der in Amerika gespeicherten Atombomben abhänge?

Es wird völlig übersehen, daß natürlich Schicht für Schicht eine Reafferenz vorliegt. Woher hat denn die Partei ihre Sicherheit? Von der Treue ihrer Mitglieder (und vom Clubzwang, sagen manche). Und woher haben die Banken die Sicherheit? Vom Vertrauen fleißiger Leute, die Geld dahin tragen. Entschlössen sich allesamt, ihr Geld aus der Bank zu nehmen, was wären dann unsere Banken? Ein Mauerwerk ohne jede Funktion. Also selbstverständlich rekurriert alles wieder in sich zurück, und die Schwierigkeit, die wir uns selber mit diesem Sicherheitsgefühl bereiten, rührt daher, daß wir Verantwortung dauernd fort- und hinaufdelegieren. Da oben soll jemand für unsere Sicherheiten sorgen. Es fehlt das Gefühl dafür, daß wir selber verantwortlich sind, das Bewußtsein: Ich bin meine eigene Sicherheit und trage zur gesamten Sicherheit bei.

Sie wissen, daß wir fortgesetzt bereit sind, auf Freiheiten zu verzichten, von denen wir glauben, daß sie nichts mehr bedeuten, um uns dafür Sicherheiten einzuhandeln, von denen wir nicht wissen, daß sie nichts bedeuten. Das ist die Problematik, die hinter dem Ganzen steckt; und wiederum ein Hinweis auf unsere Unfähigkeit, die Rekurrenz aller Dimensionen zu erleben wie den Funktionszusammenhang der hierarchischen Struktur.

Die Hierarchie wird zwar verteufelt, aber natürlich strukturiert sich alles hierarchisch. Es geht im Komplexen gar nicht anders. In West und Ost kennen wir das genau. Die Höhe der Pyramiden hat nichts mit dem politischen System, sondern mit dem Alter des Systems zu tun. Junge Systeme haben flache Pyramiden, alte Systeme, wie die britische Admiralität, mit mehr Admirälen als Schiffen, haben (mit vielen lateralen Arabesken) dann die steilen. Es besteht aber kein ideologischer Zusammenhang. Die Hierarchie kommt tief aus dem Bereich unserer Vorfahren, aus einer Korrelation von Rang und Risiko: und noch tiefer aus einem Grundprinzip der Erhaltungsbedingungen aller komplexen Systeme.

Interessant ist in diesem Zusammenhang, daß die Leistungen, erfolgreich mit Systembedingungen operieren zu können, mit Intelligenz im Sinne der IQ-Messungen nicht korrelieren. Ich behaupte sogar, daß es keine Korrelation zwischen Schul- und Lebenserfolg gibt, und fürchte, daß dies in wichtigen Teilen selbst negativ korreliert ist: weil schöpferische Menschen ›versponnen‹ sind und ihre Leistungen auf der deduktiven Seite geringer sein können. Und diese werden dann noch weiter dadurch behindert, daß man sie zu Leistungen zwingt, die sie gar nicht zu erbringen vermögen, womit sie verhindert werden, selbst ihre schöpferischen Leistungen entwickeln zu können. Und ich bin überzeugt, daß die Struktur mancher Persönlichkeit in diesem verhältnismäßig zarten Alter auf diese Weise geknickt wird.

Sie kennen die Experimente DÖRNERS mit dem ›Danaland‹, wo begabte Studenten der Sozial- und Wirtschaftswissenschaften vor einen Computer gesetzt worden sind, ein gedachtes Entwicklungsland zu retten. Alles durfte verändert werden, vom Grundwasserspiegel über die Parasiten, Landflucht, Kapital und so weiter. Alle haben dieses Land ruiniert. Was ist passiert? Es ist in der Zeit des Experiments der Innovationskoeffizient gesunken, das heißt, es ist den Probanden immer weniger eingefallen, aber die Zahl der Eingriffe stieg. Immer hektischer wurde eingegriffen. Der eine wollte nur über Verhinderung der Landflucht, der zweite allein über Kapitalspritzen retten, und alle sind gescheitert.

Ein ›Bürgermeisterspiel‹ zeigte in dieser Hinsicht dasselbe Ergebnis und keine Korrelation mit dem Intelligenzquotienten, der überwiegend eine gewisse mathematisch-verbale Quickheit bewertet, aber durchaus nicht das, was unsere Überlebensbedingungen fördern mag.

Was ist die Lösung? Ich glaube, es müßte eine Welt des Menschen, kennten wir seine Ausstattung genau, nach dem Maß des Menschen geschaffen werden. Und hier darf ich auf KOHR Bezug nehmen: »Die kranken Riesen«. Wir sind hier von einem Riesen eingeladen und befinden uns außerordentlich wohl in dieser besonders gepflegten und angenehmen Atmosphäre; und trotzdem wage ich mit KOHR zu vermuten, daß es mit der Größe des Systems schwieriger wird, Moral wahrzunehmen. Denn wie kann eine Organisation von beträchtlicher Größe, sagen wir, einen defizitären Betrieb in England (mit 400 Arbeitern) halten, wenn dort gerade keine Chance besteht umzuschulen? Das kann sie nicht. Denn wo sitzen die Stockholder? Und wo dagegen die lokale Verantwortung? Erinnern Sie sich zudem an die merkwürdige Umkehrung zwischen Verantwortungsgefühl und Macht.

Absichtsvolle Schädigung des Nachbarn wird innerhalb einer Familie als Katastrophe erlebt. Wenn ein kleiner Kaufmann in Konkurs geht und fünfzig Personen schädigt, so gehört das in den Bereich der Fahrlässigkeit. Wenn eine Großbank kollabiert, was geschieht da? Eigentlich gar nichts. Und auf Staatsebene hat die absichtsvolle Schädigung des Nachbarn schon die Form einer vernünftigen Handlung angenommen, sie heißt ›Staatsräson‹. Sehen Sie diesen merkwürdigen Bezug? Ich bin also gegenüber Riesen skeptisch.

Es mag sein, daß wir von einer Zeit des Machbaren in eine der Einsicht menschlicher Dimension gelangen. Also von einem Zeitalter der Aufklärung in ein solches der Abklärung. Und die Realisierbarkeit oder die politische Durchsetzbarkeit einer solchen Wende halte ich nur über Bildung für erreichbar, über eine höhere Form der Bildung. Aber man erinnere sich, in welchen Zugzwängen und Schwierigkeiten wieder diese Bildung steht, weil wir auch sie falsch angelegt haben.

II 6 Kohrs Gesetz

Der Leser wird das KOHRsche Gesetz nicht kennen, der Österreicher vielleicht nicht einmal LEOPOLD KOHR. Aber das Buch »Small is beautiful« kennen wir alle. Dieser Umstand ist leicht erklärlich, denn Professor LEOPOLD KOHR ist einer der bedeutendsten Österreicher unserer Zeit; und entsprechend früh ausgewandert. FRANZ KREUZERs Gespräch mit KOHR über »Die kranken Riesen« eröffnet einen Blick in dessen Leben.

Weltbekannt dagegen wurden einige Schüler KOHRs, wie zum Beispiel SCHUHMACHER mit dem erwähnten Buch, dessen Untertitel: A study of economics as if people mattered *sich so trefflich ins Österreichische übersetzen läßt (Eine Studie der Ökonomie, als ob's auf die Leut' ankäm'). Und tatsächlich kann es in unserer Ökonomie nur auf die Leut' ankommen. Auf wen sonst!*

KOHRs Gesetz besagt, daß unsere Lebenswelt nach den kleinen Maßen des Menschen strukturiert werden muß, will sie eine humane Welt werden. Und in einem Symposium zu seinen Ehren war mir das Thema gegeben: ›Ist KOHRs Gesetz der kritischen Größe ein allgemeines Naturgesetz?‹ Ich werde zeigen: Das ist es. Das war im Mai 1982. Und eine weitere Gesetzlichkeit schloß sich an: Der geplante Symposiumsband ist nie erschienen.

Freilich ist das, was ich hier als meinen Symposiumsbeitrag nun erscheinen lasse, nur eine Variation unseres Themas. Um sich aber KOHRs zu erinnern, mag man dies hinnehmen.

Die bedeutendsten Naturgesetze blieben uns bislang verborgen. Dies ist ein Satz, der gewiß begründet sein will. Denn schon der Absolvent eines Gymnasiums unserer Zivilisation wird seine Zweifel haben. Ist denn das Fundamentalste nicht schon längst verstanden? Erklären sich die Gesetze der Lebensprozesse nicht längst aus jenen der Biochemie und diese letztlich aus den auch schon wohlverstandenen Eigenschaften der Materie? Ist es nicht eine Bestätigung unseres Weltverstehens, daß wir Menschen begonnen haben, diese Welt zu beherrschen?

Nun: Gegen solche Argumentation erheben sich andere Bedenken. Beherrschen wir diese Welt? Zeigt es sich nicht, daß wir eben dabei sind, sie zu ruinieren? Im Schlamassel, den wir mit Wachstum, Inflation, Arbeitslosigkeit, Sinnverlust, Umweltmisere und Rüstung angerichtet haben, in Zugzwängen und darin, nicht zu wissen, wie der Kopf aus der Schlinge zu ziehen ist. Hier jedenfalls beherrschen wir die Gesetze dieser Welt keineswegs.

Welche Gesetze aber wären hier zu erwarten? Gibt es überhaupt noch Gesetze in so komplexem Bereich? Was hätten sie zu tun mit jenen Gesetzen, die wir gelernt haben, die des Energiehaushalts der Organismen, der chemischen Bindungen, der Elemente, der Gravitation?

Was wir übersehen haben, sind die Formgesetze; die *causa formalis* und *causa finalis,* wie sie schon ARISTOTELES gekannt hat. Sie aber wurden seit der GALILEIschen Revolution und beschleunigt seit den großen Erfolgen der sogenannten exakten Naturwissenschaften fortdisputiert. Unsere faule Vernunft, wie es KANT genannt hätte, vermeinte die Welterklärung auf ihre Teile reduzieren zu können. Der Reduktionismus macht mit seiner halben Wahrheit unsere Welt kaputt. Was aber sind dagegen Formgesetze?

Die Parabel von den Uhrmachern

Eines dieser Formgesetze will ich hier schildern; ich nenne es das Gesetz der Differenzierung. In den Wissenschaften hat es noch verschiedene Namen; und es ist als Ganzes so neu, daß wir es alle in der Schule noch nicht gelernt haben. Meine Formulierung lautet: Von allen komplexen Systemen erhalten sich unter stochastischen Störungen und Konkurrenz – man kann auch sagen Ökonomiebedingungen – jene, die sich am weitesten hierarchisch differenzieren. Das ist noch zu abstrakt. Ich will es gleich illustrieren nach dem Modell, das der Nobelpreisträger SIMON für einen mathematischen Zusammenhang verwendet, und zwar in einer Veranschaulichung, die von ARTHUR KOESTLER stammt:

Zwei Uhrmacher gehen eine Wette ein (dies ist das Konkurrenzprinzip), wer von ihnen zuerst eine hundertteilige Uhr zusammensetzen kann (dies ist das Symbol für Komplexität). Dabei wird vereinbart, daß die zusammengesetzten Teile jedesmal, wenn ein Kunde den Laden betritt, aus der Hand gelegt werden müssen und, wie das Spiel annimmt, wieder auseinanderfallen. (Dies entspricht dem Prinzip der stochastischen, das heißt zufallsgesteuerten, also nicht vorhersehbaren Störungen).

Beide machen sich an die Arbeit. Der eine, nennen wir ihn *Technicos,* legt nun eilig Teil auf Teil. Manchmal schafft er 10 bis 20 Zusammenfügungen, seltener 30, 40, einmal sogar 50. Aber mit der Dauer der störungsfreien Zeiten werden diese auch immer unwahrscheinlicher. Zwar lassen die Gesetze des Zufalls erwarten, daß irgendwann einmal für den Zusammenbau von 100 Teilen eine Zeit ohne Störung kommen werde. *Technicos* kennt diese Gesetze und baut darauf.

Der andere, ich nenne ihn *Bios,* kennt diese Gesetze auch; und eben deshalb ist seine Strategie eine andere. Er baut für jeweils 10 Teile eine Klammer, welche diese auch beim Weglegen zusammenhalten. So bleibt er anfangs natürlich zurück. Aber ebenso natürlich erreicht er immer wieder die Zusammensetzung von 10 Teilen. Und er muß zuletzt nur mehr die 10 Zehnergruppen zusammenfügen. Und dies gelingt leicht und lange, bevor *Technicos* ein störungsloses Intervall für eine Serie von 100 Teilen erwarten konnte.

Die Ordnung des Lebendigen

Als Biologe kann ich versichern, daß alles Lebendige vom Grunde her so aufgebaut ist. Dies ist geradezu trivial. Jeder Teil der Biosphäre setzt sich aus Lebensräumen, diese aus Gemeinschaften, Arten und diese aus Individuen zusammen; die differenzierteren Arten zudem aus Populationen, diese aus Horden (oder Herden), ferner aus Sippen, Familien und Paaren. Und ihre Körper setzen sich aus Gliedern und Organen, diese aus Geweben, des weiteren aus Zellen, Ultrastrukturen, Biomolekülen, Molekülen, Atomen und Quanten zusammen. Der hierarchische Schichtenbau umfaßt 12 bis 18 Schichten. Rechnen wir je Schicht wieder nur mit 10 Bauteilen, die ein Obersystem zusammensetzen, so sind das Schicht für Schicht 10, 100, 1 000, bis zuunterst 10^{12} und 10^{18} Kompartments, also Billionen und Trillionen Einheiten; wiewohl, nach unserem Modell, nie mehr als 10 eine Einheit bilden.

Und was für die Strukturen gilt, das gilt selbstverständlich auch für alle Funktionen, für alle Regelmechanismen, Bewegungskoordinationen, hinauf bis in die Hierarchie der Instinkte.

Dieses Prinzip erlaubt ein Höchstmaß an Regulation gegenüber Störungen von außen sowie gegenüber innerer Verwirrung. Ja, es ist die Voraussetzung schlechthin, derart Kompliziertes, physikalisch Unwahrscheinliches, fern vom thermodynamischen Gleichgewicht überhaupt herstellen und erhalten zu können. Und einmal mehr: Es ist die Voraussetzung des Schöpferischen in der Natur. Denn Schicht für Schicht entstehen durch den Zusammenschluß von Bauteilen völlig neue, höhere Systemeigenschaften.

Man sieht das sogleich, wenn man sich vor Augen hält, daß es keinen Sinn hat zu sagen, daß ein Molekül atmet, wiewohl unsere Atmung durchaus nur durch Systeme von Molekülen wirkt. Ebenso kann eine Nervenzelle nicht denken, obwohl wir mit nichts anderem als mit Nervenzellen denken; allerdings mit hundert Milliarden derselben. Auch macht ein Individuum noch keine Kultur, keine Sprache und so fort.

So steht es selbst mit der Differenzierung dieser Sprache, die sich hierarchisch von den Lauten über Silben, Worte, Sätze zum Kontext, zur Diktion eines Autors, eines Zeitgeistes aufbaut; und von der wir wissen, daß sie vom Sprecher hierarchisch konzipiert und vom Verstehenden hierarchisch analysiert wird. Ob beispielsweise ein Satz ironisch zu verstehen ist, erfährt man erst aus dem Kontext. Und ob sich das Wort ›Schloß‹ auf ein Gebäude oder einen Verschluß bezieht, erfährt man erst aus dem Satz.

Und nicht minder sind alle unsere Produkte in derselben Weise differenziert. Ob es sich nun um ein Auto handelt oder um eine Symphonie. Sollte nun eine Kultur denselben Gesetzlichkeiten folgen?

Die Evolution der Differenzierung

All das wird einem fast selbstverständlich erschienen sein. Das Werden der Differenzierung aber enthält ein noch grundlegenderes Prinzip. Auch dieses ist in unserer Uhrmacher-Parabel angedeutet, wenn auch dort von den Autoren noch nicht beabsichtigt. Jeder Differenzierungsprozeß, so formuliere ich die dynamische Seite des Gesetzes, entsteht als ein Einschub zwischen den Teilen und einem Ganzen.

Schon die Galaxien entstehen zwischen, wir können auch sagen: aus oder durch die einzelnen Materiewolken und dem gesamten Gravitationsfeld, die Sonnensysteme zwischen der galaktischen Materie und dem Gesamtfeld ihrer Galaxie. Die Teile liefern die Materialien, das Ganze bestimmt die Form, die sie annehmen, in der sie in der höheren Differenzierungsform relative Beständigkeit erreichen. Die Planeten entstehen als Kondensate zwischen den Materiewirbeln und dem Schwere- und Bewegungsfeld des jeweiligen Sonnensystems. Die Bedingungen der Gravitationsfelder zwischen den Galaxien sind für sie zur fernen, nun wirkungslosen Vorbedingung ihrer Existenz geworden.

Noch deutlicher ist dies beim Werden des Organischen. In der einfachsten Kreatur sind die Teile Aminosäuren und Eiweiße, und die Differenzierung der Zellen erfolgt aus diesen Materialien, aber nach den Form- und Auswahlbedingungen, den Lebensbedingungen des ganzen Individuums. Die Gewebe entstehen aus den Zellen und nach den Bedingungen der Körperregion, die Organe aus den Materialien der Gewebe und nach den Funktionen der ganzen Kreatur.

Die Materialbedingungen sind uns geläufig. Die Formbedingungen aber sind näherer Betrachtung wert. Es sind Auswahlgesetze. Sie selektieren, sie schließen aus, was zur relativen Beständigkeit der neuen Schicht nicht beitragen kann; und sie bestimmen Form und Lage, welche die Teile einzunehmen haben. Im Ganzen haben sie den bremsenden oder schlichtenden, harmonisierenden Charakter der negativen Rückkoppelung.

Noch eine weitere Qualität ist die Folge dieser Formgesetze. Sie bestimmen, was in unserer menschlichen Anschauungswelt als Zweck erlebt wird. Jedenfalls im Rahmen des Organischen, in dessen Funktionen sich unsere Seele spiegelt, erscheint uns jedes System zweckvoll, sobald es zu den Erhaltungschancen des jeweiligen Obersystems beiträgt. Eine Gliedmaße, ein Bein, ist zweckvoll nach den Funktionsbedingungen des Individuums, ein Organ, zum Beispiel ein Muskel, nach den Funktionen des Beins, eine Zelle oder Muskelfaser nach den Anforderungen, die an den Muskel gestellt werden. Soll der Muskel verschiedene Formen annehmen können, wie in unserer Zunge, dann bilden die Fasern ein Geflecht. Soll er nur kräftig kontrahieren, wie im Bizeps, so laufen sie genau parallel.

In derselben Weise erleben wir den Zweck oder Sinn der Teile in unseren Handlungen, wie in den von uns geschaffenen Geräten und Maschinen. Wieder wird man die Richtigkeit an der Selbstverständlichkeit dieser Einsicht abschätzen können. Und es bleibt mir nur noch, daran zu erinnern, daß sich natürlich auch jede Sprache in die Zeichen oder Laute und die Gesamtabsicht einer Mitteilung differenziert. Daß selbst unsere Begriffe hierarchisch differenziert sind, ihren Inhalt aus ihren Unterbegriffen, ihren Sinn aus den Oberbegriffen beziehen: der Apfel aus den Baumfrüchten, diese aus den Früchten und den Vegetabilien.

Selbst unser Verstehen dieser Welt setzt sich aus diesen zwei Blickrichtungen zusammen. Wenn wir zum Beispiel einen Muskel ›Flugmuskel‹ nennen (bekannt vom Hühnerbraten), dann erkennen wir aus seinen Teilen den Muskel, aus seiner Lage zwischen Flügel und Brust seine Funktion, seinen Zweck. Nicht minder verstehen wir den Sinn eines Satzes aus dem Kontext, in dem er steht, seinen Inhalt aus den Worten, die ihn zusammensetzen. Diese wechselseitige Erhellung nennen die Geisteswissenschaftler ›Hermeneutischen Zirkel‹.

Gegenüber allem Organischen einschließlich dessen Produkten rechnen wir, das heißt, rechnet der gesunde, unreflektierte Menschenverstand, mit solch zweiseitiger Erhellung, mit den Kräften der Materialien gegenüber den Zwecken der Form. Wir werden als Hermeneutiker geboren.

Die evolutionäre Theorie vom Erkenntnisgewinn

Was bislang wie reiner akademischer Disput klingen mußte, erhält aber bald seine unaufschiebbare, politische Seite. Dies war auch der Anlaß zu meinem Thema. Die politische Seite unserer Zivilisation hat sich ja anders entwickelt. Immer rascher entstehen, und zwar nach dem Gegenprinzip, nach dem Prinzip der positiven Rückkoppelung, also eskalierend, Riesensysteme ohne Regulative; die ›kranken Riesen‹, mit denen sich dieses Symposium befaßt.

Was also ist in der weiteren Evolution passiert? Was verursachte den Umschwung? Ich behaupte: Diesen Umschwung erbrachte die kollektive reflektive Vernunft des Menschen. Ich will dies sogleich begründen.

Wie aus der Geschichte der Lehren von der Erkenntnis bekannt ist, vermag die menschliche Vernunft ihre Vorbedingungen aus sich allein nicht zu begründen. Als unbegründbarer Rest bleibt zumindest das, was KANT die *Apriori* unserer Vernunft und Urteilskraft nennt. Dabei verbleibt wie ein Wunder das, was die Philosophen Isomorphie nennen: das erstaunliche Übereinstimmen von Natur- und Denkordnung; der Umstand, daß sich diese Welt gerade mit unserem Denken denken läßt.

Nun wird man sich erinnern, daß wir jüngst diese Hürde genommen haben. Die ›Evolutionäre Erkenntnistheorie‹ erklärt die Entstehung unserer Denkordnung als ein Selektionsprodukt an der Naturordnung; die Isomorphie von Welt und Denken als ein Ergebnis der Anpassung. Unsere erblichen Anschauungsformen von Raum und Zeit, Wahrscheinlichkeit, Vergleichbarkeit, von Ursachen und Zwekken spiegeln, wenn auch in schmalen Ausschnitten, so viel von der Realität der Dinge, daß unser Stamm überlebte. Unsere ganz unreflektierte Erwartung, die Welt hermeneutisch zu verstehen – nämlich wechselseitig aus Kräften und aus Zwecken –, ist eine besonders hohe Form jener Isomorphie, eine Anpassung selbst des Erkenntnisvorgangs an den Vorgang der Evolution.

Diese angeborenen Formen, die Welt zu sehen, bilden einen vernunftähnlichen, wir sagen daher: ratiomorphen Apparat, der unter- oder vorbewußt uns Entscheidungs- und Deutungshilfen leistet: eben unser unreflektierter Hausverstand. Mit dem Werden des Bewußtseins aber wurden seine im engen Bereich nicht falschen, aber vereinfachten Anleitungen von der nunmehr reflektierenden Vernunft überbaut. Und diese extrapoliert, was die angeborene Anschauung suggeriert. Sie extrapoliert damit auch seine Mängel.

Beispielsweise besitzen wir in das Netz der Wechselbedingungen nur zwei Fenster der Anschauung, die Vorstellung von den Kräften und jene von den Zwecken. Und sie erscheinen uns zudem so, wie uns Raum und Zeit erscheinen, irrigerweise als unvereinbare Qualitäten. Dies läßt uns verstehen, wie es zur Spaltung unserer Kultur in eine idealistische und eine materialistische Welterklärung kommen konnte. Das fundamentale Regulativ, die Anschauung von der Universalität der wechselwirkenden Ursachen, von der negativen Rückkoppelung aller Ursachenbezüge, fehlt uns. Wir haben nicht vor Augen, daß es auf dieser Welt keine Wirkung gibt, die nicht auf irgendeinem Wege auf ihre eigene Ursache zurückwirkte.

Das Wachsen der ›kranken Riesen‹

Eine weitere Folge unserer einseitigen Vorstellung von den Ursachen ist, daß sie uns nicht in Netzen erscheinen, sondern in Kettenform. Und das verleitet zu dem Irrtum, man könne die Wirkung einer Ursache, die man gesetzt hat, lenken oder kanalisieren. Daher kommt es, daß alle, die Geschichte machen wollten und auch machten, nie vorhersehen konnten, welche Geschichte sie gemacht haben werden. Wir machen daher gar keine Geschichte, wir sind nur fortgesetzt in sie hineingeraten. Und nicht minder, wie von Hayek sagt, sind uns unsere Wirtschaftssysteme einfach passiert.

Wir kennen nun alle das Wuchern und Eskalieren, wenn die steuernde, differenzierende negative Rückkoppelung fehlt. Zum Beispiel brauchen mehr Autos bessere Straßen. Diese haben schnellere und noch mehr Autos zur Folge; das verlangt noch größere Straßen, ihre Schlingen erwürgen schon die Städte, vergiften das Grünland, aber weiter läuft der Teufelskreis. Zugzwänge nennt man die Ursache; Zugzwänge: da der konkurrierenden Autoindustrie, dort, im Straßenbau, der Ministerien der konkurrierenden Parteien.

Wie im Detail so im Ganzen. Beachten wir die wiederkehrenden Prozesse des Wachstums der Reiche. Eine Population kommt zu Besitz, der Besitz muß geschützt werden. Das verlangt eine neue Klasse: Militär. Diese muß ernährt werden. Das erzwingt Abgaben. Die Abgaben müssen eingetrieben und verwaltet werden. Das verlangt wieder eine neue Klasse: Beamte. Nun müssen zwei Heere gefüttert werden. Die Lasten werden für die Produzierenden groß. Das Machtgefälle drängt nun auf Ausgleich. Nachbarland wird besetzt. Mehr Militär, mehr Verwaltung; das Wachstum setzt sich fort. Und es setzt sich fort, bis der Koloß in sich selbst zusammenbricht. Dann aber ist schon längst eine Nachbarpopulation zu Besitz gekommen; und wieder beginnt der Kreislauf.

Es wäre nun kein Schaden, wenn die ›kranken Riesen‹ ausstürben und den kleinen, differenzierten Systemen das Feld überließen. Aber im System der positiven Rückkoppelung fressen die Großen immer die Kleinen: das große Kapital das kleine, der Multi die nationale Industrie, der Supermarkt den Kaufmann an der Ecke. Daher bleiben nur die ›Riesen‹ übrig, lauter ›kranke Riesen‹, eine von unserer Vernunft angefachte Krankheit dieser Welt. Das KOHRsche Gesetz ist ein Naturgesetz. Es ist unsere Ratio, die der Natur nicht entspricht.

Was also ist zu tun?

Wir müssen die Entwicklungsgesetze dieser Welt erkennen und unterrichten. Und wir bedürfen mehr Bildung, um die Einhaltung dieser Gesetze politisch durchsetzen zu können. Und solange wir dieses Bildungsziel noch nicht erreicht haben, sollten wir wenigstens durch die Differenzierung unserer Individualität und unseres Lebenskreises hinwirken auf eine Welt nach dem Maß des Menschen.

II 7 Information biologisch gesehen

Nun wandelt sich das Thema. Aber der Gegenstand, die Weise nämlich, wie unsere Gesellschaft sich angewöhnt hat, die Natur (verdreht) zu betrachten, wandelt sich nicht.

Wir haben es uns zur Gewohnheit gemacht, diese Welt in unserer Vorstellung so lange zu vereinfachen, bis es uns zu gelingen scheint, sie mechanisch ›mit Hebeln und mit Schrauben‹ und in Zahlen nachzumachen. Und es folgte naturgemäß der grandiose (gefährliche) Unsinn, diese Vereinfachung mit der realen Welt zu verwechseln.

Anlaß, über »Information aus biologischer Sicht« zu reden, war ein kleines Symposium, zu dem die ›Österreichische Gesellschaft für Bibliothekswesen‹ Ende 1985 in die Österreichische Nationalbibliothek eingeladen hatte. In meinem Beitrag nehme ich eine eher ungeziemliche Haltung ein. Da aber in unserer halbgebildeten Öffentlichkeit der Begriff ›Information‹ fachlich noch immer so verstanden wird, wie von SHANNON *und* WEAVER *vor vierzig Jahren, ist dies nicht minder ungeziemlich und irreführend.*

Der Beitrag ist in der Zeitschrift »biblos«, Jahrgang 35, 1986 erschienen. Dem Präsidenten der Gesellschaft, JOSEF MAYERHÖFER, *danke ich für die Initiative.*

Der zeitgenössische Informationsbegriff ist die Rache der zeitgenössischen Geschäftswelt an ihrer nicht mehr zeitgenössischen Philosophie. Die Informationstheorie ist die rationalisierte Konsequenz akademischer Interessen, die bekanntlich auf die wirtschaftlichen Interessen einer Telephongesellschaft zurückgehen. Für unsere biologischen Belange halte ich ›Information‹ für einen unglücklichen (hinderlichen) Begriff. Für die Anregungen aus ihm sind wir freilich verbunden.

Information bedeutete bekanntlich ›Abformung‹, Nachbildung im Sinne der Bildung einer Vorstellung, und das Verbum *informare* bedeutet formen, gestalten, bilden, schildern und unterrichten. So ist es auch früh ins Französische und weiter ins Englische sowie im Hochmittelalter als ›unterweisen‹ und ›unterrichten‹ ins Deutsche gekommen. Der alte Begriff, der das Wiederbilden einer Gestaltung, also einer bestimmten (determinierten) Ordnung im Sinne hatte, war schon mehr zum Interesse am Vorgang der Übertragung geworden.

So mag man es verstehen, daß der fachliche Informationsbegriff heute den technischen Aufwand der Übertragung im Auge hat; und in seiner abstrakten Form die Übertragungskosten und nicht die Kosten des Inhalts oder Wertes dessen, was mit Kosten übertragen wird. Das spiegelt sich im Schreckenswort ›Informationsflut‹ ebenso wie in der akademisch heiteren, aber wirtschaftlich todernsten Frage: Wieviel Dollar ist ein bit?

Man wird ahnen, daß mit einem Informationsbegriff solcher Herkunft in der Biologie nicht viel anzufangen ist. Und man wird ihn also hin und her zu wenden haben, um ihn vernünftig anzuwenden. Denn so verbreitet, wie er ist, kommt man nicht mehr an ihm vorbei.

Die Ausformungen des Informationsbegriffs

Was ihre Schöpfer, Claude Elwood Shannon, R. A. Fisher und Norbert Wiener, mit der Definition von Information im Auge hatten, das war die Schaffung einer einheitlichen Maßeinheit, einer Quantität. Die Qualität einer Nachricht war dabei unerheblich. Was naheliegt, wenn man weiß, daß ein Telephongespräch nach Zeit und Entfernung zu Buche schlägt und nicht nach dem Umfang an Weisheit oder Unsinn, den es überträgt. Mathematisch ergab sich die ökonomischste Kodierung, wie man weiß, nach dem Logarithmus 2 (der schrittweisen Halbierung des Zeichenvorrates). Das Prinzip war aus Ludwig Boltzmanns Formulierung der Entropie als Maß für die Wahrscheinlichkeit eines physikalischen Zustandes bekannt. Und was Ernst Mach und Wilhelm Ostwald über den Freitod Boltzmanns hinaus noch verhinderten, war nach dem Ersten Weltkrieg, in dem unsere Geschichte beginnt, zur Selbstverständlichkeit geworden.

Dieser Einfluß ist nicht zu übersehen. Da die Bemühung um eine Quantifizierung eine solche um Qualitäten auszuschließen schien, Maße für Kenntnis, Wert oder Bedeutung einer Nachricht ebenso unerreichbar wie unnötig scheinen mochten, wurde Information, wie Boltzmanns Maß für Unordnung, bei Shannon und Weaver ein Maß für Unkenntnis, für Überraschung, für das, was man (retrospektiv) nicht wissen konnte. So daß alles, was vorherzusehen war (oder mit Umsicht vorherzusehen gewesen wäre), vom Informationsgehalt einer Nachricht zu streichen ist.

Aber schon auf dieser elementarsten Ebene kann man die Symmetrie der hier zu fordernden Begrifflichkeit nicht übersehen, daß es nämlich für jede Bemessung einer Unkenntnis einer entsprechenden Kenntnis bedarf. Wer immer berechnet, daß ein Zeichen 5 bit Information überträgt (daß 5 Halbierungen des Zeichenvorrates zu jedem von 32 Zeichen führen), muß den Zeichenvorrat kennen. Eine Theorie von der Unkenntnis verlangt eine Theorie von der Kenntnis. Und die eine kann nicht mehr Gewißheit enthalten als die andere.

Daß die Informationstheoretiker dies nicht anerkennen, kann ich nicht glauben. Ich nehme darum an, daß die komplementäre Theorie vom Maß der Kenntnis, des Wissens, des Instruktions- oder Konstruktionsaufwandes, sie nicht interessiert. Denn selbstredend muß auch der Setzer, der uns mit jenen 5 bit Information eines Buchstabens überrascht, im Setzkasten (bei 26 Buchstaben plus 6 Arten von Interpunktionen) 5 konstruktive Binärentscheidungen treffen.

Zweitens hat man sich nicht um das materielle Äquivalent dieses Informationsbegriffs bemüht; eine Übereinstimmung mit dem Entropiebegriff sogar in Abrede gestellt. Wohl weil er auch nicht das Interesse an der Nachrichtenübertragung betrifft; und weil sich ein physikalisches Maß nur für das Chaos und nicht für Ordnung durchgesetzt hatte (und übrigens noch immer nicht durchgesetzt hat).

Dennoch hatte Erwin Schrödinger schon 1944, also fünf Jahre

vor SHANNONS und WEAVERS Erfolgsartikel, den Begriff der Negentropie begründet; zugleich aber die Opposition der Physiker herausgefordert. So finden wir in seiner Auflage von »What is Life?« des Jahres 1969 (auf Seite 79) die Anmerkung: *»The remarks on* negative entropy *have met with doubt and opposition from physicist colleagues«* ...; gewiß, setzt er fort: *»BOLTZMANN's order-disorder principle is less easy to trace than for entropy and ›entropy taken with a negative sign‹, which by the way is not my invention. It happens to be precisely the thing on which BOLTZMANN's original argument turned.«*

Das Prinzip des Verhältnisses von Ordnung und Chaos, Kenntnis und Unkenntnis, Organisation und Zerfall oder Voraussicht und Ungewißheit ist unauflöslich. Und man wird selbst voraussehen, daß Maße für Ordnung, Kenntnis, Organisation und Voraussicht für das Verständnis des Lebendigen wie für das Lebendige selbst wichtiger sind als ein Maß für Ungewißheit, Zerfall, Unkenntnis und Chaos.

Information und Ordnung

Ich habe schon in manchen meiner früheren Bücher versucht, diese Ineffizienz des Informationsbegriffs für die Biowissenschaften zu beheben und auch die Schwierigkeiten dargelegt, die dem komplementären Begriff entgegenstehen. Die wichtigsten will ich kurz übersichtlich machen. Sie haben alle mit Differenzierung und den Grenzen unserer Anschauungsformen zu tun. Denn während wir vermeinen (oder uns darauf geeinigt haben), für Chaos, prinzipielle wie gegebene Unkenntnis, mit einer einzigen Meßskala auszukommen, ist das bei der Analyse von Ordnung unmöglich. Denn Ordnung ist stets wieder Ordnung einer Ordnung.

Mit der Bemerkung zum Beispiel, die früher meine Töchter zu hören bekamen: »Euer Zimmer ist ein Chaos!«, meinte ich, daß die Spielsachen eine Zufallsverteilung angenommen hatten. Sie hatten aber ihren eigenen Zustand noch nicht verändert. Erst mit der Feststellung: »Nun habt ihr auch noch die Spieluhr kaputtgemacht«, war gesagt, daß deren Teile ihre funktionellen Positionen verlassen hatten. Das einzelne Rädchen war noch unversehrt. Und selbst wenn dieses gebrochen gewesen wäre, seine Legierung erwiese sich noch immer in unveränderter Ordnung. Kurz: Ordnung begreifen wir ausschnittweise nach den hierarchischen Schichten, in welchen sie in dieser Welt existiert.

Sie hat gewissermaßen verschieden fundamentale Züge. Nehmen wir drei zerstörungswütige Banden an. Die erste vertauscht, wiewohl in penibler Ordnung, die Uhren zwischen den Uhrmachern einer Stadt. Die zweite verwirrt die Uhrenanordnung in jedem Laden, beschädigt aber keine. Die dritte bringt die Teile jeder der Uhren durcheinander, läßt aber ebenso jede in der vorgefundenen Ordnung.

Man erkennt, daß völliges Chaos (100 Prozent Zufallsverteilung) je Schicht von anderer Wirkung ist. Je tiefer die getroffene Schicht, desto fundamentaler ist meist die Wirkung. Eine Eidechse, der anstelle eines verlorenen Beines ein zweiter Schwanz regeneriert, kann überleben. Regeneriert ihr anstelle eines Atmungsferments ein Verdauungsferment, geht sie zugrunde. Staaten mit einem Narren als Kaiser überleben; ein ganz anderes Schicksal hätte ein Staat der Narren.

Umgekehrt sind Ordnungsgrade verschieden ›umfassend‹; und dies nimmt nun umgekehrt mit der Höhe der Schicht zu: Die Fehlinstruktion, die entweder die Lenkradproduktion eines Automobilzulieferers betrifft oder alle Teile der Lenkung, das ganze Automobilwerk, die Autoindustrie eines Landes oder aber dessen ganze Wirtschaftsdoktrin (die Stahlindustrie böte übrigens ein realistischeres Beispiel), wird mit der Schichthöhe katastrophaler.

Neben Umfang (Quantität), Fundamentalität und Umfassendsein des Bezuges von Ordnung und Chaos tritt aber noch etwas in Erscheinung, was man zunächst wie den ›Wert‹ einer Ordnung erlebt. Man ordne zum Beispiel 10 Reihen mit je 10 Blöcken von 100 mal 100 mal 10 Ziegel orthogonal (sagen wir: alle Längsachsen nach Norden, die Blöcke mit 10 Ziegellängen Abstand). Diese Instruktion genügt für die vollständige Ordnung von zehn Millionen Stück in einem Ziegellager.

Dieselben zehn Millionen Ziegel zu einem Backsteindom geordnet, sind von ganz anderer Ordnungsart. Der Aufwand an Instruktion nimmt beträchtlich zu, vergleichbar der Abnahme der Redundanz in der jeweiligen Ordnung (Redundanz ist als sich identisch wiederholende Anwendung einer Instruktion zu denken). Freilich ist die Ordnung des Domes nicht ohne Redundanz. Denn alle Symmetrien des Schiffes, der Fenster, alle Wiederholungen in den Ziegellagen enthalten die Wiederanwendung eines der Baugesetze; sind also von einem zum anderen Teil vorherzusehen und in der Instruktion vereinfacht.

Ordnung muß daher schichtenweise als ›Gesetz mal Anwendungen‹ definiert werden, wobei unserer menschlichen Ausstattung Gesetzlichkeit in einmaliger Anordnung nicht als solche wahrnehmbar wird. Es bedarf der wiederholten Anwendung (der Redundanz), um sie zu erkennen. Auch ist das, was wir als Harmonie erleben, durch eine Ausgewogenheit des Redundanzgehaltes (gleich der möglichen Vorhersehbarkeit) ausgezeichnet. Hohe Redundanz wird Monotonie (der Architektur, des Pausezeichens ›Bitte warten‹, der Tapete); fehlende Redundanz wird als Chaos erlebt, in Musik, Lautfolgen und Geräuschen nicht mitvollziehbar, unverständlich und als Lärm. Eine zweifellos merkwürdige Situation, daß uns nur einmalige Gesetzesanwendung ebenso wie solche, deren Redundanz wir nicht wahrnehmen, unerkennbar bleibt und von Chaos nicht zu unterscheiden ist.

Nun hat Redundanz, wie wir sie mit dem Ziegellager-Beispiel abwerteten, wieder ihre symmetrische Gegenseite. Ihr entspricht ja Anwendung von Gesetzlichkeit, mit der begreifbare Ordnung erst geschaffen wird. Das komplizierteste, sagen wir: Landesabgabengesetz, das keine Anwendung findet, schafft auch keinerlei Ordnung. Wohingegen ein so einfach formulierbares Gesetz, wie das der Gravitation, die Materie eines ganzen Kosmos regiert (und sogar jenes Landesabgabengesetz im Schlummer seiner Lade festhält). Gesetz und Anwendung zeigen Redundanz als Grundkomponente der Ordnung in dieser Welt.

Ordnung und Chaos

Ich knüpfe nochmals am Beispiel Ziegellager/Backsteindom an. Man wird empfunden haben, daß die redundanzärmere Form des Domes als die wertvollere der beiden Ordnungen erscheint. Ich vermute, daß dies mit unserer Einschätzung des Aufwandes zusammenhängt, den wir der Schaffung der einen oder der anderen Ordnungsform zumessen. Wir fanden ja auch eine negative Korrelation zwischen dem Konstruktions- oder Instruktionsaufwand und dem Redundanzgehalt.

Dennoch enthält der Dom Redundanz. Völlig redundanzlos wäre die Ziegelanordnung, wenn man die zehn Millionen Ziegel einen Steilhang hinunterkippte. Hätten wir auf diese Weise den höchsten (weil ganz redundanzlosen) Wert einer Ordnung erreicht? Das kann durch Abkippen wohl nicht geschehen. Denn kein Aufwand ist damit verbunden. Was aber, wenn im Gegensatz zu den erwähnten Destruktions-Narren nun Konstruktions-Narren aufträten, um einem Plan entsprechend jedem einzelnen jener zehn Millionen Ziegel eine keinem anderen vergleichbare Lage zu geben?

Zunächst einmal hätten wir, vor diesem Haufen stehend, nicht die geringste Möglichkeit festzustellen, ob es sich um das Ergebnis eines chaotischen oder aber unfaßlich aufwendigen Konstruktionsprozesses handelt. Ähnlich wie man vor manchem modernen Kunstwerk ungewiß bleibt, ob man eine nicht mehr mitvollziehbare Konstruktion oder bloß das Werk blinden Zufalls vor Augen hat. Nachdem aber jede Redundanz den Informationsgehalt schmälert, hat die redundanzlose Ordnung im alten Sinn den höchsten Informationsgehalt, ebenso wie das völlige Chaos.

Erst wenn das chaotisch erscheinende Ding zu Konsequenzen führt, deren Gesetzlichkeit für unsere Wahrnehmung (nämlich sich bestätigende Prognostik) deutlich wird, schreiben wir dem scheinbaren Chaos seine Gesetzlichkeit zu. Ein Musterbeispiel sind die Basensequenzen des Erbgutes. Ohne Kenntnis ihrer Funktionen hätten sie uns chaotisch erscheinen müssen. So mag es einem Naiven auch beim Blick in einen Elektronenrechner ergehen.

Diese Sache ist von Interesse, weil sie mit dem zweiten Hauptsatz (der Thermodynamik) zusammenhängt. Er besagt, daß in jedem geschlossenen System die Materie einer Zufallsverteilung zustreben wird, die Temperaturdifferenzen sich ausgleichen werden. Ordnung kann nur in offenen Systemen entstehen, und zwar in dem Maße, als Unordnung (oder reduzierte Ordnung) nach außen abgeführt wird. Alles Lebendige besteht aus offenen Systemen. Sein Aufbau und seine Erhaltung beruhen auf einer Degradierung der aufgenommenen Stoffe und Energieformen. Leben, sagt SCHRÖDINGER treffend, frißt Ordnung.

Aber nicht nur die Entstehung lebendiger Ordnung folgt dem zweiten Hauptsatz, sondern auch die chemische und die kosmische Evolution. Und das legt die Frage nahe, wie man sich die Ordnung bei der Entstehung dieses Kosmos vorstellen soll, die im Zerfallen immerhin noch die Ordnung zurückgelassen hat, die wir wahrnehmen: die Ordnung der Galaxien, Sonnensysteme, Planeten, Atmosphären, Verbindungen und Kreaturen. Uns erscheint das Auseinanderrasen der schweren Quanten nach dem sogenannten Urknall chaotisch. Vielleicht aber war es höchste, redundanzlose Ordnung (es sei denn, der Kosmos selbst wäre ein – aber wohin? – offenes System).

Ist man der Ansicht, daß der Schöpfer dieses Kosmos der höchsten denkbaren Ordnung entspricht, dann könnten wir ihn, dank unserer Ausstattung, schon aus diesem Grunde (der Redundanzlosigkeit) nicht erkennen. Wenn der zweite Hauptsatz stimmt und der Kosmos nicht selbst ein offenes System ist, das seinen Unordnungsabfall wer weiß wohin abschieben kann, dann muß seine Ordnung im Zeitpunkt α größer gewesen sein als seine heutige. Er differenziert sich nur in niedere redundanzvolle und höhere redundanzärmere Ordnung. Und es kann nur die letztere sein, die wieder auf die höchste redundanzlose Ordnung zustrebt; auf das, was TEILHARD DE CHARDIN das Ω genannt hat. Und diese käme dem Unerkennbaren tatsächlich wieder nahe, weil uns redundanzlose Ordnung eben nicht erkennbar ist. So müssen auch wir das Thema verlassen.

Ordnung und ihr Werden

Nichts deutet darauf hin, daß dieser Kosmos so, wie er ist, diese Welt, das Leben geplant worden wären. Bekanntlich haben sich die Physiker einen LAPLACEschen Geist ausgedacht, der in einem determinierten Kosmos die Bewegung aller Teilchen kennt und daher jeden künftigen Zustand der Welt vorhersagen kann. Ließe man diesen Geist heute HEISENBERGS Unschärferelation lesen (und der Geist stimmte zu), dann müßte er bei jeder Begegnungsmöglichkeit zweier Teilchen (etwa deren 10^{80}; sagen wir, in jeder Nanosekunde) zwei Alternativen in Betracht ziehen: Die Teilchen treffen einander, oder sie treffen einander nicht. Und mit jeder dieser auch ihm unvorhersagbaren Alternativen müßte er mit einer weiteren Verdoppelung der Möglichkeiten sich entwickelnder Welten rechnen. Befragt über die Zukunft, würden wir von ihm erfahren: Es wird so gut wie alles möglich sein. Das aber haben wir selbst erwartet.

Die indeterminierte Komponente dieser Welt ist die Grundlage ihrer schöpferischen Freiheit. Und zwar in dem Sinn, als der Ausgang solcher Zufallsentscheidungen gerade unvorhersehbar bleibt. Jede solche Entscheidung zwischen zwei Möglichkeiten, an der zumeist bald ein ganzes ›Parlament von Molekülen‹ beteiligt ist, wie das HERMANN HAKEN ausdrückt, kann als Binärentscheidung aufgefaßt werden. Die Physiker sprechen auch von Bifurkation. Und jede dieser Entscheidungen kann Information im Sinn eines Konstruktionsschrittes erzeugen, weil sie ja eine Alternative anschließt. Das System kann sich unter bestimmten, energetisch zu verstehenden Erhaltungsbedingungen vom thermodynamischen Äquilibrium entfernen, Entropie reduzieren, Ordnung entstehen lassen.

Man kann also alles Ordnungwerden als eine lange Kette von ausgeschlossenen Alternativentscheidungen betrachten. Dabei ist von Interesse, daß neue Systeme, Gesetzlichkeiten oder Qualitäten durch das Zusammentreffen von Bauteilen in einem Milieu entstehen. Und dies ist nicht trivial, weil die Bauteile und das Milieu Entscheidungen von unterschiedlicher Wirkung zeitigen. Mit den Bauteilen kommen alternative Disponibilitäten von Materialien, das Milieu dagegen entscheidet über die Alternativen der Erhaltungsbedingungen (Bestand oder Zerfall) des neuen Systems.

Dasselbe ist mit der Feststellung gesagt, daß alle Differenzierungen in diesem Kosmos als Einschübe zu verstehen sind; Einschübe zwischen den vorgegebenen Untersystemen (den Bauteilen) und einem ebenso vorgegebenen Obersystem (dem nächstübergeordneten Ganzen). So entstehen die Galaxien zwischen den Vorgaben kosmischer Materiewolken und dem Gravitationsfeld des Kosmos, die Lebewesen zwischen den Instruktionsmöglichkeiten der Erbmoleküle und den Bedingungen des Milieus, deren Organisation zwischen ihren Eiweißbausteinen und den Lebensbedingungen der Art, und alle Artefakte entstehen zwischen der Ausstattung der Menschen (ihren Möglichkeiten und Bedürfnissen) und den Ansprüchen ihrer Kultur.

Für unsere Betrachtung des Informationsproblems folgt daraus zweierlei. Zunächst ist die materiale und selektiv entstandene Information von unterschiedlicher Erscheinung. Über die materiale Komponente erfahren wir, was sich zusammengeschlossen hat und können für sie sogar quantitative Werte bestimmen. Etwa Zahl und Arten der Atome eines Moleküls, der Zellen eines Blattes, der Ziegel eines

Hauses, der Buchstaben eines Buchs. Was aber unter den Materialien bereits ausgeschlossen wurde, dafür fehlt meist die Möglichkeit einer Ermittlung ebenso wie dafür, was die Oberbedingungen an alternativen Systemen ausgeschlossen haben. Über Selektionsentscheidungen informiert nicht das System, sondern nur dessen Geschichte.

In einer zweiten Hinsicht begründet der genannte Vorgang die hierarchische Strukturierung dieser Welt, die uns schon bei der Betrachtung der Ordnung in ihrer Schichtenform untergekommen ist. Kennzeichnend für diese Hierarchie ist der Umstand, daß das Hindurchreichen der Gesetze und Ordnungsstrukturen einer jeden Schicht durch alle darübergelagerten leicht wahrnehmbar ist. So finden sich die Strukturen der Atome in den Biomolekülen, diese in den Zellen, Geweben, Organismen ebenso, wie sich die psychische Ausstattung des Menschen als Komponente seiner Sozietät erweist und diese als Bauteil seiner Kultur.

Gegenüber dieser Schichtenkumulation für die Einzelschicht notwendiger, wenn auch nicht zureichender Materialstrukturen ist der Informationsgehalt aus der Selektionswirkung durch die Serie der jeweiligen Oberschichten wiederum in der Regel unbestimmbar. Dabei steht wieder außer Frage, daß diese Serie von Selektionen je Schicht eine Überfülle an Alternativen ausgeschlossen hat. Nur wie viele es sind, wie viele Bifurkationen am Wege lagen und instruktionsbildend gewirkt haben, das hat wohl die Geschichte der Systeme verwischt.

Ordnung und Zweck

Um eine Vorstellung vom Ordnungsgehalt, Instruktions- oder Konstruktionsaufwand eines Organismus zu bestimmen, kann man einen anderen, summarischen Zugang wählen. Man kann fragen, wie viele bit oder Binärentscheidungen erforderlich wären, um die für die Organisation eines Organismus lebensnotwendigen Atome auszuwählen und an die rechte Stelle zu setzen.

Für kleine Bakterien liegen die Werte zwischen 5×10^{10} und 10^{13} bit. Für einen Menschen errechnen Dancoff und Quastler bei 24,5 bit pro Atom und 7×10^{27} lage-determinierten Atomen (etwa jedes zehnte) einen Konstruktionsaufwand von 2×10^{28} bit. Das ist ziemlich viel; nämlich mehr Instruktion als alle Bibliotheken der

Menschheit zusammen enthalten. Vielleicht entspricht es den Druckschriften der Menschheit mal deren Auflagen.

Ich erwähne dies einer Parallele wegen, die ich an eben unseren Druckschriften illustrieren kann. Der Informations- wie Konstruktionsaufwand unserer Schriften entspricht höchstens der Summe der Originalmanuskripte. Jede Vervielfältigung ist reine Redundanz. Das ist auch insofern zutreffend, als es mehr Aufwand macht, ein wertvolles (den Selektionstest lange überlebendes) Manuskript zu verfassen, als es zu reproduzieren. Als Konstruktionsaufwand (der Buchstabenauswahl) überwiegt die Schaffung des Originals sogar den Aufwand, es zehntausendmal zu reproduzieren. Hätte aber keiner der Autoren sein Manuskript jemals aus der Hand gegeben, so hätte keines irgendeine Anwendung gefunden, und keinerlei literarische Kultur wäre entstanden. Erst die Redundanz schafft ihren Ordnungsgehalt.

So enthält unsere Keimzelle gegenüber jenen 2×10^{28} bit nur etwa 10^{11} bit. Das sind 17 bis 18 Größenordnungen weniger. Die Differenz füllt die Redundanz in unserer Organisation auf; die Auflagen zum Beispiel der 10^{8} Sehzellen, 10^{12} grauer Hirnzellen, 10^{13} ebenso identischer Erythrozyten.

Natürlich ist der relative Redundanzgehalt eines niederen Organismus, zum Beispiel eines Schwammes, ungleich höher. Und zwar so, daß man das, was man Differenzierung nennt, als Abbau von Redundanz messen kann. Die Evolution ist in diesem Sinne nicht nur Schaffung von Ordnung, wo vordem keine war, sondern zugleich ein Aufbau von Ordnungschichten und ein Wandel von der Masse zum immer Einmaligeren; zu Ordnungsformen, die uns als höhere Ordnungswerte erscheinen.

Die Art der Ordnung des Lebendigen erleben wir als zweckvoll. Objektiv entsprechen dem Zweck Aufbau- und Betriebsprogramme, die zu den Erhaltungschancen des jeweiligen Obersystems einen selektionsgeprüften Beitrag leisten; letztlich für die Erhaltung des Individuums und seiner Reproduktionschance, also der Erhaltung seiner Art. Erfolg entspricht dabei einer möglichst weitgehenden Entsprechung der relevanten Lebensbedingungen oder Milieugesetze. Man kann auch sagen: einer Extraktion dieser Gesetze und damit ihrer Vorwegnahme, einer richtigen Prognostik.

Erfolgreiche Organisation oder Konstruktion hat also zunächst etwas Imitatorisches. Es sind ›Kenntnisse‹ darüber, wie man reproduziert, Moleküle aufnimmt und aus ihnen Energie gewinnt, Milieubedingungen meidet oder aufsucht, wie man Wirkungen aus der Ferne richtig prognostiziert. Man denke nur, in welchem Ausmaß unser Auge die Gesetze der Optik imitiert. Aber bald beginnt die erforderliche Organisation selbst Teil des Milieus zu werden. Folglich muß Kenntnis darüber festgeschrieben werden, wie man Beute schlägt, um den Geschlechtspartner wirbt oder sich in seiner Sozietät durchsetzt. So werden letztlich selbst Gesetze der Sozialordnung genetisch verankert, der Kommunikation und, wie es CHOMSKY und LENNEBERG belegen, die Anlagen der Sprache.

Das Ganze ist ein autopoietisches System von Kenntnisgewinn aus neuen Milieustrukturen und Strukturgewinn des Milieus durch neue Kenntnis. Eine Kumulation von Konstruktion und Instruktion. Zwar von fortgesetztem Energiedurchzug betrieben, im wesentlichen aber ein fortgesetzter Aufbau von immer höherwertigerer Ordnung; bis diese gewissermaßen aus den höchsten Organismen auszufließen beginnt in deren Kulturen.

Ordnung und Erkenntnis

Wenn wir also Information biologisch betrachten, so ist das, was den technisch inklinierten Informationstheoretiker interessiert, ein kleiner, eher unbedeutender Ausschnitt. Das ist zu verstehen, wenn man bedenkt, wieviel an organischer Konstruktion oder Instruktion wir voraussetzen müssen, bevor Instruktionen, sagen wir durch Buchstaben, für eine Kreatur überhaupt instruierend wirken können.

Ich werde das an einem elementaren Phänomen darstellen. Und zwar anhand einer informationstheoretischen Betrachtung der Entstehung von Wissen. Alles Wissen, behaupten die Empiristen, stammt aus der Erfahrung. Damit aber Erfahrung gemacht werden kann, behaupten die Rationalisten, ist Wissen (oder Vorerfahrung) bereits erforderlich. Die Auseinandersetzung endet dann entweder in der Anerkennung eines unendlichen (und daher nicht auflösbaren) Regresses oder aber in der Anerkennung der dem Verstande vorgegebenen (und daher aus ihm nicht begründbaren) *Apriori* der Vernunft.

Wir können für beide Fälle sagen: Jede Instruktion bedarf einer Vorinstruktion. Das nimmt den Biologen nicht wunder. Für uns ist ja

Leben selbst, wie auch die ganze Evolution, ein kenntnisgewinnender (instruktionsgewinnender) Prozeß. Wir erkennen, daß dem ontogenetischen, assoziativen Kenntnisgewinn des Individuums ein phylogenetisch-genetischer Kenntnisgewinn seines Stammes vorausgegangen ist; ja vorausgegangen sein muß.

Damit bestätigen wir die Ansprüche des Empirismus. Denn Wahrnehmung allein setzt ein komplexes Gehirn mit vorbereiteten Interpretationen voraus, dieses regulative Verdrahtungen, nochmals Neuronen, das Phänomen der Reizleitung, und dieser Regreß setzt sich fort in die Vorbedingungen der Keimes- und Stammesgeschichte, des genetischen Gedächtnisses, der Replizierbarkeit molekular kodierter Instruktion, bis hinunter in die anorganischen Phänomene der Autokatalyse, der Stereochemie und der Konstanz der Gesetze chemischer Bindungen. Der Regreß ist also tatsächlich fast unendlich. Er umfaßt die dreieinhalb Jahrmilliarden von Erde und Sonnensystem, und er setzt selbst die zwölf Milliarden Jahre dieses Kosmos voraus.

Die Vorausinstruktion, die sich in unserer Organisation bereits befindet, ist beträchtlich. Im Vergleich zum kulturellen Wissenserwerb, meint KARL POPPER, mag sie sich wie 99 zu 1 Prozent verhalten. Und sie umfaßt nicht nur alle unsere Körperstrukturen und physiologischen Reaktionen; diese Vorausinstruktion instruiert auch unsere angeborenen Anschauungsformen, wie sie KONRAD LORENZ nennt, die Grundbedingungen unserer Vernunft als Vorbedingungen des Verstandes. EGON BRUNSWIK sprach zutreffend von einem vorbewußten ›ratiomorphen (also vernunftähnlichen) Apparat‹!

Auch er ist ein Selektionsprodukt. Die Instruktion, die er enthält, ist als Instruktion aus den Strukturen des Lebensmilieus (des Mesokosmos) zu verstehen. Und diese Isomorphie (die Gleichgestaltung) unserer Theorien von den Strukturen der außersubjektiven Wirklichkeit und jenen von unserer ratiomorphen Ausstattung (unserer Erwartungshaltung) läßt sich gut nachweisen.

Informationstheoretisch ist schon die elementarste dieser Erwartungshaltungen von Interesse, nämlich jene Instruktion, die uns mit Wahrscheinlichkeiten umgehen läßt und uns einen Weg zu dem ebnet, was in unserer Redeweise ›die Wahrheit‹ heißt. Dies ist elementar, weil in der Pragmatik des Lebendigen ›Wahrheit‹ soviel wie zutreffende Prognostik bedeutet und diese, wie erinnerlich, Lebenserfolg und Überlebenschance.

Diese erbliche Ausstattung läßt uns erwarten, daß mit der Bestätigung einer Prognose die Wahrscheinlichkeit des Zutreffens der Folgeprognose zunehmen werde. Dies ist in mancher Hinsicht merkwürdig. Zunächst ist die Unüberwindlichkeit dieser Weise, die Welt anzuschauen, zu bemerken. Wir können uns ihrer Suggestivität nicht entziehen. Die Anschauungsform selbst erweist sich wie alles erblich Fixierte als unbelehrbar. Wir können, wie wir es hier tun, zwar die Eigentümlichkeit kritisch-reflektierend betrachten, aber in jedem konkreten Fall werden wir wieder von ihr geleitet.

Man bemerkt ferner, daß hier kein logisches Prinzip, kein einem Syllogismus verwandtes Vorgehen (kein logischer Schluß) vorliegt. Vielmehr handelt es sich um ein kybernetisches Prinzip der Wechselverrechnung und der Optimierung. Und es steuert unser Verhalten tatsächlich von den einfachsten, nicht bewußten Assoziationen bis zu unserem Verhalten im wissenschaftlichen Experiment. Das Prinzip ist die gemeinsame Grundlage vom Entstehen des bedingten Reflexes, über unsere Alltagserfahrung bis zu den Wiederholungen von Bestätigungen, die wir für den Wahrheitsgehalt einer wissenschaftlichen Theorie verlangen.

Dieses Erbprogramm ist bereits in mehrfacher Hinsicht isomorph mit dem, was wir von den Grundstrukturen dieses Mesokosmos wissen. Es setzt erstens dessen hohe Redundanz voraus. Die Erfahrung, daß sich die meisten seiner Zustände und Ereignisse wiederholen werden. Mit der Konsequenz, daß wir, wie man sich erinnert, einmalige beziehungsweise redundanzlose Gesetzlichkeit vom Chaos nicht zu unterscheiden vermögen.

Zweitens setzt das Programm voraus, daß die meisten sich wiederholenden Koinzidenzen (von Zuständen oder Ereignissen) nicht zufälliger Natur sein werden; daß unter gleichen Umständen mit gleichen Phänomenen zu rechnen sei. Tatsächlich ist das auch real der Fall. Drittens aber wird damit gerechnet, daß die Wiederholungen nicht identisch, sondern nur sehr ähnlich sein werden; sie also in unserem Sinne nicht völlig, sondern nur weitgehend redundant seien. Und de facto wiederholen sich Häuser und Fichten, Strände und Wogen nur in sehr ähnlicher Weise, ebenso wie das Ritual der Begrüßungen, die Strophen eines Vogelgesangs, Felsgepolter und Gewitter.

Die erste und zweite dieser Isomorphien bilden die Voraussetzung für das kybernetische Optimierungsprinzip; die dritte Isomorphie dagegen macht es notwendig. In einer Welt, in der sich die Dinge zwar weitgehend, aber nicht identisch wiederholen, muß ein kybernetisches Prinzip einem von der Art photographischer Dokumentation oder logisch-definitorischer Schärfe überlegen sein.

Die Operatoren des Informationsgewinns

Informationstheoretisch gesprochen ist dieses kybernetische Prinzip der Annäherung an den lebensnotwendigen Pragmatismus der Wahrheit darauf eingestellt, mit der Verarbeitung von Erfolg und Mißerfolg zu operieren; mit der Verrechnung von Bestätigung und Widerlegung subjektiver Prognosen. Die Kreatur, um KARL POPPERS Pointierung zu verwenden, ist also kein Kübel, in den Information hineingetrichtert wird; viel eher ist sie einem Scheinwerfer zu vergleichen, mit dem in der Dunkelheit der Ungewißheit die lebensnotwendigen Gewißheiten aktiv aus der Welt herausgeleuchtet werden.

Meine Untersuchungen (und die meiner Mitarbeiter) lassen erkennen, daß in der nichtreflektierten Reaktion auch des Menschen Erfolg und Mißerfolg der Prognostik gleichwertig kumulativ gegeneinander verrechnet werden. Zudem zeigte es sich, daß das Programm einer symmetrischen Funktion entspricht. Es wird, unabhängig davon, ob eine Ereigniskette subjektiv zunächst für eine zufällige oder gesetzmäßig determinierte gehalten wird, zu metrisch identischen Gewißheitsgraden gelangen. Denn die Zufallserwartung kann im gleichen Maße enttäuscht werden wie eine Determinationserwartung bestätigt werden kann, und umgekehrt.

Will man (was man tun kann) beim Informationsbegriff bleiben, so ist dieses Programm als eine Wechselverrechnung von zweierlei Ausdrücken (oder Erwartungen) zu beschreiben; einer Verrechnung der Alternativen, daß Information (Bestätigung oder Enttäuschung) über ein indeterminiertes oder aber ein determiniertes Ereignis gewonnen wurde; ob das Folgeereignis, nach der bisherigen Erfahrung, sich als vorhersehbar (determinierbar) oder als unvorhersehbar (indeterminiert) erweisen werde. Ich habe dies daher als einen *log. dualis* des Quotienten aus Determinations- und Indeterminationserwartung beschrieben.

Aber freilich kann man die Erwartung von Indetermination in der

Bedeutung von Überraschung und Unkenntnis dessen, was nicht vorherzusehen ist, als Information im SHANNON-WEAVERschen Sinn bezeichnen. Und man kann die Erwartung von Determination, die Möglichkeit von (Redundanz also) Voraussicht und Kenntnis, Instruktion nennen. Dies ist eine Frage von Klarheit und Semantik. Interessanter scheint mir der Umstand, daß hier unser Problem von der Ausformung des Informationsbegriffes, von dem wir ausgehen mußten, wiederkehrt.

Dort war die Einsicht in die Spiegelbildlichkeit der erforderlichen Begriffe von unseren Theorien über die Struktur der außersubjektiven Wirklichkeit ausgegangen, von BOLTZMANN und SCHRÖDINGER. Nun geht sie von einer Theorie der isomorphen Ausstattung unserer Vernunft aus, der ›Evolutionären Erkenntnistheorie‹, aus der wir LORENZ und POPPER zitierten. Dies ist von zweifachem Interesse: zum einen bestätigen die beiden Theorien einander, zumal sie unabhängig voneinander entwickelt wurden. Zum anderen wird unser Zugang zu den Gewißheitsgraden geschildert, der sich unserer Ausstattung gegenüber dieser Welt bietet.

Erst in den letzten Jahren ist meinen Mitarbeitern GÜNTER WAGNER und GERHARD ACKERMANN ein weiterer Nachweis geglückt. Sie konnten zeigen, daß unser bewußter, reflektierender Verstand vom kybernetischen Modell abgeht. Das rationale (oder rationalisierende) Modell unserer Suche nach Gewißheit verhält sich so, als ob der Augenblicksinformation (-instruktion) und der in ihr möglichen Redundanz der Gewißheitsgrad über das Vorliegen einer Gesetzlichkeit zu entnehmen sei. Dieser rationale Zugang verhält sich zum angeborenen etwa so, wie der absolute zum relativen Wahrscheinlichkeitsbegriff.

Dies ist aber gerade der Unterschied zwischen den reflektorischen und den reflektiven Operationen, mit denen wir die Gewißheitsgrade über diese Welt und damit den Lebenserfolg anzuheben trachten. Die reflektorisch-kybernetischen stecken in den ratiomorphen Bedingungen unserer Vernunft und tragen einer Welt typologischer und vernetzter Phänomene Rechnung; einer Wechselkausalität aristotelischer Art, in der kein Ereignis und keine Erfahrung die anderen unbeeinflußt läßt. Die reflektierend-absoluten Operationen hat unser Bewußtsein aus und in einer Wechselbeziehung mit der Sprache weiterentwickelt, und sie tragen einer definitorischen Begriffswelt isolierbarer Klassen und austauschbar-identischer Vorstellungen Rechnung; also einer (sagen wir:) Kristallinität euklidisch-kartesianischer Art einsam reisender Teilchen und unbezweifelbarer logischer Schlüsse.

Damit sind wir aber nochmals zurückgekehrt zum Ausgangspunkt unserer Betrachtung des Informationsbegriffes aus biologischer (evolutionärer) Sicht. Denn freilich stammen die Begriffe, von denen wir auszugehen hatten und mit welchen wir uns fortgesetzt verständigen müssen, aus jenem zweiten Operator. Und es darf uns nicht wundernehmen, daß diese rationalen Extrapolationen (aus ratiomorphen Anleitungen) der Welt, wie sie zu sein scheint, nicht in allem entsprechen. Und das gilt in der Welt unserer Begrifflichkeit nicht zuletzt auch für den Begriff der Information.

II 8 Natur und Sprache

Anders als in den vier vorhergehenden Aufsätzen sei nun die Art, in der unsere Kultur diese Welt betrachtet, angesehen. Nicht nur, daß hier von der Information zur Sprache weitergegangen wird: Es ist auch Zeit, die Position des ›einsamen Rufers‹ zu verlassen. Vielmehr soll der folgende Beitrag daran erinnern, daß bereits eine ganze Reihe von Wissenschaften Anschluß an die Systemtheorie und die ›Evolutionäre Erkenntnistheorie‹ genommen haben; und mehr als das, daß einige Wissenschaften, außerhalb der Biologie, jenen Theorien Pate standen.

Mein Beispiel bezieht sich auf die Sprachwissenschaften. Was in dieser Wissenschaft CHOMSKY vorbereitete, hat LORENZ beeinflußt, was LENNEBERG in ihr fortsetzte, hat weiter stark auf mich gewirkt. Und was LORENZ und ich weiterentwickelten, hat auf die nächste Generation der Linguisten zurückgewirkt; vor allem auf WILLY MAYERTHALER.

So kam es, daß es diesem sowie seinem englischen Verleger passend erschien, mich um die Darstellung gewissermaßen jener Kulisse zu bitten, vor der diese wissenschaftsgeschichtliche Szene spielt. Mein Beitrag erscheint als Einführung in der englischen Ausgabe von MAYERTHALERS »Morphologische Natürlichkeit«.

Ohne Zweifel ist ARNOLD GEHLEN zuzustimmen, der feststellte: »Der Mensch ist schon von Natur aus ein kulturelles Wesen.« Und es zählt zu den merkwürdigen Ungereimtheiten unserer Kultur, daß viele Geister meinen, von der Natur einer Kultur nur unter Anführungszeichen reden zu sollen. Wirklich merkwürdig ist aber weniger die Weise, in der unsere Kultur meint, die Dinge der Kultur unabhängig von jenen der Natur betrachten zu müssen, als vielmehr der Umstand, daß die Eigentümlichkeit der Natur unserer Sprache selbst die Ursache zu sein scheint, dieselbe als eine von der Natur abgehobene Sache unserer geistigen Kultur zu betrachten.

Über die Natur unserer Kultur

Unsere europäischen Sprachen, mit deren Hilfe wir gewohnt sind über die Dinge wissenschaftlich zu reden, besitzen eine ungewöhnliche Tendenz zur Hypostasierung des Abstrakten. Darauf hat schon CARL FRIEDRICH VON WEIZSÄCKER hingewiesen. Im Hopi hätten wir keine Chance, so unbedenklich, wie wir das tun, von ›dem Hund‹ oder ›dem Menschen‹ oder gar von ›dem Guten‹ und ›dem Schönen‹ einen derart verdinglichten Ausdruck zu finden. Doch nicht nur präliteraten Sprachen ist eine solche Personifizierung fremd. Auch das Chinesische kennt solche zum Gegenstand gemachten Abstrakta nicht; während die bildende Kunst unserer Kultur ›das Gute‹ oder ›das Schöne‹ wie selbstverständlich als figurale Allegorie auf die Leinwand setzt.

Es ist wohl die Denkwelt der indogermanischen Sprachen, letztlich für uns die Grammatik des Griechischen, die uns abstrakte Gedanken als Gegenstände vorstellbar suggeriert, wiewohl sie sich dem Vorstellbaren entziehen. In einer Weise, daß uns ›die Zeit‹, ›die Parallelen‹ im Raum, selbst ›die Qualität‹ oder ›die Kausalität‹ als Sachen nahekommen, die schon jenseits jeder empirischen Erfahrung eine Realität zu besitzen scheinen, weil jede mögliche Erfahrung sie voraussetzt. So rechtfertigt sich die Annahme, daß sie unserer Vernunft und dieser Welt gemeinsam vorgegeben sein müsse.

Diese Kategorien ahnten die Vorsokratiker, sie wurden von PLATON dargelegt, durchziehen unsere Geistesgeschichte; *A-priori*-Vorbedingungen jeder möglichen Vernunft, wie sie bei KANT analysiert werden. Heute bestätigt die ›Evolutionäre Erkenntnistheorie‹ den *A-priori*-Charakter dieser Erwartungen für das Individuum. Nur erkennen wir in ihnen angeborene Anschauungsformen, also zugleich *A-posteriori*-Lernprodukte unseres Stammes; genetisch festgeschriebene Interpretationsanleitungen für diese Welt.

In dieser Hinsicht ist die Natur unserer Kultur durch ein Wechselspiel von spezifischer Sensitivität und sprachlicher Suggestivität gekennzeichnet, das sie zum Entdecker der erblichen Ausstattung, der genetischen Vorstrukturierung unserer Vernunft, machte. Dies schon zu einer Zeit, als zwar Vernunft und Verstand eine bewundernswerte (kaum wiedererreichte) Luzidität erreichten, die aber weit entfernt war, irgend etwas von der genetischen Adaptierung unseres ›Weltbildapparates‹, der ratiomorphen (vernunftähnlichen) Vorstrukturierung unserer Vernunft, ahnen zu können.

Damit war unserer Kultur auch schon das Rationalismus-Empirismus-Dilemma festgeschrieben. Denn die Einsicht der Rationalisten, daß jede mögliche Erfahrung auf dem Besitz von Vorwissen beruhen müsse, erwies sich als ebenso unbestreitbar wie die Einsicht der Empiristen, daß jegliches Wissen nur aus der Erfahrung stammen könne. Die Annahme, aller Wissenserwerb entstünde über höchst materielle Sinne aus einer ebenso materiellen Welt, legt zudem eine materialistische, monistisch einheitliche Weltdeutung nahe; mit dem Irrtum im Gefolge, der Geist sei auch nichts anderes als ein komplizierter Quantenzustand und die Seele eine *tabula rasa*, auf der das Milieu Beliebiges eingravieren könne. Die Annahme hingegen, der Ausgangspunkt allen Wissenserwerbs sei eine aller Welt vorgegebene Vernunft, wie man sich ausdrückt: ›der Ideen‹, legte eine idealistisch-dualistische Weltdeutung nahe, mit dem Irrtum im Gefolge, die Welt enthielte im Grunde zweierlei: die Seele sei eine vom Leib und der Geist eine von der Materie unabhängige Qualität.

Mit dem rationalen Ideal der Renaissance, nur mehr der Empirie des Meßbaren zu vertrauen, und ihrer positivistischen Festschreibung in der Aufklärung, entsteht das (analytisch) szientistische Ideal der Naturwissenschaften, das dem Irrtum erlag, ein System könne vollständig verstanden werden, wenn es auf seine Teile zurückgeführt (reduziert) werde. In solcher Weise von der Wissenschaftlichkeit ausgeschlossen, formierten sich die Wissenschaften von den Gegenständen unserer Kultur vor rund einem Jahrhundert zu den Geisteswissenschaften, mit dem Irrtum zu glauben, man könne ihre verstehende, historische Betrachtung von jener erklärenden, ahistorischen abgrenzen und auf diese Weise rechtfertigen, daß die Gegenstände des Geistes grundsätzlich von anderer Art wären als jene der Natur.

Heute sehen wir, daß es ein Methodenunterschied ist, der diese Spaltung unserer Kultur weiter fortgeführt hat, wobei die hermeneutische Methode der Geisteswissenschaft im Grunde dem szientistischen Reduktionismus etwas voraus hat. Die Ahnung nämlich, daß Systeme aus zweierlei Ursachenbezügen verstanden (oder erklärt) werden müssen. Aus den Disponibilitäten der Materialien der Untersysteme, aus denen sie sich zusammensetzen, und aus den funktion-(zweck- oder sinn-)gebenden Selektionsbedingungen der Obersysteme, innerhalb derer sie Beständigkeit haben.

Ähnlich wie wir im Alltag darauf vertrauen, eine ›schlechte‹ Handschrift entziffern zu können, indem wir aus dem Vorkommen der Worte die Theorie einer Zeichenbedeutung entwickeln und wechselweise aus den Fällen der Zeichen eine Theorie der Wortbedeutung.

Im Prinzip hatte man das schon in der Zeit GOETHES, des Philologen AUGUST BOECKH und der Brüder HUMBOLDT, also vor eineinhalb Jahrhunderten, verstanden. Aber dieselbe Natur unserer Ausstattung, die unserer Kultur, mit ihrer analytischen Weltdeutungsalternative, das Natur-Geist-Dilemma eingetragen hat, suggeriert uns, Ursachen, nach kausalen und finalen getrennt, als verschiedene Qualitäten und noch dazu in Kettenform anzuschauen. Das wieder führte zur Suche nach entweder ersten Ursachen oder aber letzten Zwecken dieser Welt sowie zu einem Mißtrauen gegenüber aller Mutmaßung vernetzter Ursachenbezüge. Selbst die Geisteswissenschaften ließen sich von dem Verdacht einer Zirkularität der hermeneutischen Methode anstecken. Und geblieben sind nur die Spaltung und die ›sozialen Strafen‹, mit welchen Übertretungen geahndet werden.

Ich hoffe, daß man mir vergibt, unsere Geistesgeschichte im Galopp durchquert zu haben. Was hier in geraffter Form dargeboten wurde, habe ich freilich in dem Band »Biologie der Erkenntnis« (Biology of Knowledge) begründet und in der »Spaltung des Weltbildes« in behutsamerer Gangart dargelegt. Hier konnte es nur darauf ankommen, die natürlichen Gründe (die Natur) des Dilemmas unserer Kultur zu skizzieren, dieser ›Zwei Kulturen‹, deren gefährliche Widersprüchlichkeit Sir CHARLES SNOW schon treffend kritisierte.

Diese Spaltung hat den Schaden, den sie unserer Kultur zufügt, über die geistigen Bemühungen ihrer kulturellen Disziplinen appliziert: über die Wissenschaften. Besonders gelitten haben die Biowissenschaften, weil sie im Rahmen der Ursachen des Lebendigen auf die (scheinbar geisteswissenschaftlichen) Zweckfragen nicht verzichten konnten. Und ebenso jene Kulturwissenschaften, die, wie die Linguistik am Kreuzungspunkt zwischen Natur- und Sozialwissenschaften stehend, immer wieder einmal einsahen, daß die (scheinbar naturwissenschaftliche) Natur des Menschen nicht außer acht gelassen werden dürfe. Denn, wie WILLY MAYERTHALER mutig feststellt: eine Linguistik, »die das Hirn des Menschen außer acht läßt, läuft Gefahr, zu einer hirnlosen Linguistik zu werden«: mit einer »erstaunlich metaphysischen Haltung für eine (potentielle) empirische Disziplin«.

Über Biologie und Biologismen

Mit KONRAD LORENZ' Einsicht, daß die angeborenen Formen unserer Anschauung wohl aus denselben Gründen in diese Welt passen, aus denen die Flosse des Fisches ins Wasser paßt, noch bevor er aus dem Ei geschlüpft ist, entwickelte sich die ›Evolutionäre Erkenntnistheorie‹. Sie lehrt, daß Leben, Evolution selbst, einen kenntniserwerbenden Prozeß darstellt, gleichgültig, ob die Kenntnis auf genetischem Wege vorauserworben oder durch den assoziativen Lernvorgang des Individuums hinzugefügt wurde. Organismen, sagt DONALD CAMPBELL, verhalten sich erkenntnistheoretisch im Sinne eines hypothetischen Realismus; selbst unsere Organe, schließt Sir KARL POPPER an, sind als Hypothesen zu betrachten; selektiert für die bislang beste Prognostik über lebenswichtige Dinge in ihrer Welt. Denn zutreffende Prognosen bedeuten Lebenserfolg, erhöhte Erhaltungschancen.

Diese Kenntnis der Leistung und Herkunft unseres ›ratiomorphen Apparates‹, wie EGON BRUNSWIK dieses Vorwissen nannte, löst das Empirismus-Rationalismus-Dilemma und dessen kulturspaltende Konsequenzen, es bestätigt KANTS *Apriori*, und es macht uns verstehen, wie schon NOAM CHOMSKY und ERIC LENNEBERG nachwiesen, daß auch die Sprache schon großteils antizipiert sein muß, unsere Kinder nicht Sprache an sich, sondern (herausfordernd formuliert) fast nur mehr Vokabeln lernen.

Jüngst hat auch die Psychologie ihren vom Szientismus, vom (linken) Behaviorismus, diktierten *Tabula-rasa*-Standpunkt überwunden. Neurologie und Gestalttheorie begannen einander zu berühren, rehabilitierten die alte (verstorbene) Gestaltpsychologie. Und die Bewegung der ›Kognitiven Psychologie‹ *(cognitive psychology)* reichert sich an mit Einsichten in eine Fülle erblich vorbereiteter Verfahrensweisen. Es kann ihr somit auch gelingen herauszufinden, was die Ethologen schon auf diesem Gebiete entdeckten, und was bisher merkwürdig wenig Wirkung auf die Psychologie getan hat.

Aber unabhängig davon, ob nun die Psychologie die erblichen Bedingungen wiederentdeckt oder auf die Entdeckungen der Biologen zurückgreift, die Einsichten bestätigen einander, und die alte Frage tritt wieder auf den Plan, ob man Gesetzlichkeiten kultureller Phänomene aus jenen der Psychologie und diese aus jenen der Biologie werde erklären oder auf diese zurückführen können. Eine knappe Antwort lautete: Die Gesetze der Psychologie und Biologie sind für das Verständnis der kulturellen Phänomene nicht zureichend, aber notwendig. Eine Rückführung im Sinne einer zureichenden Erklärung ist nicht möglich.

In jüngster Zeit hat der Begriff ›Biologismus‹ wieder Verbreitung gefunden, der mit kritisch negativer Konnotation gewöhnlich unkritisch verwendet wird. In solcher Lage wird auch der ›Natürlichkeitstheorie‹ der Linguistik der Vorwurf des Biologismus nicht erspart bleiben. Der Begriff wird nämlich, soweit eine Regel überhaupt angebbar ist, überall dort verwendet, wo das Wort Biologie, nach der Mutmaßung (oder Stimmung) des Kritikers, in unerlaubten Zusammenhängen verwendet wird (als Übertretung oder Grenzverletzung). Wir wollen also etwas genauer sein.

Der Vorwurf des Biologismus ist überall dort gerechtfertigt, wo sich die Behauptung findet, Gesetzlichkeiten einer der Biologie überlagerten Komplexitätsschicht (der Psychologie, Soziologie oder Kulturwissenschaften) ließen sich zureichend aus der Biologie klären beziehungsweise auf diese zurückführen. Das wäre szientistischer Reduktionismus. Und in einen solchen Fehler würde kein ausgebildeter Biologe verfallen, weil er die Fehler, die der Reduktionismus dem eigenen Fache zugefügt hat, wahrgenommen haben muß.

Eine ganz andere Sache hingegen betrifft die Feststellung, daß mit den Gesetzen der Biologie (wie der Psychologie) notwendigerweise auch in den Phänomenen der Kultur zu rechnen ist. Denn es ist eine Grundgesetzlichkeit aller Differenzierung in der uns bekannten Welt, daß die Gesetze aller tieferen Schichten durch alle darübergelagerten hindurchreichen. Das Schicksal dieser Gesetze besteht dabei, mit zunehmender Entfernung von der Ausgangsschicht, nicht darin, daß sie immer weniger wirkten, sondern daß uns ihre Wirkung immer selbstverständlicher (trivialer) erscheint. Und in unserer Redeweise wandeln sie sich dann von Ursachen, die wir für variabel halten, zu Bedingungen und Vorbedingungen, die wir für statisch erachten und wie Randbedingungen über den Rand unserer Interessen hinausstellen.

Das bedeutet aber keinesfalls, daß man die tieferen Schichtgesetze als zureichende Erklärungen einer Oberschicht betrachten darf. Gerade wir Biologen, die wir uns schon dem Wortklang nach dem Vorwurf des Biologismus aussetzen, sind die Entdecker (und Verteidiger) dieser Einsicht. Die Gesetze der Biochemie sind zum Verständnis der Zelle ebenso notwendig wie unzureichend, wie die Gesetze der Zytologie es für die Organologie und für das Bewegungsverhalten sind, und die der Bewegung des Individuums für das Sozialverhalten der Gruppe. Stets treten im Überbau neue Schichtgesetze hinzu.

Nun zweifelt niemand daran, daß die Gesetze der Gravitation notwendig sind, um zu verstehen, daß sich der Parthenon noch immer auf der Akropolis befindet, daß die Gesetze der chemischen Bindungen sowohl (trotz Umweltschäden) den pentelischen Marmor zusammenhalten, wie sie die genetische Ausstattung des Baumeisters Iktinos zusammengehalten haben, daß in ihm die Gesetze der Atmung und Wahrnehmung ebenso zum Verstehen der Schaffung der Akropolis vorauszusetzen sind wie die seiner Psyche und seiner Sozietät im Griechenland des Perikles.

Man wird also den ›harten Biologismus-Vorwurf‹ leicht aufgeben, der das Hindurchreichen leugnet, und sich dafür auf etwas wie einen ›weichen Biologismus-Einwand‹ zurückziehen. Etwa mit der Behauptung, die Schichtgesetze reichten zwar durch, seien aber bedeutungslos. Das jedoch ist eine ganz andere Position. Nun ist von keiner methodischen Übertretung mehr die Rede, sondern von Evaluierungen. Diese haben mit Kenntnissen und Befunden zu tun, auf die es dann ausschließlich ankommt.

Diese Schichtenontologie, wie sie von Nicolai Hartmann ausgehend in der Folge KONRAD LORENZ und über diesen mich beeinflußte, liefe dennoch Gefahr, einem Reduktionismus Vorschub zu leisten. Nämlich dann, wenn für die Etablierung einer neuen Komplexitätsschicht nicht auch die gestaltenden Wirkungen aus dem Obersystem erkannt werden. Denn wann immer man von Schichtenbau redet, liegt die Analogie von Stockwerken gefährlich nahe; so, als ob sich einfach Schicht auf Schicht legte. Ich konnte aber finden, daß die Differenzierung offenbar eines jeden Schichtensystems in dieser Welt als Einschub entsteht. Wie schon erwähnt, als ein Einschub zwischen den Disponibilitäten der Bauteile (aus den Untersystemen) und den Auswahlbedingungen eines nicht minder schon vorgegebenen Obersystems.

Denn man kann nicht daran zweifeln, daß die Lebensräume selektive Regime für die Populationen und diese es für ihre Individuen sind, nicht minder wie die Lebensbedingungen des Individuums das Maß für die Ausformung der Organe und diese die Auswahlbedingung für die in ihnen geeigneten Zellmaterialien. Wenn also jene ›Biologisten‹ darüber klagen, daß unsere Kultur (Technologie) unsere Sozietäten (Industrien) dazu brachte, (durch Emissionen) die Individuen zu schädigen, lautete dann der Vorwurf der Übertretung umgekehrt? Wären sie dann ›Soziologisten‹ oder ›Kulturisten‹?

Ohne einer Wahrnehmung des Zusammenhanges von Schichtgesetzen werden wir wohl keine Schicht ganz verstehen und so auch nicht das Schichtsystem unserer Sprache: Weder die Universalien der Sprachen noch die Gliederung und Natürlichkeitsgrade der Wortarten könnten wir je verstehen; aber auch nichts von der Herkunft unserer Logik und den begrifflichen Eigentümlichkeiten der Kulturen.

Über die Evolution und Grundlagen der Sprache

Der Vorwurf des Biologismus hat sich keineswegs von ungefähr verbreitet. Er ist eine Reaktion auf die Entwicklung der Ethologie, der Evolutions- und Systemtheorie im Rahmen einer Theoretischen Biologie im letzten Jahrzehnt; wobei die einen von Durchbrüchen reden, die anderen (entsprechend) von Übertretungen.

Diese Sortierung evolutionistischer versus antievolutionistischer Positionen fällt aber längst nicht mehr mit den Grenzen der Biologie zusammen. Vielmehr hat die Bewegung über deren Gebiet hinausgegriffen. In den Kulturwissenschaften hat man den Zusammenhang von menschlicher Ausstattung und evolutiven Prozessen nicht nur in der Linguistik, sondern auch in der Kunsttheorie, in der Wirtschaftstheorie, Managementlehre und anderen Disziplinen aufgegriffen. In den exakten Wissenschaften, in der Technik, der Chemie und Physik, sind es neben den Evolutionsprozessen Einsichten in die Historizität (Irreversibilität) der Vorgänge und selbst der Gesetze. Das betrifft die irdische wie die kosmische Physik. Und so befaßt man sich mit kosmischer, chemischer, biologischer und kultureller Evolution.

Das Weltbild wandelt sich von einer euklidisch-kartesianischen Raumauffassung einsam reisender Teilchen, zu einer aristotelischen, der Wahrnehmung einer Vernetzung aller Systeme; und die biologische Evolutionstheorie findet sich eingebettet zwischen äquivalenten Nachbartheorien und inmitten der Bemühungen um eine übergreifende Metatheorie aller Evolutionsprozesse.

In diesem Umfeld steht die uns hier betreffende Frage, in welchem Zusammenhang biologische und kulturelle Evolution zu verstehen sind (1. und 2. Evolutionsphase des Menschen). Da ist zunächst die Einsicht von Interesse, daß aller Kenntnisgewinn des Individuums auf assoziativen Prinzipien aufbaut und daß diese durch die Bioevolution vorbereitet und uralt sind. Was wiederholt koinzidiert, dem wird Prognostizierbarkeit zugestanden; in unserer Ausdrucksweise: ein notwendiger Zusammenhang.

Vom bedingten Reflex bis herauf in die Experimentallabors verhält sich alle Kreatur so, als ob mit der Bestätigung einer Prognose die Bestätigung der Folgeprognose wahrscheinlicher werde. Vorbedingung ist dabei offenbar die Verknüpfbarkeit vorgegebener, nervöser Regelkreise. Wo diese fehlen, ist jedenfalls schon der bedingte Reflex nicht etablierbar. Läßt man vor einem Luftstrahl auf die Cornea regelmäßig eine Glocke ertönen, so wird schon bald auf den Glockenton das Lid geschlossen (er wird als Vorwarnung der Störung assoziiert). Beim Patellarreflex dagegen kann man noch so oft die Glocke voraustönen lassen; nie wird das Bein auf die Glocke reagieren.

Der entscheidende Wendepunkt von der ersten zur zweiten Evolution hängt mit der Entstehung eines neuen Speichersystems für erworbene Kenntnis zusammen. Bisher im Genom, liegt es nun (darübergebaut) in der Weitergabe von Gedächtnisinhalten durch die

Sprache; in der Tradierung einer Population. Die Voraussetzungen sind also zunächst Sprache und sozialer Verband. Die Sozialstrukturen unserer Vorfahren sind die älteren, ebenso die Bemühungen um Kommunikation und Nachahmung. Die Sprache ist es also, die dem Wendepunkt am nächsten liegt.

Was stammesgeschichtlich unserer Sprache vorausgeht, das sind zunächst die Frühformen des Bewußtseins. Die ›Zentrale Repräsentation des Raumes‹, also das Probehandeln mit Gedächtnisinhalten, ist zumindest allen höheren Primaten eigen. Von diesem Probehandeln wissen wir, daß es Formen vorsprachlicher Begriffe verwendet und daß sich derlei Vorbegrifflichkeit offenbar schon bei allen höheren Wirbeltieren nachweisen läßt. Solch vorsprachliche Begrifflichkeit (bei Vögeln) läßt erkennen, daß sie durch die Bildung typologischer Hypothesen (oder Prognosen) über die bloße Kategorienbildung hinausgeht. Nun hat sich jenes Assoziationsprinzip schon erblich erhalten. Ebenso diese höchst spezielle Bildung kognitiver Einheiten; Klassen mit der Erwartung typischer, merkmals-deutlicher Mitten und offenen (oder diffusen) Rändern. Ethologie, Ethnologie, Entwicklungs- und Experimentalpsychologie bestätigen einander darin. Entsprechend liegen die behavioristischen Lerntheorien längst in Widersprüchen, die kognitiven bemühen sich um neue Formulierungen.

Vom evolutionistischen Standpunkt verlangen wir von der Annahme erblicher Ausstattungen nun nicht nur universelles Vorkommen, sondern darüber hinaus Theorien über den jeweils zu fordernden Selektionsvorteil. Diesen finde ich in Übereinstimmungen (Isomorphien) zwischen angeborenen Erwartungshaltungen und (für die Kreatur) relevanten und grundsätzlichen (allgemeingültigen) Strukturen in der außersubjektiven Wirklichkeit.

So erkenne ich das Assoziationsprinzip als isomorph mit der hohen Redundanz dieser Natur. Erstens in der fortgesetzten Wiederholung ihrer Ereignisse und Zustände, was die Optimierung der Erfahrung durch Serien von Prognosen ermöglicht. Zweitens in dem Umstand, daß die meisten Koinzidenzen in dieser Welt nicht von zufälliger Art sind, was deren Assoziation rechtfertigt. Aber drittens darin, daß diese Wiederholungen nur von ähnlicher und nicht identischer Art sind, was eben jenen Prozeß der Optimierung fördert (und keine photographische oder definitorische Repräsentation zuläßt).

Die Isomorphie (oder Homomorphie) der hypothetisch-typologischen (kognitiven) Repräsentanz finde ich in den Ähnlichkeitsmustern aller Formen mit genealogischer Verwandtschaft. Die relevantesten Dinge für den höheren Organismus, also jene, von denen Lebenserfolg und Lebenserhaltung (Reproduktionschance) am meisten abhängen wird, sind selbst Organismen; Art und Fremde, Beute, Feind und Räuber, Genießbares, Bekletterbares, Flinkes, Stacheliges und so fort. Und natürliche Verwandtschaft (oder Ähnlichkeit) ist von typologischer Art. Es sind das die Systembedingungen der Evolution, die ich in der »Ordnung des Lebendigen« (Order in living organisms) darstellte; sie legen fest, was wir als den Typus eines Wirbeltieres, Vogels oder Säugers rekonstruieren, einer Blütenpflanze, eines Kaktus oder Nadelbaums. Und es ist entscheidend zu prognostizieren, ob ein Gegenstand auffliegen oder laufen, sich als stachelig oder bekletterbar erweisen werde.

Dies fördert den Selektionserfolg der hypothetisch-typologischen Mitte der Begrifflichkeit, und diese kann leicht auf Dinge ohne Genealogie übertragen werden; Unterschlupf- und Geländeformen, Bewegungen und Stimmungen. Zudem aber wird das Offenlassen der Ränder dem Prinzip eines notwendigerweise offenen Lernvorganges gerecht. Weil die definitorische Begriffsbestimmung schon etwas wie die Kenntnis aller angrenzenden Nachbarbegriffe voraussetzt. Bei unvollständiger (niemals vollständiger?) Kenntnis muß es für die Adaptierung der Merkmalsgewichtung kognitiver Einheiten ökonomischer sein, diese gleitend zu halten. Die definitorische Begrifflichkeit des europäischen Sprachtyps (des *standard average European*) ist später entstanden und Herausforderung wie Behinderung unserer Denkart.

Es kann auch sein, daß die Art ›als Drehscheibe‹ ihre Wirkung schon in der vorsprachlichen Begriffsbildung spielt. Und zwar in dem Sinne, als sie vorerst erlaubt, die Unterscheidung zwischen Individualbegriff (dem Repräsentanten) und Klassenbegriff (der Spezies) offenzulassen. Beide Begriffsformen gehen typischerweise allmählich auseinander hervor. Dies kennt man besonders von JEAN PIAGETS Entwicklungspsychologie. Ähnlich kann auch das, was WILLY MAYERTHALER das ›Aktionsding‹ nennt, nun die Drehscheibe zur schrittweisen Differenzierung dessen sein, was wir dann Nomina und Verben nennen, erblich vorsprachliche Anleitung zur Interpretation und Prognostik; weil es kaum ein relevantes Ding ohne (subjektive) Funktion gibt und keine Funktion die nicht (auch objektiv) an einem Ding haftet.

Hier ist aber die Linguistik schon ihren Nachbardisziplinen bei der Erforschung der Evolution der Sprache voraus. Und die fördernden Wirkungen interdisziplinären Eindringens werden wechselseitig. Ich will daher die Aufzählung der Isomorphien beenden und nur daran erinnern, daß wir von Sprache noch gar nicht gesprochen haben. Vorsprachliche Kategorisierung aber ist zweifellos genetisch fixierte Kenntnis von der Welt, denn keine andere als erbliche Weitergabe ist denkbar. Aus diesem Grund wird sie auch als Teil unserer ratiomorphen Ausstattung erhalten sein, gleich, wie sie von der zweiten Evolution überrannt und überbaut wurde.

Über den sprachlichen Kompromiß

Es steht somit wohl außer Zweifel, daß es erbliche Grundlagen unserer Sprache, ›absolute Universalien‹ im Sinne MAYERTHALERS geben muß; geschlossene Parameter, denen eine Fülle von offenen Parametern, die erst mit der Sprache selbst, in einer Interaktion von erblicher Ausstattung und Kommunikationspraxis, angefügt werden.

Dabei wird man unter erblichen Ausstattungen zweierlei betrachten müssen. Erstens die ratiomorphen Anleitungen und Interpretationshilfen: wie diese vom Konstanzphänomen über die Kontrastverschärfung, die Serie der Gestaltdetektoren, die aversiven sowie die den Sozialkontakt steuernden Programme und die Reihe der Hypothesen bis zu den vorsprachlichen Formen der Begrifflichkeit und Begriffsordnung (einer Prae-Syntax) reichen. Zweitens, diesen gegenüber, die Ausstattungen, die uns die Lautformung ermöglichen: Lunge, Kehlkopf, Mundhöhle, Zunge, mit den ihnen vorgegebenen Innervations- und Steuerungsbedingungen. Vielleicht wird sogar die Ausstattung mit Gestik und mimischen Programmen in der Sprachentwicklung eine Rolle spielen.

Gewiß aber ist eine Wechselwirkung des ratiomorphen mit den lautformenden Programmen unausweichlich, denn beide sind so unentbehrlich wie festgeschrieben. Da beide Programme höchst unterschiedlich sind, wird ein Kompromiß ihrer gemeinsamen Möglichkeiten die Folge sein und das Entstehen eines Epiphänomens (Sprache) mit den alten, aber auch mit völlig neuen, aus den alten Ausstattungen nicht ableitbaren Systemeigenschaften.

Der wesentliche Unterschied in den zusammentretenden Programmen besteht meines Erachtens darin, daß die ratiomorphen mehrdimensional, die lautformenden aber eindimensional sind. Allein die ratiomorphen Hypothesen unterliegen einem Netzzusammenhang. Alle ihre Interpretationen von Raum und Zeit, Wahrscheinlichkeit (Wahrheit oder Gewißheitsgrad), Quantität und Qualität (Vergleichbarkeit), Kausalität und Finalität stehen in Wechselzusammenhängen und können sogar in Konflikte geraten: mit ihnen nicht minder die sozialen, aversiven und gestalt-synthetisierenden Programme. Wir besitzen sogar Hinweise darauf, daß der erste Selektionsvorteil, der das Bewußtsein initiierte, darin bestand, im Konfliktfall der Erbprogramme eine übergeordnete Schlichtungsstelle anrufen zu können, die nicht mehr auf den Zufall konkurrierender Appetenzstärken angewiesen ist, sondern Gedächtnisinhalte abrufen kann, um mit deren Hilfe die Treffsicherheit der Prognostik zu verbessern. So wird auch noch bei uns das Bewußtsein bei solcherart Konflikten regelmäßig (durch Schreck oder Übelkeit) alarmiert.

Gegenüber solcher Mehrdimensionalität ist unsere lautformende Ausstattung sogar auffallend eindimensional und besteht in der bescheidenen Möglichkeit, Schallfrequenzen und Amplituden entlang dem Faden der Zeit vom Kehlkopf zum Ohr des Nachbarn laufen zu lassen. (Man bedenke, daß zum Beispiel eine Sepia die Wandlung ihrer Stimmung in ihrer Rückenzeichnung zweidimensional ausdrückt und die Bienen Entfernung, Richtung und Qualität des Futters in einer einzigen Tanzbewegung mitteilen; allerdings ist dies schon fast alles.) Jegliche Mitteilung muß also in die Form von Lautsymboliken transponiert und jeder Zusammenhang zwischen diesen in einer linearen Abfolge repräsentiert werden.

Dies sind die beiden Disponibilitäten der Materialien (der Untersysteme) für das neue System ›Sprache‹; die Sozietät mit ihrem Anliegen bildet dagegen das selektierende Obersystem, das letztlich darüber entscheidet, was unter der lebensfördernden Bedingung der Kommunikation entwickelt werden und Bestand haben wird.

Die ikonisch-typologische Vorstellungswelt mit ihren noch durchaus flexiblen, adaptierbaren Prototypen muß in Serien ziemlich starrer Einheiten gefügt werden. Während nämlich in der Kommunikation der Tiere die intendierte Intensität zum Beispiel einer Warnung oder Aufforderung überwiegend durch die Intensität und den Diskant des Geschreies moduliert wird, pflegt diese Modulierungsweise in der gesprochenen Mitteilung (was man begrüßt) abzunehmen. Die Nomina und Adjektive werden (sachlicher) konkret sowie abgegrenzt in ihrer Bedeutung. Sie erhalten Symbolcharakter. Und wie es mit aller Symbolik (etwa den Signalen im Tierreich) zu geschehen pflegt, die Absicherung des Nachrichteninhalts (der fehlerfreien Transmission) muß vor dessen Modulierbarkeit den Vorrang erhalten. Diese Konkretisierung wird ähnlichen Gesetzen unterliegen, wie sie sich bei der Entwicklung der ikonischen Schriftsymbole (in Ägypten und China) nochmals wiederholen wird. Schließlich ist auch die Begrenzung der Anzahl der Lautsymbole (des Zeichenvorrats) nicht nur aus den Grenzen des Gedächtnisses zu verstehen, sondern nicht minder aus der angestrebten Trennschärfe und Eindeutigkeit.

Kurz, der Ikonismus der (vorsprachlich) begrifflichen Vorstellung setzt sich natürlich im Inhalt der sprachlichen Symbolik fort, jedoch in ganz neuer Weise. An die Stelle der typologischen Mitte tritt vorrangig die definitorische Grenze. Und zwar keineswegs deshalb, weil diese Art der Klassenbildung der außersubjektiven Wirklichkeit besser entspräche, im Gegenteil; den Wandel von der typologischen Optimierung zur definitorischen Schärfung halte ich für einen der ersten Kompromisse, die das neue System zwischen ratiomorpher und lautformender Erbausstattung einzugehen hatte.

Die Konsequenzen sind vielfältig. Wie erinnerlich verhält sich ein definitorisches System so, als wären die Nachbarbegriffe eines Begriffs alle bekannt, als ob in einer dem Sprecher vertrauten Landschaft nur die Grenzen zwischen Hügeln und Tälern, Boden- und Vegetationsformen immer perfekter gezogen werden müßten. Da dies in der Regel gar nicht der Fall sein kann, müssen die unbekannten Gebiete hinzugedacht werden. Die Krücken für die Vorstellung vom Unbekannten sind dann angenommene Symmetrien und Alternativen, wie sie sich in den inhaltsarmen Abstrakta wie groß/klein, schön/häßlich, gut/böse und in vielem mehr von solcher Art niederschlagen – in rein subjektiven Konstruktionen ohne greifbare Repräsentanz in der Wirklichkeit.

Die moderne Linguistik erwartet, wie erwähnt zu Recht, daß Nomina und Verben gemeinsam aus dem ›Aktionsding‹ hervorgingen. In derselben Weise mag sich aus Konstruktionsgründen das typologische Ding in seine definitorische Form der Trennung von Nomen und Adjektiv aufgespalten haben. So, als ob die Funktionen wie die Eigenschaften (die Merkmale) von ihren Gegenständen zu trennen wären – aufgetrennt und wieder linear aufgefädelt in die Eigentümlichkeiten der Sätze.

Und je weiter man die Konsequenzen aus den ursprünglich unumgehbaren Kompromissen verfolgt, desto ferner werden die Konstruktionen den ursprünglichen Isomorphien. Es häufen sich die Eigengesetzlichkeiten des neuen Systems, das sich folglich in einer ganz anderen Weise, nunmehr in seinen eigenen Prognoseformen, wieder der Welt anpassen muß.

Über die Relativität der Kultur

An solcher Stelle geht die Fragestellung von den biologischen Grundlagen und den Gesetzlichkeiten des linguistischen Systems selbst in dessen erkenntnistheoretische Konsequenzen über. Und was in diesen zu erwarten steht, das will ich wenigstens noch andeuten, zumal meine Darstellung von solchen Erkenntnisfragen ausgegangen ist.

Zu den Systemeigenschaften der sprachlichen Bemühungen um Übereinstimmung mit der Wirklichkeit (lebensfördernden Prognoseerfolg) gehören in unserer Kultur zunächst Begriffe wie ›Wahrheit‹ und ›alle‹. Die Vorstellung vom ›Wahren‹ ist wohl als der extrapolative Überbau der Sprache über die schon vorsprachlich repräsentierte Wahrnehmung des ›Richtigen‹ (Zutreffenden oder Bestätigten) zu verstehen. Sie ist die Folge und Möglichkeit der definitorischen Abstraktionen und der mit ihnen denkmöglichen uniformen (austauschbaren) Repräsentanten begrifflicher (wieder definitorisch abstrakter) Klassen. Dies ermöglicht eine nicht mehr vorstellbare und auch in der Natur nicht repräsentierte Konstruktion, es könnten ›alle‹ Repräsentanten einer (gedachten) Klasse, zum Beispiel eine (ebenso gedachte) Eigenschaft gemeinsam haben.

Die bedeutende Möglichkeit dieser neuen Systemeigenschaft unserer (europäischen) Sprache ist der logische Schluß, der Syllogismus; eingetragen aber hat sie uns das Dilemma empirischer versus rationaler Wahrheit. Damit kommen wir, wie CARL FRIEDRICH VON WEIZSÄKKER meint, seit PLATON wieder in die Lage, über den Wahrheitsgehalt der Logik zu reden; sie zunächst als ein Artefakt und eine Konsequenz der griechischen Grammatik zu betrachten. Und so beginnen nun auch erkenntnistheoretische Konsequenzen der Sprachen auf die Erkenntnis der Sprachen zurückzuwirken.

Naturvölker kennen den Syllogismus nicht, Eingeborene (herausgefordert) trachten ihn zu vermeiden; aber auch die Sprachstruktur und der Verstand der Chinesen verwenden ihn nicht. Und PIAGETS Vermutung, die kindliche ›Logik‹ sei ein Vorstadium unserer traditionell aristotelischen, ist widerlegt. Nachdem die Schriftzeichen im Chinesischen den ursprünglich typologischen Charakter der (schon vorsprachlichen) Vorstellung erhalten haben (sie werden nicht durch Definitionen an ihrem Rand geschärft, sondern durch Analogien in ihrer Mitte optimiert), wird ein Zusammenhang selbst zwischen den Abstraktionsformen von Schrift, Denken und Kultur bestehen.

Ich halte darum einen Kulturrelativismus, wie ihn BENJAMIN LEE WHORF oder HELMUT GIPPER vertreten, für im Grunde unabweislich. Und ich erwarte, daß sich bei weiterer Durchdringung der Kompromisse aus der ratiomorphen und lautformenden Ausstattung gewisse (wenn auch bescheidene) Alternativen der neuen Systemeigenschaften der Sprache ergeben werden: etwa graduelle Unterschiede in der Lösung des abstrahierenden Symbolisationsproblems. So können die abstrahierenderen Kulturformen des Nahen Ostens Ursache unserer (im Sinai) entstandenen Buchstabenschrift sein, deren Abstraktionsgrad eine abstraktere Grammatik suggeriert mit der Folge, eher an eine ›Richtigkeits-Wahrheit‹ der Syllogismen und der Hypostasierungen des eigenen Redens zu glauben.

Nun sind dies bereits Systembedingungen einer Geistesgeschichte als Folge relativierter Systembedingungen der Sprachen. Mit der Konsequenz, daß unsere europäische Kulturenfamilie Glauben und Wissen trennte, rationale und empirische Wahrheit, Geist und Materie, zuletzt Kultur- und Naturwissenschaft. Wonach es uns dann wundernimmt, daß wir schon von Natur aus kulturelle Wesen sein sollen.

Natur und Kultur

II 9 Evolution und Menschenbild

Ist das Gespräch zwischen Kirche und Wissenschaft möglich? Wozu könnte Rhetorik zwischen Glauben und Wissen dienen? Das Gespräch zunächst ist möglich. Wir verdanken manche Initiative unserem früheren Wiener Kardinal FRANZ KÖNIG, *der, selbst Gelehrter, lange Jahre dem Päpstlichen Sekretariat für das Gespräch mit den Nichtgläubigen vorstand.*

Aufgrund einer dieser Anregungen trafen sich in den Pfingsttagen 1982 Persönlichkeiten der Wissenschaft und der Kirche, gerade 250 Jahre nach dem GALILEI-*Prozeß, in Schloß Kleßheim (bei Salzburg). Mit* FRANZ KREUZER, *damals noch Chefredakteur im Österreichischen Fernsehen (bis Januar 1987 Bundesminister für Gesundheit und Umweltschutz), gliederten wir die Themen in Evolution und Ordnung, Evolution und Zivilisation sowie Evolution und Schöpfung.*

Mein Beitrag gehörte in die erste Gruppe und entwickelte unsere ›Denkordnung als Abbild der Naturordnung‹. Mit den Beiträgen von BRESCH, HASSENSTEIN *und* RADNITZKY *bereitete er erst das Vorfeld. Die letzten Reden, von* DITFURTH, ALTNER, LAY *und* MOSIS, *waren dann am Kern der Sache.*

KREUZER *und ich haben den Band 1983 unter dem Titel »Evolution und Menschenbild« herausgegeben. Mein Thema bleibt also im Vorfeld. Auf den ganzen Band und die Ergebnisse der Diskussion sei darum verwiesen.*

»Ich halte dafür«, hat BERTOLT BRECHT seinen alten GALILEI sagen lassen, »daß das einzige Ziel der Wissenschaft darin besteht, die Mühseligkeiten der menschlichen Existenz zu erleichtern.« So, empfinde ich, ist es. Vor allem, wenn man auch unserem Suchen und Verteidigen der Wahrheit eine Funktion im Vorfeld dieses Zieles einräumt.

Bislang hat mein Fach, die Biologie, ihre humanitäre Funktion fast nur in jenem Vorfeld erfüllen können. Denn direkt auf den Menschen hat sie über die Medizin gewirkt, über Agronomie und Pharmazie. Erst jüngst, seit KONRAD LORENZ, kann auch sie unmittelbar dazu beitragen, unsere Mühseligkeiten zu erleichtern. Davon soll hier die Rede sein.

Dabei geht es nicht um die Plagen, die uns die Mängel unseres Körpers einbringen, nicht einmal um jene der Psyche. Sie zu heilen ist Sache der Ärzte. Vielmehr soll von den seelischen Mühseligkeiten die Rede sein, von den Gefahren, ja Lebensbedrohungen, die wir unserem so flachen wie widersprüchlichen Menschenbild zu verdanken haben; von den Möglichkeiten der Heilung eines zutiefst gespaltenen Weltbildes unserer Kultur, dem die wahren und kollektiven Ängste dieser geplagten Menschheit zuzuschreiben sind.

Es ist der Zusammenhang dreier Theoreme, der die nötige Synthese erlaubt: Evolutionstheorie, Systemtheorie und die evolutionäre Theorie von der Erkenntnis. Sie entspringen alle der Biologie. Erkenntnistheoretisch geht es um den Wechselbezug unseres Verständnisses von Natur- und Denkordnung und im Kulturtherapeutischen um die Grenzen und Mängel des Verständnisses unserer selbst.

Das Werden der Weltordnung

Schon mein erster Satz zum konkreten Gegenstand muß eine Warnung enthalten; eine Warnung vor dem, was KANT »unsere faule Vernunft« genannt hat. Ich werde Systemzusammenhänge zu schildern haben. Das sind in sich zurückführende Wechselabhängigkeiten von Bedingungen zu einem Ganzen, wir sagen: zu einem vernetzten System. Schon dieser Aufgabe ist unsere lineare Sprache nicht angepaßt. Gegenüber unserer Weise zu sprechen und zu denken ist ein System ein Zusammenhang, dessen Beschreibung an jedem Knoten des Netzes ebenso gut wie unbegründet beginnen kann; wo der Faden an jeder Verzweigung abzubrechen und vermehrt wieder aufzunehmen ist; wo die Bedingungen unterschiedlicher Wirkrichtung als unvereinbare Qualitäten erscheinen (wie die Kräfte und Zwecke); wo die oberflächlichsten Ähnlichkeiten uns durch unsere Analogien-Sprache Verwandtschaft vorspiegeln, die Wesensähnlichkeiten aber in unterschiedlichen Benennungen versteckt bleiben (wie Hand, Huf, Flügel und Flosse).

Ich beginne nun mit dem Werden der sich ordnenden Welt; gewissermaßen chronologisch. Wir setzen zunächst das Werden unserer kenntnisgewinnenden Möglichkeiten voraus, wiewohl sie von jenem Werden der Welt nicht zu trennen sind und folglich auch nicht unsere Möglichkeit, das Ganze als ein Werden zu erkennen. Dabei kann Ordnung gleichbedeutend mit Differenzierung und Gesetzlichkeit als Prognostizierbarkeit verstanden werden, in dem Sinne, als es wohl unerkannte Ordnung und Gesetzlichkeit geben wird. Hingegen wird erwartet, daß, wo immer Prognosen von Ereignissen oder Zuständen sich stetig an der Erfahrung der Naturdinge bestätigen, eine gewisse Übereinstimmung zwischen den kognitiven und realen Ordnungsmustern bestehen wird.

Zunächst stellen wir fest, daß die Differenzierung und die Gesetzlichkeit dieser Welt gewordene sind. Aus Quanten entstand Materie, aus den Wasserstoffwolken Galaxien, Sonnen- und Planetensysteme, mit ihnen die komplizierteren (schwereren) Elemente und Verbindungen. Auf unserem Planeten trennen sich Kruste und Atmosphäre, und zwischen ihnen gehen Ketten von Kernsäuren und die von ihnen synthetisierten Proteine selbstreproduzierende Kreisläufe ein. Diese Systeme grenzen sich gegen das Milieu ab und differenzieren unter Konkurrenzbedingungen ihre Binnenmilieus. Diese um ihre Bauteile, um Energie und Raum konkurrierenden Populationen nennen wir Arten. Anlage und Milieu lassen aus ihnen immer neue und differenziertere entstehen. Viele Millionen derselben; viele gehen zugrunde, zwei bis vier Millionen Arten haben überlebt. Zellen, Gewebe, Organe, Gehirne, ferner Reizleitung, Nahsinne, Fernsinne, Gedächtnis, Bewußtsein, endlich Taxien, Instinkte, planmäßiges Handeln, Denken sind ihre Aufbaustufen. Anonyme und individuelle Verbände, Familien und Freundschaften sind die Stufen ihrer Sozietäten. Und die Gattung *Homo* entwickelt zudem Sprache, Schrift und Kultur.

Keine dieser Differenzierungsschichten hat es vor ihren Vorläufern gegeben. Alle setzen sich hierarchisch aus ihren Unterschichten zusammen. Dabei reichen alle entstehenden Schichtgesetze durch alle höheren Schichten hindurch und werden ebenso von den jeweils neuen Schichtgesetzen überbaut. Auch für dieses Werden neuer, synthetischer Qualitäten besitzen wir keine Anschauungsform und keinen Begriff. Sowohl in ›Evolution‹ wie in ›Schöpfung‹ stecken Vorstellungen von Präformation. Als Fulgurationen erleben wir solch autopoietischen Vorgang. Das Schöpferische steckt als Möglichkeit bereits in den Merkmalen der Quanten.

Und nur in diesem Sinne übersteigt das Evolutionskonzept die Symbolik des Schöpfungsberichtes MOSES. Alle Kreation erweist sich zwar als in den Vorgängerschichten als Möglichkeit enthalten, nicht aber als deren notwendige Folge. Die Begegnung der Disponibilität der Bauteile untereinander und mit den Milieubedingungen (Randbedingungen), unter denen die neue Synthese stattfindet, enthält stets starke Zufallskomponenten. Jeder autopoietische Schritt enthielte darum im Prinzip eine große Anzahl Alternativen. Und die Wahl unter ihnen ist es, die nicht vorherzusehen ist. Summierte man hingegen die Alternativen, so entstünde der Prospekt einer unendlichen Anzahl möglicher Welten. Dies ist auch der Grund, weshalb die Menschwerdung, die Stadt Salzburg und dieses Symposium zwar eine mögliche, aber keine notwendige Folge dieses Universums sind. Ich komme auf die schöpferische Funktion des Zufalls noch zurück.

Hier muß ich vorerst einen anderen Faden des Zusammenhangs aufnehmen. Und erst mit ihm führe ich über das in unserem Weltbild meist Geläufige hinaus. Ich stelle fest, daß im Geflecht der Bedingungen der Evolution für unsere Anschauungsformen eine doppelte Symmetrie in Erscheinung tritt, sobald man sie im Hinblick auf jenen hierarchischen Schichtenbau der Welt betrachtet. Diese vier Formen der Ursachen unterschied schon ARISTOTELES (und zudem eine der beiden Symmetrien).

Die *causa efficiens* des ARISTOTELES entspricht heute am ehesten unserem Begriff der Kräfte, der Macht, des Kapitals (am besten dem englischen *power*), die *causa materialis* den Begriffen Material, Bauteil und Kompartment. Beides sind Bedingungen, die von den Unter- gegen die Oberschichten wirken, als Antriebskräfte und als Disponibilität für alle Synthesen. Symmetrisch dagegen verlaufen zwei weitere Bedingungen; nicht zeitlich entgegen, das ist ein chronischer Irrtum, sondern räumlich im System von den Ober- gegen die Unterschichten, die Auswahl- und Erhaltungsbedingungen aller Synthesen. Dies ist die *causa formalis* des ARISTOTELES, sie entspricht dem, was wir Randbedingung, Selektion, Zuchtwahl, Wahl, Entscheidung und Urteil nennen (je nach der Schicht, von der die Rede ist); sie selektiert diejenigen Materialien, die zur Synthese stabiler Systeme geeignet sind, sowie die Zahl und Lage, die sie darin zueinander und zum Obersystem einzunehmen haben. Nichtteleologisch ausgedrückt sagen wir: Sie läßt alle instabilen Synthesen verschwinden. Und dies ist viertens die *causa finalis*, deren Wirkung wir (sofern wir uns in ihr selbst zu spiegeln vermeinen) als Zwecke erleben, als den Sinn eines Systems. Und zwar im Sinne von Teleonomie (dem Übrigbleiben des Erfolgreichen); denn der Begriff der Teleologie (der Wirkung aus der Zukunft) wurde irrtümlich ARISTOTELES zugesprochen, er stammt aber aus der Vorstellungswelt PLATONS.

Die zweite Symmetrie besteht darin, daß wir für die Erscheinungen der *causa efficiens* und *causa finalis* jeweils eine synthetische Form angeborener Anschauung besitzen; eben der Kräfte und der Zwecke, unabhängig vom Komplexitätsgrad der Schicht. Wohingegen uns die Bedingungen der *causa materialis* und *causa formalis* von Schicht zu Schicht, selbst von Fall zu Fall, eine zunächst nicht vergleichbare Konstellation anschauen lassen.

Diese systemtheoretische Perspektive ist der der Kybernetik ähnlich. Und sie geht über diese nur insofern hinaus, als sie auch die qualitativ verschieden erscheinenden Bedingungsformen zu synthetisieren trachtet, bei denen nämlich die Disponierbarkeit und noch deutlicher Wahl und Zweck wenig mit Kräften, hingegen viel mit Information (im Sinne von Konstruktionsaufwand, Wissen, also dem Gegenteil von Entropie) zu tun haben. Zudem ist diese Symmetrie der scheinbaren Dualität dieser Welt verwandt, wie sie uns in Leib und Seele, Materie und Geist geteilt erscheint. Da sich diese Teilung aber über alle Stufen in den Strukturen versus Funktionen hinunterverfolgen läßt bis zur Dualität der Quanten, die uns abwechselnd als Korpuskel versus Welle, als Information versus Kraft erscheinen, wird es nur ein kognitiver Dualismus sein. Es wird sich um unsere begrenzten Sinnesfenster in eine einheitliche Natur handeln.

Dagegen waren, wie man sich erinnert, die Exegeten des ARISTOTELES schon in der Scholastik übereingekommen, daß der Meister die *causa finalis* als die Ur-Ursache aller Ursachen betrachtet haben mochte. Und da man Ursachen in Kettenform erlebt, wurde ein letzter Zweck gesucht und in den *causae exemplares* definiert. Dementgegen ließ die Physik seit der GALILEIschen Revolution die Zwecke fort und erklärte die Welt aus den Kräften; eine Sicht, bei der die exakten Naturwissenschaften bis heute geblieben sind. Das hat dazu geführt, daß wir von Formgesetzen tatsächlich wenig wissen. Denn man hatte sie stets mit Finalität im Sinne von Teleologie verwechselt; und letztere hatte in den Naturwissenschaften keinen Platz.

Dessenungeachtet hatte sich aber alle Differenzierung der Welt zwischen dem jeweils Ganzen und seinen Teilen entwickelt, wobei, wie schon dargelegt, die Teile die Kräfte wie die Disponierbarkeit der Materialien liefern. Das jeweils Ganze hingegen bestimmt stets deren Auswahl und die Lage, welche die selektierten Teile eben zueinander und zum Ganzen einzunehmen haben. Will man unsere teleologisch verkürzte Sprechweise vermeiden, dann muß man sagen: Es sind nur jene Synthesemöglichkeiten erhalten geblieben, in denen die Auswahl der Teile und ihre Lagebeziehungen zu einer wenigstens relativen Beständigkeit des Syntheseproduktes beigetragen haben. Und es sei daran erinnert, daß es eben dieser Beitrag der Teile zur Beständigkeit des Ganzen ist, den wir, sobald er sich mit unserem Tun vergleichen läßt, als zweckvoll empfinden.

Denn selbstverständlich ist es das Gravitationsfeld des ganzen Kosmos, auf das wir die Verteilung der Galaxien zurückführen, es ist das Bewegungs- und Schwerefeld der Galaxien, welche die Form ihrer Sonnensysteme und jene Felder der ganzen Sonnensysteme, die Form und Lage der in ihnen stabilen Planeten selektieren. Und ferner ist es ja das ganze Sonne-Erde-Mond-System, von dem die auf der Erde mögliche primäre und sekundäre Atmosphäre selektiert wurde. Es ist das Gesamtsystem von Atmosphäre-Kruste-Urmeer, das die Erhaltungsbedingungen der ersten Kernsäuren und Proteine bestimmte und die Auswahl der ersten stabilen unter den möglichen ersten Organismen.

Von hier an ist der Vorgang für den Biologen noch selbstverständlicher. Denn selbstredend bestimmt das Ganze einer Art die Differenzierung ihrer Proteine und Zellen. Selbstredend ist jedes Organ ein Einschub zwischen den Teilen (den Geweben) und dem Ganzen (den Lebensfunktionen) des Individuums, wobei die Gewebe das disponierbare Material und die Kräfte liefern, das Ganze deren Auswahl und Anordnung zur Erfüllung, hier sagen wir schon ohne Scheu, eines Lebenszwecks. Und nicht minder wählt der Mensch zwischen den ihm möglichen Handlungen, die Gruppe die in ihr tolerierten Individuen, der Markt die Produkte, die jeweilige Zivilisation ihre semistabilen Artefakte.

Was wir also im Vergleich mit unserem bescheidenen Lebensbereich als zweckvoll erleben, ist ein schmaler Ausschnitt aus einem universellen Evolutionsprinzip, nach dem ein jeweils Ganzes Auswahl und Formbeziehungen der es synthetisierenden Teile bestimmt.

Was nun hier Schritt für Schritt selektiert und in seiner Form festgelegt wurde, ist nicht mehr rückgängig zu machen, ist eine Weichenstellung, die alle anderen Entwicklungsbahnen ausschließt; es ist die Vorbedingung und der Ansatz für jede nächsterreichbare Weiche, ist Geschichte, und bestimmt den Richtungssinn aller Evolution. Auch die Formgesetze waren also schon von allem Anfang da, nur welche den jeweils nächsten Stabilitätsbedingungen entsprechen werden, ist nicht vorherzusehen; die Zufallskomponente der sich als disponibel begegnenden Materialien ist zu groß. So entstehen die speziellen Formgesetze Schicht für Schicht mit ihren Systemen. Und für unseren schmalen Erlebnisbereich sind es die Zwecke, die stets mit ihren Synthesen entstehen.

Die Harmonie der Welt, ihre Gesetzlichkeit, ihre uns aufschließbare und darum prognostizierbare Ordnung ist mit ihren Systemen aus einem zweiseitigen System von Bedingungen entstanden – einer negativen Rückkoppelung aus der Diversifikation der Teile versus der einschränkenden Selektion durch das Ganze. Die Harmonie der Welt ist nur als Möglichkeit prästabilisiert; in ihren realen Erscheinungsformen ist sie von poststabilisierter Harmonie.

Leben ist Lernen und Lehren

›Leben‹, sagt LORENZ, ›ist ein erkenntnisgewinnender Prozeß.‹ Die ganze Evolution ist es. Man halte sich vor Augen, mit welcher Akribie das Lernen unseres Erbmaterials beispielsweise die Gesetze der Optik dieser Welt extrahierte und dieselben in Aufbau- und Betriebsanleitung unserem Auge eingebaut hat. Man hat eingewendet, daß man statt Erkenntnisgewinn Informationsgewinn sagen sollte. Aber es ist nicht Information im SHANNON-WEAVERschen Sinn (denn diese hat mit Richtigkeit nichts zu tun). Es ist vielmehr stets richtige und relevante Information, Wissen- und Kenntniserwerb über diese Welt. Immer handelt es sich um die Nachbildung von Gesetzlichkeit des Milieus. Denn nur diese erlaubt das Gewinnen von Voraussicht, die Prognostizierbarkeit von Lebensbedrohung und Lebensvorteil. Dies bietet selektiven und evolutiven Vorteil und fördert die Erhaltungsbedingungen aller Kreatur. Es ist ein Prozeß der Entdeckung. Und zwar in solcher Deutlichkeit, daß wir, wie am Beispiel Auge, feststellen, daß die Physiker die Gesetze der Optik nur wiederentdeckt haben.

Und selbstredend setzt jeder Kenntnisgewinn Vorkenntnisse über die Natur des Milieus (der Welt) voraus und diese Vorkenntnisse wieder Vorkenntnisse. Der Kenntnisgewinn der Fokussierung zum Beispiel setzt die Kenntnis der Linse, diese die der Lochkamera, diese die der Lichtabschirmung und diese nochmals die der Lichtempfindung voraus. Das ›*Order-on-order*-Prinzip‹ SCHRÖDINGERS tritt uns hier in neuer Form entgegen. Damit löst sich die Empirismus-Rationalismus-Kontroverse. Wissen kann eben nur durch Erfahrung, diese aber nur durch Vorauserfahrung gewonnen werden. Auch unser Dilemma der Erkenntnis, das vor einem unendlichen und daher unauflösbaren Regreß zu stehen scheint, löst sich. Der Regreß ist zwar ungeheuer, dreieinhalb Jahrmilliarden alt, aber er beginnt mit der ersten erfolgreichen wechselseitigen Förderung zwischen den Teilen und dem Ganzen des Lebendigen, zwischen den Erbmolekülen und dem System der von diesen kodierten Proteine.

Und so, wie in der anorganischen Natur schichtweise die Gesetze entstehen, die der Quanten, der Materie, der Verbindungen, entstehen mit deren Extraktion neue Gesetze des Lebendigen: die der Reproduktion, des Stoffwechsels, der Bewegung, der Reizleitung, des Individual- und Sozialverhaltens, des Zeichengebens und der Sprache. Und nun werden auch diese Gesetze, sobald ihre Kenntnis zu lebenserhaltender Bedeutung aufsteigt, extrahiert und schichtweise in einer Fülle von Regulativen, Taxien, Instinkten bis zu den angeborenen Auslösern, Erwartungen und Anschauungsformen dem Organismus eingebaut; ein ungeheures System von Vorausurteilen und Entscheidungshilfen.

Der Stammbaum der Organismen entspricht einem Stammbaum von Weltbildapparaten. Und dort, wo dieser Weltbildapparat die Vorbedingungen, die *Apriori* unserer eigenen rationalen und bewußten, also reflektierenden Vernunft darstellt, sprechen wir von einem ratiomorphen, vernunftähnlichen Apparat. Wir erleben ihn als unseren gesunden Menschenverstand, wie er jene Überzahl unserer nichtreflektierten Handlungen und Entscheidungen fortgesetzt erfolgreich lenkt. Ja, wir bemerken ihn erst, wenn er in Widersprüche gerät; wenn wir, wie wir uns ausdrücken, unseren Sinnen nicht mehr trauen. Denn die Anschauung, die er uns von dieser Welt liefert, erweist sich selbst als rational unbelehrbar.

Diese angeborenen Formen unserer Anschauung sind somit gewiß *Apriori* für das Individuum, im Sinne Kants, aber zugleich *A-posteriori*-Lernprodukte seines Stammes. Auch das Problem, die Realität der Welt zu begründen, löst sich damit. Denn wer seine Weise, die Welt anzuschauen, für eine Realität hält, wird anerkennen, daß das Lernprodukt nicht realer sein kann als sein Lehrmeister.

Der Prozeß nun, der diesen Kenntnisgewinn ermöglicht, kann als ein Algorithmus beschrieben werden, als ein Prozeß der Optimierung, wobei wenige Operationen in steter Wiederkehr das Ergebnis verbessern. Stellt man sich einen solchen Umlauf als einen Kreisprozeß vor, so läßt sich ein auf- und ein absteigender Halbzirkel sowie ein Oben und Unten unterscheiden.

Der aufsteigende Ast liegt immer innerhalb der Kreatur und enthält das, was wir als eine Erwartung erleben. Im genetischen Lernprozeß entspricht ihm die alternative Möglichkeit der identischen Replikation (die detailgerechte Vererbung) versus der Mutante, es etwas anders zu versuchen. Der absteigende enthält, was unserem Erlebnis eines Erfahrungsgewinns entspricht, Bestätigung versus Widerlegung jener Erwartung. Im Lernfortschritt der Gene sprechen wir dann von Selektion, von Förderung versus Störung oder Zerstörung der Erhaltungsbedingungen des Systems (hier des Individuums) durch die Bedingungen des Milieus.

Unten im Kreisprozeß steht, was wir die Fälle der gemachten sowie der erwarteten Erfahrung nennen, genetisch das im Code vorliegende Vorwissen sowie seine künftige Anwendung. Oben im Kreis steht, was wir unter einem Satz, Gesetz oder einer Theorie verstehen, eine generalisierende oder abstrahierende Synthese: das Allgemeine einer Prognose aus der Erwartung, extrahiert oder kompiliert aus dem Speziellen der Fälle. Genetisch ist dies eine chemische, physiologische oder handelnde Reaktion von den einfachsten Zu- und Abwendereaktionen der Einzeller bis zu den kompliziertesten instinktiv oder ratiomorph gesteuerten Handlungen des Menschen.

Mit zureichend komplexen Nervensystemen, vorgebildeten Regelkreisen und unbedingten Reflexen tritt ein neuer, nun ungleich schnellerer Lernprozeß in Erscheinung. Ein assoziatives Lernen setzt den Algorithmus des genetischen Lernens fort. Die einfachste Form solcher Assoziation ist die bedingte Reaktion. Sie beruht auf der Erwartung, aus der Wiederholung von Koinzidenzen, wie wir uns ausdrücken, mit deren Wiedereintreten rechnen zu können, zudem darauf, aufgrund der Bestätigung einer Prognose die Bestätigung der Folgeprognose für wahrscheinlicher zu halten. Das Resultat ist, was wir eine individuelle Erfahrung nennen würden. Für die Evolution ist sie noch von geringer Bedeutung, denn sie zerfällt im Grab mit seinem Besitzer.

Wirkungsvoll und zur Wende in eine zweite Evolution wird dieser assoziative Kenntnisgewinn erst mit einem neuen, wiederum überindividuellen Wissensspeicher, mit Nachahmung und Sprache, mit dem kollektiven Gedächtnis der Populationen des werdenden Menschen. Begriffe, Sätze, Schrift, Bibliotheken und Datenspeicher sind auf diesem Weg entwickelt. Und so beträchtlich sich nun auch der Erkenntnisgewinn beschleunigt, der Algorithmus bleibt derselbe, hinein bis in die Dynamik der Wissenschaften, wie OESER gezeigt hat. Sogar das Schöpferische des Zufalls hat sich erhalten. Das Lebendige bewahrte ihn, indem es das Erbgut den mikrophysikalischen Zufällen eines molekularen Fadens anvertraute. Dem Schöpferischen in der Kultur bleibt er ebenso unentbehrlich. Denn keine Entdeckung geht zur Gänze aus ihren Prämissen hervor. Ansonsten könnten wir, da wir die Prämissen besitzen, heute schon alle noch harrenden Entdeckungen machen.

Die Seite der Erwartung, aus den speziellen Fällen eine Voraussicht auf das Allgemeine, auf deren Gesetzlichkeit gewinnen zu können, heißt nun Induktion. Sie hat mit Logik, mit zwingenden Schlüssen, nichts zu tun und repräsentiert lediglich das, was wir als Neugier, Wollen und Tätigsein erleben. Appetenzen nennt man dies im Tierreich. Es ist ein physiologisches Prinzip aus der Autonomie des Nervensystems. Leben ist dann Lernen, wie es LORENZ aus der Empirie des Verhaltens erkennt.

Die Gegenseite enthält die Kontrolle der Prognose vom Allgemeinen der bekannten Fälle auf die Zugehörigkeit der zu erwartenden. Und sie enthält die Bereitschaft, die neue Erwartung durch die Bestätigung der Prognose zu festigen, durch ihre Widerlegung aber zu schwächen, zu verändern oder aufzugeben, die Bereitschaft, belehrt zu werden. Sie kann logische Schlüsse enthalten, die Deduktion. Leben ist darum auch Lehren, wie POPPER aus jener Moral erschließt, die jeglicher Kenntniserwerb beachten sollte.

Dieser Algorithmus hat im Rahmen des assoziativen, kollektiven Kenntnisgewinns jenes hierarchische System zureichend bestätigter Prognostizierbarkeit hervorgebracht, das wir Gesetze nennen. Es sind Beschreibungen von Koinzidenzen. Die Hierarchie beruht darauf, daß ein Satz als das Allgemeine bestimmter Fälle immer wieder mit anderen allgemeinen Sätzen zum speziellen Fall eines übergeordneten Satzes oder Gesetzes werden kann. Man spricht dann von Metatheorien, die ihrerseits wieder zu den Fällen einer Meta-Metatheorie werden können. Und was immer zum Fall eines Obersatzes wird, erfüllt uns mit dem Erlebnis, die Sache als erklärt zu empfinden.

Der Umfang dieses Systems von Gesetzlichkeit macht uns (besonders wenn es memoriert werden soll) solchen Eindruck, daß die Grenzen und Mängel des Lernalgorithmus selbst oft nicht bedacht werden. Diese sind aber besonders interessant.

Da ist zunächst unsere Anlage, wie der Wortsinn sagt, aus der Bestätigung einer Prognose die Folgeprognose für noch wahrscheinlicher zu halten. Damit befinden wir uns in der Lage des RUSSELLschen Huhnes, das seinen Fütterer mit jedem Tag mehr für seinen Wohltäter halten muß, wiewohl jeder Tag es jenem näher bringt, an dem ihm dieser Wohltäter den Hals umdrehen wird.

Zweitens enden die Möglichkeiten dieses Algorithmus an den Grenzen der Selektion. Wo nichts widerlegt werden kann, waltet über dem Sprießen der Erwartungen keine Kontrolle mehr. Und dies läßt uns die tragischen Irrtümer verstehen, die mit dem Bewußtsein in die Welt des Menschen gekommen sind. Er kann nur das Vorstellbare für Realität halten. Besonders weil es der evolutive Vorteil des Bewußtseins wurde, die Hypothese stellvertretend für ihren Besitzer sterben zu lassen. Wird aber die Kontrolle des Erwartbaren aus dem

Milieu ganz in die Vorstellung verlegt, dann erwächst aus einer zunächst empirischen Wahrheit die Verirrung, die Perpetuierung von Spekulationen für Annäherung an die Wahrheit zu halten.

Da lauert aber noch eine dritte Fallgrube als Konsequenz der neuen Evolution mittels der kollektiven Reflexion. Unsere erblichen Formen, diese Welt anzuschauen, sind Anpassungsprodukte an die Lebensprobleme des Säugers, des Primaten, bestenfalls der Urmenschen. Denn Erbanlagen wandeln sich nur in Jahrmillionen. Sie enthalten zwar die Wahrheit, keineswegs aber die ganze Wahrheit. Es sind schmale Fenster in die reale Welt, die uns die Einsicht in die Natur in eine Serie unvergleichbar erscheinender Qualitäten zerlegen. Unsere bewußte Reflexion hat, von solchen Anschauungsformen angeleitet, aus ihnen fortextrapoliert: das Richtige in ihnen wie ihre Mängel. Und da wir uns heute anmaßen, mit ihrer Anleitung nunmehr die ganze Welt zu lenken, kann es nicht verwundern, daß wir völlig in die Irre gehen.

Mensch und Welt

Ich habe bislang ein Gutteil meines Referates darauf verwendet zusammenzufassen, was man vielleicht schon aus meinen letzten Büchern und vor allem aus jenen von LORENZ kennen wird. Aber ich wollte es auch nicht voraussetzen, weil das Ganze noch so jung ist. Nun kann ich einen Schritt weitergehen und die Übereinstimmung, die Isomorphie, wie die Philosophen sagen, von Welt und Weltbild näher prüfen.

Zunächst verstehen wir diese Übereinstimmung von Natur- und Denkordnung als ein Produkt der Selektion. Wir müssen aber sogleich in Betracht ziehen, daß diese Anpassung, wie VON DITFURTH richtig bemerkt, nicht zum Zwecke der Welterkenntnis, sondern zum Zwecke des Überlebens durchgesetzt wurde. In Fortdichtung EUGEN ROTHS ›Schnabeltier‹, enthält dies System unserer Anschauungen

»ein Arsenal, ein ungefügtes;
doch für die Kreatur genügt es.«

Und wir sagten schon: für Kreaturen, die weit zurückliegen. Für die Lösung der Lebensprobleme, die der Problemwelt eines Großaffen oder Frühmenschen zugänglich waren, mochten unsere ererbten Anschauungsformen sogar mit deren ganzen Wahrheiten zu tun haben. Ihre Problemwelt haben wir aber durch die Artefakte, welche die zweite Evolution produzierte, überrannt, überstiegen – transzendiert, sagt die philosophische Sprechweise. Den Schwierigkeiten, die wir uns mit unseren technokratischen, sozial-kapitalistischen sogenannten Erfolgszivilisationen eingebrockt haben, sind sie nicht mehr gewachsen.

Das beginnt schon mit unserer Anschauung von Raum und Zeit. Die Zeit erleben wir eindimensional, den Raum in drei Dimensionen. Und nun, wo wir vor der Aufgabe stehen, uns den Beginn der Zeit oder das Ende des Raumes vorzustellen, ist uns beides nicht möglich. Denn unsere physiologische Uhr tickt nur entlang der Achse chemischer Reaktionen, und die Bogengänge unseres Gleichgewichtsorgans stehen seit dem Zeitalter der Knochenfische in den drei Raumebenen zueinander. Und das Programm hat sich notwendigerweise erhalten; »denn«, wie G. G. SIMPSON sagt, »ein Affe ohne dieses Programm ist ein toter Affe und zählt daher nicht zu unseren Vorfahren«.

Nun erst wissen wir, durch ALBERT EINSTEIN, daß beides nur Teil der Wahrheit ist. Nicht nur sind Raum und Zeit keine unvergleichbaren Qualitäten, sie bilden sogar ein vierdimensionales Kontinuum. Für mich besteht die historische Tat EINSTEINS darin, im Konflikt zwischen seiner kreatürlichen Ausstattung und den Konsequenzen der Beobachtung, sich der Erfahrung gebeugt zu haben. Die Vorbedingung unserer Vernunft, Raum und Zeit vorauszusetzen, wie wir diese bei KANT in der »Transzendentalen Ästhetik« finden, ist darum kein Abbild der realen Welt, sondern ein zur Lösung früherer Überlebensprobleme ausgelesener, minimaler Ausschnitt, dessen beliebige Extrapolation in die Irre führen muß.

Dennoch ist die Übereinstimmung zwischen Welt und Erwartung im engen Kreise richtig. Und ähnlich ist es mit unseren Erwartungen, die KANTS *Apriori* entsprechen. In unserer Erwartung, auf Wahrscheinlichkeiten bauen zu können, spiegelt sich die deterministisch-indeterministische Zusammensetzung dieser Welt sowie ihre hohe Redundanz. Das heißt, mit fortgesetzten, wenn auch nicht identischen Wiederholungen ihrer Phänomene rechnen zu können. In unserer Erwartung ver-gleichen, das heißt, das Ungleiche im Gleichen ausgleichen zu dürfen, spiegelt sich die meist nicht beliebige Kombinierbarkeit der Merkmale in den Gegenständen dieser Welt. Und in unserer Erwartung, daß gleiche Dinge dieselbe Ursache wie denselben Zweck hätten, spiegelt sich die Nichtbeliebigkeit der meisten Abläufe wie der meisten Zugehörigkeiten oder Unterordnungen der Gegenstände dieser Welt.

Diese Serie angeborener Formen der Anschauung reflektiert gewissermaßen die tiefste oder prinzipiellste Isomorphie unserer Erkenntnisstruktur mit Ausschnitten aus der Struktur dieser Welt. Es lassen sich aber durchaus noch höhere Formen dieser Isomorphie prognostizieren. Und auf diese kommt es mir hier besonders an.

Erinnern wir uns zunächst des Umstandes, daß wir einen Zustand oder ein Ereignis dann als erklärt empfinden, wenn es, gemeinsam mit anderen, als Fall eines allgemeinen Satzes prognostiziert werden kann. Und das, obwohl der allgemeine Satz auch nur eine Koinzidenz von Merkmalen oder Parametern (Termen) beschreibt, lediglich auf einer benachbarten Ebene. Wir sagen auch: Wir führten das Spezielle auf das Allgemeine zurück, die Fälle der einen Schicht auf das Prinzip in einer anderen. Und wir stellten fest, daß das Ergebnis ein hierarchisches System von Sätzen oder Gesetzen geworden ist.

Damit wird deutlich, daß dieses kognitive Muster nun als Ganzes dem ontologischen entspricht. Wir finden uns, mit anderen Worten, vor einer Isomorphie des Werdens der Einsicht mit dem Werden der Differenzierung der Welt. So, wie wir heute die Eigenschaften der Verbindungen aus jenen der Elemente und deren Eigenschaften aus jenen der Quanten erklären, müssen diese, wie die Kosmogonie lehrt, auch auseinander entstanden sein. Denn erst aus den Quanten entstanden die Elemente und aus diesen die Verbindungen. Auch die Weise, in der die Einsicht in die Gesetze der Planetenbahnen zu jener in das Gravitationsgesetz beigetragen hat und dieses zu jenem der Relativitätstheorie, wiederholt das Werden der Dinge; denn wieder erkennen wir, daß der Raum-Zeit-Zusammenhang vor der Wirkung der Gravitation und diese vor allen Planetenbahnen gewesen ist.

Es war ERNST MACH, der jenes System der Sätze, das die Forschung aufbaut, aus einem Ökonomieprinzip erklärte. Und dieses wurde durch unsere ›Evolutionäre Erkenntnislehre‹ auch neuerlich gestützt. Denn die Erweiterung der Prognostizierbarkeit der Zustände und Ereignisse in dieser Welt erweist sich als von selektiver Bedeutung. Da es nun darauf ankommt, eine Welt möglicher Voraussichten in einer Hirnschale von nur eineinhalb Liter Volumen unterzubringen, mußte der übergeordnete Zusammenhang, der mehr zu prognostizieren erlaubt als jeder seiner Fälle, der erfolgreichere sein.

Nun aber scheint es, daß der Zusammenhang von noch grundlegenderer Art ist. Nicht nur das Lebendige ist einem Wettbewerb um Stabilität, um Erhaltungsbedingungen, unterworfen. Es scheint, nach einem Beispiel SIMONS, daß alle komplexen Systeme, die unter stochastischen (also unvorhersehbaren) Störungen um ihre Stabilität konkurrieren, zu einer hierarchischen Differenzierung gelangen müssen. Und wenn das so ist, dann gilt dies für den ganzen Kosmos.

Wir begreifen damit von einer anderen Seite die Ursache des hierarchischen Baus des Kosmos; und es scheint, als ob sich im geistigen Prozeß der Erkenntnis lediglich auf einer dritten Schicht wiederholt, was sich in einer zweiten, im Lebendigen, entfaltete und was sich in einer ersten, anorganisch kosmischen Schicht längst vorbereitet hatte.

Aber noch einmal merkmalsreicher wird diese Isomorphie nunmehr zwischen dem Werden des Kosmos, des Lebens und der Erkenntnis. Wir sind von der Einsicht ausgegangen, daß sich die Entwicklung schon des Kosmos als eine Differenzierung durch Einschübe neuer Systeme zwischen den Teilen und dem Ganzen vollzieht. Daß vom Ganzen her die jeweiligen Selektions- und Formbedingungen wirken und von den Teilen her die Disponibilität der Kräfte und Materialien. Und wir fanden in der Genesis des Lebendigen dasselbe Prinzip am Werk.

Übertragen in den Bereich reflektierender Erkenntnisvorgänge entspricht dies dem, was unseren angeborenen Anschauungsformen als die zwei widerstreitenden Alternativen möglicher Erklärung erscheint. Die Welterklärung durch die *causa efficiens* versus einer solchen durch die *causa finalis.* Man wird sich jener doppelten Symmetrie erinnern (mit den Material- und Formursachen an deren Seiten). Und da uns Kräfte und Zwecke als unvereinbare Qualitäten die Anschauung lenken (wie wir das von Raum und Zeit schon kennen) und wir uns zudem diese Bedingungen in Kettenform vorstellen (nicht in Netzen), ist uns die Verirrung in die Alternative kausaler versus finaler Welterklärung passiert. Der Hiatus materialistischer versus idealistischer Weltsysteme, die Trennung in Natur- und Geisteswissenschaften, die Spaltung unserer Kultur in zwei unverträgliche Subkulturen, wie SNOW gezeigt hat, die uns Menschen, wie LORENZ sagt, gerade dort auseinanderbricht, wo es für uns am schmerzlichsten ist.

Dabei steht es außer Frage, daß das volle Verstehen eines Systems, ebenso wie sein Entstehen, ein zweiseitiger Prozeß sein muß. Erst in Form einer wechselseitigen Erhellung wird vom System nichts verloren. Einen Satz zum Beispiel verstehen wir nicht nur aus seiner Unterschicht, den Worten. Ob er etwa ironisch gemeint ist, verstehen wir erst aus der Oberschicht, aus dem Kontext, in dem er sich befindet. Ein Verhalten verstehen wir nicht allein aus seinen Teilen, den Muskelbewegungen, sein Sinn wird vielmehr aus dem Repertoire deutlich, in dem es steht. Daß wir ›Flugmuskel‹ sagen können, beruht nicht nur auf der Analyse seiner Teile, den Muskelfasern, wir müssen die Serie der Obersysteme kennen, in die er gefügt ist: daß er vom Brustbein zum Oberarm zieht, daß der Oberarm zu einem Flügel gehört und dieser zu einem Vogel, der damit fliegt.

Lediglich außerhalb des Vergleiches mit uns selbst, im Anorganischen, versagt unsere Anschauungsform für die negativ rückkoppelnde, harmonisierende Wirkung der Obersysteme auf ihre Teile. Und weil in diesem Gebiet die Beschränkung auf eine Seite der Erklärung die Formalisierbarkeit zum Erfolg hatte, verleugnen wir die Formgesetze der Harmonisierung, reduzieren das Lebendige, den Menschen und sein Milieu.

Zwar mag es den lupenreinen Materialisten nicht mehr geben (ebensowenig wie den lupenreinen Idealisten); aber die Parteien sind von alters her geschieden, und die Synthese scheint nicht greifbar. So leben wir nebeneinander, verteidigen halbe Wahrheiten und sind dabei, die Welt, die uns geschaffen hat, zu zerstören, noch bevor wir sie verstanden haben.

Ein evolutionäres Menschenbild

Was mag nun mit dem Erkannten gewonnen sein? Und zwar aus der Sicht, von der wir ausgegangen sind: »daß das einzige Ziel der Wissenschaft darin besteht, die Mühseligkeiten der menschlichen Existenz zu erleichtern«.

Zunächst verhilft uns das evolutionäre Menschenbild zur Versöhnlichkeit. Wir könnten das Schisma, den idealistisch-materialistischen Widerspruch unserer Kultur, schlichten. Und das bedeutete nicht nur das Ende einer akademischen Kontroverse von beträchtlichem Alter.

Das bedeutete, mit der Wahrnehmung des bloß kognitiven Dualismus, eine neue Einheit der Natur der Dinge.

Weder kann das Lebendige allein als Chemismus verstanden werden noch als bloßer Diener des Geistigen. Das bedeutet eine Einheit von Leib und Seele, die Bestätigung unseres zutiefst menschlichen Erlebens, daß mein Mitmensch so eins ist wie ich selber. Wir werden als Hermeneutiker geboren, indem uns Kräfte wie Zwecke *apriori* evident sind. Erst die Einseitigkeit der kollektiven Reflexion läßt uns die Mitte verlieren, uns zum Idealisten oder Materialisten werden. Manchmal sogar abends das eine, morgens das andere.

Wir versöhnen Empirismus und Rationalismus. Und auch hinter dieser, vom Alltag verdrängten Kontroverse, verbirgt sich da der *Tabula-rasa*-Standpunkt, dort der Präformismus, die beide den Menschen als Selbstgewordenes, Selbstverantwortliches nicht enthalten können.

Wir verstehen nun auch das Wesen des Schöpferischen als die alleinige Möglichkeit wie das Risiko des Individuums. Ob genetische oder kulturelle Mutante, es ist immer die alleinstehende Individualität, welche die Kreation zu wagen und zu tragen hat. Die Population, die mit Hilfe dieser Neuschöpfungen überlebt, ist nur das konservative, kontrollierende Prinzip. Und wir wissen, daß es ohne Hilfe des Zufalls und ohne den gewagten Schritt ins Ungewisse nichts schafft – ohne Transzendenz ins Metaphysische. So anerkennen wir auch die Metaphysik als einen notwendigen Antrieb alles Menschlichen; aber als ungeeigneten Führer.

Als zweites lehrt uns diese neue Einsicht Bescheidenheit. Entgegen den Lehren der Aufklärung, mit denen man noch heute meint, daß Wissen unbegrenzt, alles machbar und die Menschheit dadurch ihrer Mühseligkeiten enthoben würde, lehren wir eine Abklärung.

Sie beruht auf der Einsicht, daß wir Menschen, von der genetischen Evolution im Stich gelassen, nun deren Zauberlehrling geworden sind: daß wir die begrenzten Möglichkeiten unserer Wahrnehmung überrannt haben, daß uns durch eine unbegrenzte Extrapolation – des im kleinen Kreise des Menschlichen noch Zutreffenden – eine Welt passiert ist, die nicht mehr von menschlichen Maßen ist. Wir haben unsere zunächst bescheidenen Mängel zu einem Moloch eskaliert, der die feinen Regulative der negativen Rückkoppelung, der Einbremsung durch die übergeordneten Zwecke abgeworfen hat, der nun im geometrischen Wachstum der Zugzwänge, der positiven Rückkoppelung, unsere Welt ruiniert und damit unser menschliches Sein.

Es ist dringlich, daß wir RUSSELLschen Hühner wachsam werden und lernen, daß wir dem bloß Vorstellbaren nicht trauen und es vor allem nicht beliebig erweitern dürfen. Wir müssen lernen, daß es einen vorgegebenen Ort absoluter Gewißheit nicht geben kann, daß sich gesetzte Wirkungen nicht kanalisieren lassen, daß es keine Wirkung gibt, die nicht letztlich in alles um uns zurückwirkt. Wir müssen lernen, daß wir Verantwortungen nicht fortdelegieren können, wenn vermieden werden soll, daß die willkürlichsten Entscheidungen unwiderruflich über uns hereinbrechen.

Die Bescheidenheit der Abklärung muß uns die Beschränktheit unserer unabwerfbaren kreatürlichen Ausstattung lehren. Damit aber auch den Anspruch, auf einer Welt und auf einer Gesellschaft nach unseren bescheidenen Maßen zu bestehen, einer Welt nach den erblichen Rechten aller Menschen, nach jenem tiefen Doppelbezug des Menschlichen; Schutz und Verständnis, Liebe und Sinn gleichermaßen empfangen wie geben zu können: Nun aber als ein objektiv bestimmbares Erbrecht jenseits aller Doktrin und Ideologie.

Als drittes lehrt uns dieses evolutionäre Menschenbild unsere Hoffnung. Denn was wäre auch mit einem vertieften Verständnis unserer Herkunft gewonnen, erlaubte es nicht einen vertieften Blick in unsere Zukunft. Genetisch waren bislang noch drei unserer achtzig Organsysteme in evolutiver Entwicklung: Großhirn, Kehlkopf und Hand. Die Weiterbildung von Verstand, Gespräch und Fertigkeit mag sich fortsetzen.

Entscheidend aber wird unsere geistige Entwicklung sein. Unsere eigene Ausstattung kritisch zu sehen ist selbst ein möglicher Schritt der Evolution geworden. Heute noch nicht mehr als eine kulturelle Mutation, wird es sich zeigen, ob unsere Population daraus Nutzen wird ziehen können.

Wir könnten alle hinter unsere eigene sinnliche Ausstattung sehen und würden dann bemerken, daß uns der Mangel, Kraft und Sinn als Einheit zu begreifen, dazu führt, die Kräfte zu eskalieren und den Sinn zu verlieren. Denn nun, wachgemacht durch den drohenden Verlust, erweist es sich, daß das, was wir in den Grenzen unserer Anschauung als den Sinn der Dinge erleben, als ein Gesetz der Erhaltung diesem ganzen Kosmos vorgegeben ist; es sind das jene Formgesetze, die vom jeweiligen Ganzen über seinen Teilen walten. Nur die Arten dieser Zwecke entstanden erst mit den Systemen dieser Welt. So muß es der Sinn unseres Handelns sein, das menschliche Wesen zu erhalten und die Entfaltung des Menschlichen zu fördern – allem menschlichen und kulturellen Parasitismus zum Trotz, entgegen aller kollektiver Unvernunft und Unmenschlichkeit.

Dies alles durchzusetzen wird eine Sache der Bildung sein, deren Fortschreiten wieder ein Teil dieser Evolution sein kann. Nicht die Bildung von Lebenswaffen gegen den Nachbarn kann es sein, sondern eine Bildung, die an die Herzensbildung reicht, um die Mühseligkeiten der Existenz meines Nachbarn zu erleichtern.

Selbst die Richtung dieser uns bislang erhaltenden Evolution ist uns gewiesen. Eine jede dieser Selektionsentscheidungen, die das Mögliche der Synthesen in der Evolution einschränkte, hat nicht nur deren Sinn geschaffen, sie hat durch den unwiderruflichen Ausschluß aller Alternativen Geschichte gemacht und endgültig Richtung gesetzt. Sie hat auf das Tier das Wirbeltier, den Säuger, Primaten, den Menschen gestellt, sie hat auf ihm Freundschaft und Gemeinschaft, den Geist und die Kultur errichtet. Sie hat durch stete Degradierung des Niedrigeren das Differenziertere geschaffen: Ordnung, Vorhersehbarkeit, Harmonie, wo es diese vordem auch in Andeutungen nicht gegeben hat. Der Teufel mag sein Spiel verlieren. Die Evolution läuft als Ganzes auf ein geistiges Prinzip zu, vom Tumult der Kräfte auf Wesenheiten, Weltsichten, Dichtungen, Gesetzeskanones, Partituren, in welchen Harmonien selbst schon der materielle Träger bedeutungslos geworden ist. Ein jeder von uns ist das *missing link* auf diesem Wege, das hinfällige Gleichnis dieses kosmischen Prinzips.

Und in unglaublicher Weise erweisen wir uns mehr und mehr als das Ebenbild dieser Natur und als die Träger dieses Naturgesetzes des Werdens. Wir spiegeln es bis in die Wiederbildung der Evolutionsgesetze in unserem Geist und in den Möglichkeiten unserer Kultur. Wir transzendieren uns selbst. Wir werden entweder weiter auf die Zwecke dieser Schöpfung zulaufen, oder wir werden als einer ihrer vielen Irrtümer untergehen, in einer Mühseligkeit ganz besonders teuflischer Art. Das zu verhindern mag die Funktion einer tieferen, evolutionären Sicht des Menschen sein.

II 10 Evolution oder Schöpfung

Am 3. August 1985 beging in Wien Kardinal Franz König *seinen 80. Geburtstag.* Annemarie Fenzl *und* Evelyn Tambour *stellten zu diesem Festtag einen Band zusammen, um mit vielen Autoren, wie sie zu Recht sagen (Seite 8), »an das große Gespräch zwischen verschiedenen Religionen, zwischen unterschiedlichen Weltanschauungen ...«, das dieser große Mann schon durch Jahrzehnte geführt hat, zu erinnern.*

Nachdem ich, wie man sich erinnert, manchmal an seinen Gesprächen beteiligt war, gab man mir die Möglichkeit, ein Kapitel beizutragen. Als lange nicht mehr ausübender Katholik, als Suchender, vielleicht Goethes *Haltung noch am nächsten, fühlte ich mich unverdächtig und versuchte, die aus diesen Gesprächen gewonnene Einsicht frei zu entwikkeln: ›Die Schlichtung des von manchen empfundenen Widerspruchs zwischen Evolutionismus und Kreationismus ist eine Sache der Bildung.‹*

Was immer ich dem Kardinal aus unseren Gesprächen verdanke, kann mein Thema heute noch nicht sein. Wo immer ich irren sollte, sind es meine Irrtümer. Ich betone das, weil man kein Prophet sein muß, um vorherzusehen, daß ihm die Zeitgenossen die weite Sicht noch nicht danken werden, einfach weil sie nicht weit genug sehen. Der folgende Aufsatz ist eine Verbeugung vor unserem Wiener Kardinal.

Frage ich Sie (beispielsweise den Leser dieser Zeilen), ob Sie der Ansicht sind, einen Sinn in dieser Welt zu haben und worin der Sinn Ihrer Existenz wohl bestehen mag, so werden Sie dies als eine Herausforderung empfinden. Seltsame Kreaturen, die wir sind! Das Werden dieser Welt hat uns auf die dünnen Beine unserer Vernunft gestellt, und unter ihrer Anleitung fragen wir uns nun, ob wir schwanken oder stehen. Da fragen wir uns »Was ist die Wahrheit?«, dort fragen wir uns »Was ist unser Sinn?«. Was aber der Sinn der Wahrheit sei, das zu fragen kommt uns in Wahrheit kaum in den Sinn.

Seltsame Kreatur, ausgestattet mit analytischen Kräften, die uns staunen machen und mit einer Hoffnung auf Synthesen, die uns immer nur wieder vor neue Rätsel stellt: Was ist der Mensch?

Zweifellos ist dies keine Frage des Alltags. Es ist die eines philosophischen Augenblicks oder doch eine, die dann wiederkehrt, wenn uns die Lebensumstände unser latentes Bedürfnis vor Augen stellen, in unserer Existenz einen Sinn zu sehen.

Sollen wir uns als die Konsequenz von Naturgesetzen verstehen, wie die Evolutionisten zu meinen scheinen? Oder vielmehr als die Konsequenz der Absicht eines Schöpfers, wie sich dies bei den Kreationisten liest. Dies, so empfinden wir, würde Einfluß haben auf die Frage, wie unser Sinn zu verstehen sei.

Nun ist das keine Frage des Alltags. Aber sie kehrt wieder, wenn wir nach unserer Herkunft, nach Weg und Ziel uns fragen. Und es ist eine Frage neuer Aktualität, seitdem die ›Evolutionäre Erkenntnislehre‹ sogar den Geist des Menschen aus den Naturgesetzen der Evolution entstanden sieht.

Über die Bildung

Den Widerspruch zwischen Evolutions- und Schöpfungsglauben aufzuklären, so behauptete ich in mancher Diskussion, sei eine Sache der Bildung. Und die Ansicht blieb unwidersprochen. Vielleicht wollte man sich nicht als ungebildet erweisen? Welche Bildung aber sollte das sein? Es muß Bildung in jenem zweifachen Sinn sein, in dem wir sie gemeinhin verstehen. Bildung als Verständnis der Zusammenhänge und Bildung als Fähigkeit zum Dialog, Herzensbildung im weiteren Sinn.

In unserem Salzburger Symposium »Evolution und Menschenbild« hat Kardinal FRANZ KÖNIG seinen Vortrag mit einem Satz von HOIMAR VON DITFURTH begonnen: »Die Ansicht, daß naturwissenschaftliche Erkenntnisse notwendig im Widerspruch zu religiösen Aussagen ständen, hat sich endgültig als Vorurteil herausgestellt. Aber das ist noch nicht alles: Es gibt darüber hinaus heute auch schon Beispiele dafür, daß naturwissenschaftliche Entdeckungen und Denkmodelle uralte Aussagen der Religion auf eine unerwartete Weise bestätigen.« Dies ist Bildung im Sinne des Verständnisses von Zusammenhängen. In einem Gespräch über sein Weltbild, das Kardinal FRANZ KÖNIG mit der Schriftstellerin YVONNE CHAUFFIN führte, sagte er: »Unser Gesprächspartner muß wissen, daß wir mit ihm nicht nach dem suchen wollen, was uns trennt, sondern nach dem, was uns verbindet«, und der Kardinal setzte fort, »die erste Regel muß sein, den anderen in seiner Person zu respektieren«. Dies ist die Bildung des Zuhörenkönnens, des Verständnisses dafür, daß ich mit jedem Begriff, den ich mitvollzogen habe, den Partner verlor und ihn wiedergewinnen muß, fast unter Selbstverleugnung, um seine Begrifflichkeit mitvollziehen zu können. Dies ist die Bildung des Herzens.

Setzen wir nun in unserem Dialog der Standpunkte diese Bildung des Herzens voraus, um die Möglichkeiten jener Bildung des Verständnisses der Zusammenhänge zu beleuchten. Und nehmen wir den Umstand der Spaltung in zwei Weltdeutungen als ein vom Menschen selbst begründetes Dilemma aufgrund der Unterscheidung, die er, dank seiner Ausstattung, zwischen Glauben und Wissen zu treffen sich gezwungen fühlt. Beide Deutungen aber haben seit jeher das Werden jeglicher seiner Kulturen angeleitet. Die Universalität der Religion ist so anerkannt wie das Streben nach Gewißheit.

Das Streben des Menschen nach erfolgreicher Prognostik der Ereignisse in seinem Milieu verstehen wir als die Forderung nach Lebens-, ja überhaupt nach Überlebenserfolg. Und es gewinnt die hohe Form eines Ethos, des ›Strebens nach der Wahrheit‹. Aber noch nie haben die Ketten seines Fragens ein Ende gefunden. Es sind gerade die relevantesten Fragen des »Woher komme ich?« und des »Wohin gehe ich?«, die mit jedem neuen Wissen sich weiter ins Unbekannte öffnen.

Über das Wunder

»Das Wunder«, hat GOETHE seinen Mephisto sagen lassen, »ist des Glaubens liebstes Kind.« Das ist, nach dem »Geist, der stets verneint«, gewiß richtig. Aber auch in einer Weltsicht, die bejaht, ist es so unrichtig nicht. Denn welchen Ursprungs wäre das Wunder, auf das beispielsweise ein zu Unrecht Verurteilter hofft; in verzweifelter Lage also, die rational keine Hoffnung bietet? Hier hat es lebenserhaltende Funktion. Und wo es nicht um die physische Lebensbedrohung, aber immerhin um die psychische Bedrohung unserer Welterklärung geht, nimmt das Wunder dieselbe erhaltende Funktion an.

Seit der Aufklärung hat sich die reduktionistische Naturwissenschaft darauf festgelegt, die Welt ganz ohne Wunder zu erklären. Dies ist aber wieder das Wunder, auf dem ihre positivistische Philosophie beruht, nämlich auf der Erwartung, man könne die metaphysischen Fragen abschaffen, man könne überhaupt ohne (und zwar beliebig wunderliche) Fragen ins Jenseits des uns physikalisch Zugänglichen forschen. Wir können als Alternative nur das Fragen gänzlich lassen; dann aber, so wissen wir, wird uns auch niemand antworten.

Also verhalten wir uns so, als wären unsere Fragen nicht wunderlich. Wie es beispielsweise kommt, daß unser Kosmos ausgerechnet aus Quanten mit Spin und Isospin besteht, daß sie Freiheitsgrade besitzen, daß der Raum erst durch das Auseinanderrasen dieser Quanten entstand und dahinter kaum Raum existiert. Wie immer man sich nun eine Vorstellung über die Vorbedingungen solcher ersten Bedingungen des Kosmos bilden will, ob als Gesetzgeber der Natur oder als Naturgesetze; Schöpfungs- und Evolutionskonzept differieren zunächst nur hinsichtlich des Zeitpunktes, zu dem jene erfahrungsjenseitige Bedingung in das Geschehen dieser Welt eingegriffen haben soll. Da sieht es nun so aus, als hätte die Gesetzgebung, im Sinne der Evolutionisten, nur einmal, nämlich zu allem Anfang (vor dem Urknall) in das Weltgeschehen eingegriffen. Alle weiteren Entwicklungen seien nur Konsequenzen. Bei den Kreationisten dagegen liest man (im 1. Buch MOSES) vom Sechstagewerk. Umgekehrt aber sieht der Evolutionismus ein fortgesetztes Mitwirken der Entwicklungsgesetze vor: stündlich und in jedem Grashalm. Wogegen der Kreationist sich auf seltenere Ereignisse meint berufen zu müssen: Augenblicke der Erleuchtung, sei es der Propheten oder des erfüllten Gebets.

Ist da der Unterschied so groß? Und wie groß man ihn sehen mag, ist er nicht eher ein Zeichen unserer Ratlosigkeit als eines der Einsicht in eine Alternative? Im wesentlichen trauen wir Gelehrten einander ja noch immer nicht.

Wenn wir Biologen das Entstehen völlig neuer Qualitäten mit KONRAD LORENZ eine ›Fulguration‹, einen ›zündenden Funken‹ genannt haben und naturgesetzlich verstehen (die Physiker nennen Ähnliches ›Phasenwechsel‹), dann betrachten manche Philosophen derlei Vorstellung nur als eine ›spezialkreationistische Theorie ohne Gott‹.

Für den Kreationisten steht der Schöpfer eben am Anfang seiner Fragen; für den denkenden Evolutionisten am Ende. Die Frage ist vielmehr die, wie man sich den Schöpfer vorstellt. Das Wunder bleibt dasselbe.

Über das Reden in Symbolen

Nun sprechen wir, Kreationisten wie Evolutionisten, aber nicht mehr über das, was uns in diesem Mesokosmos menschlicher Dimensionen umgibt. Wir reden über den Mikro- und Makrokosmos und über das, was wir hinter diesen vermuten. Wir reden also über das Unvorstellbare. Und die Frage, wie man über das nicht mehr Vorstellbare redet, ist so gut wie die Frage, wie man sich das Unvorstellbare vorstellt.

Die Antwort, die naheläge: Das Unvorstellbare stellte man sich eben nicht vor, ist, wie wir wissen, nicht zutreffend. Wir können gar nicht anders, als ins Unvorstellbare vorauszudenken und es uns sogleich vorzustellen. In der Physik beispielsweise überträgt man den Begriff der Kraft, die wir von unserem Bizeps kennen, hinunter bis in die Quanten und hinauf bis in jene Gravitationsfelder, die ganze Haufen von Galaxien, ja den Kosmos im ganzen zusammenhalten. (So als hielte ihn jemand mit ausgebreiteten Armen.)

Wir reden von Wellen und Korpuskeln, von Orbitalen und Aufenthaltswahrscheinlichkeiten der Quanten, als wären es Meereswogen, Sandkörnchen, Bälle, die wir an einer Schnur schwingen, oder als redeten wir von unserer Katze, von der tatsächlich nur mit Wahrscheinlichkeiten angegeben werden kann, wo im Garten sie sich wohl gerade befände. Und dies in der strengsten aller Wissenschaften. Man nennt das darum ein Sprechen in Modellen, in Symbolen. Anders ist es uns eben nicht möglich.

Und was für den lupenreinen Evolutionisten eine Notwendigkeit darstellt, soll für den Kreationisten schlechter sein? Wenn für den Evolutionisten *deus lex mundi,* die Schöpfung, nicht anders als die Summe der Gesetze dieser Welt vorstellbar ist, die Gesetze aber am Rande des Vorstellbaren nichts anderes als Symbolik sein können, warum nimmt der Kreationist seine Bilder, wie sie die Künstler aller Zeit so greifbar darstellten, nicht auch als Symbole am Rand des Vorstellbaren? Natürlich tut er das.

Ob wir an das Sechstagewerk denken: die Schaffung der Geschlechter auseinander, die Versuchung durch die Erkenntnis, den Verlust des Paradieses, sind diese als Symbole nicht noch ungleich tiefer und bedeutungsvoller zu verstehen als Kartoons einer Bildgeschichte? Zumal sich, wie heute die Evolutionisten wissen, das Werden von Kosmos, Licht und Erde, der Meere und Kontinente, des marinen und terrestrischen Lebens, der Geschlechtlichkeit, des Menschen, seines Erkenntnisdranges und des folgenden Dilemmas gerade so abspielen mußte, wie vorausgeahnt.

Man bedenke, daß vieles dieser merkwürdigen, ambivalenten Historie überhaupt erst durch den sich evolvierenden Kosmos verständlich wird: die Ambivalenz aller Merkmale der Kreatur, die das wirklich Gute nur aus dem wirklich Bösen verstehen läßt, so, wie das Symbol des Teufels. So, wie Ordnung und Chaos, Begriffe, mit denen die Evolutionisten heute operieren, auch Symbole sind aus der kleinen Alltagswelt, die wir eben noch begreifen.

Selbst die Auslegung der Gestalt JESU, wohl der Kern des Evangeliums, kann an den Rand dessen treten, was wir noch nicht oder doch schon als Symbolik verstehen. Gewiß sind die Taten JESU ohne die Tradition aus den alttestamentarischen Propheten nicht zu verstehen und auch in seiner Zeit nicht zu verstehen gewesen. Aber was kann das besagen? Zweifellos finden wir in JESAIAS ›Gottesknecht‹, vor allem im ›Vierten Lied‹, die Vorwegnahme des Leidensweges und seines tiefen Sinns schon zwanzig Generationen vor JESUS. Ist aber dieser historische JESUS, weil er ohne die Tradition der Propheten nicht zu verstehen ist, kein Gottessohn, sondern ein erleuchteter Mensch, wieder ein Prophet?

Gewiß, die Berichte von der Auferstehung lassen Zweifel offen. Aber was bedeutet das schon? Sind wir nicht alle, wie es heißt, gemacht nach Seinem Bild, mit Seiner Gnade versehen, nämlich von Ihm erhört, erleuchtet und beauftragt werden zu können? Prophet oder Gottessohn; ob wir Kinder Gottes sind oder Kinder einer ebenso kaum faßlichen Evolution, mögen wir Gottes Sohn oder Seine Propheten so begreifen, wie jene uns Menschenwürde und Humanität auferlegen. Eine Auflage, die auch für den Evolutionisten die Vorausbedingung ist, vom nackten Überleben dieser Menschheit bis zum Werden jener Menschheit zu gelangen, von der wir, wie die Kreationisten, vorerst nur träumen können.

Über die Transzendenz

Wir verstehen, daß ein zweidimensionales Wesen die dritte Dimension nicht verstehen könnte. Würde etwa eine Kugel durch die zweidimensionale Welt dieses Wesens hindurchsteigen, es würde nicht begreifen, wieso etwas aus dem Nichts als Punkt entstehen, zur Kreisfläche wachsen könne, um anschließend zu schrumpfen und als ein Punkt wieder ins Nichts zu entschwinden.

Dinge, die Teile unserer Mesowelt sein können, vermögen wir uns vorzustellen, jener Kosmos aber, von dem unser Mesokosmos nur ein Teil sein kann, entzieht sich den Möglichkeiten unserer Vorstellung. Schon die vierte Dimension, das Raum-Zeit-Kontinuum, läßt sich zwar in seiner Existenz beweisen und bestimmen, aber vorstellen läßt es sich nicht. Selbst daß der Raum in sich zurückgekrümmt sein muß, daß wir, sähen wir weit genug, in jeder Richtung, wohin wir auch blickten, unseren eigenen Hinterkopf sehen müßten, erscheint uns wie eine skurrile Science-fiction-Idee.

Und so, wie ein Ameisenvolk, dessen Haufen unter die Planierraupen eines Caterpillars gerät, das Ereignis als übernatürlich betrachten müßte, muß es für unseren Mesokosmos über-mesokosmische Ereignisse geben. Es wäre reine Überheblichkeit, hielten wir unsere bescheidene Vernunft für geeignet, den Kosmos zu erfassen. Denn daß es transzendente Weltendimensionen jenseits unseres Fassungsvermögens geben muß, liegt auf der Hand.

Dies beweist wieder die ›Evolutionäre Erkenntnistheorie‹, weil sie zeigen kann, daß unsere Anschauungsformen, also die Vorbedingungen unserer Vernunft, genetisches Erbe sind. Sie sind Anpassungsprodukte, vereinfachte Interpretationen und Entscheidungshilfen für die Lebensprobleme in der noch sehr simplen Welt unserer weit zurückliegenden Vorfahren. Ändern können wir sie nicht mehr. Aber mit Hilfe unserer Vernunft vermögen wir sie zu übersteigen.

Mit einer Selbsttranszendenz können wir über sie hinauswachsen. Obwohl wir uns den Raum weiterhin nur als dreidimensional und die Zeit, als wäre sie vom Raum unabhängig, nur als eindimensional vorstellen können, vermag unsere Vernunft, wie EINSTEIN gezeigt hat, das Raum-Zeit-Kontinuum, das in diesem Kosmos in Wahrheit herrscht, zu erkennen.

Und daß dies für die Erkenntnis des Zusammenhangs der Kräfte und der Zwecke, die uns nicht minder als unvereinbare Qualitäten erscheinen, ebenso gilt, wird sich sogar als eine Bedingung des Überlebens unserer Spezies erweisen. Wie dieses ›Jenseits unseres Begreifens‹ im einzelnen aussehen wird, das wird sich, wenn wir überleben, nur in kleinen Schritten eröffnen. Es ist allerdings höchst wahrscheinlich, daß uns der größte Rest immer verschlossen bleiben wird.

Wie wir uns also das Ganze, dieses ›Jenseits‹, auch immer vorstellen, es kann keine rationale Instanz erdacht werden, die darin das Rechte vom Falschen zu scheiden vermöchte. Aber die Evolutionisten vertreten eine Theorie, die das Jenseitige immerhin ebenso voraussetzt, wie es die Kreationisten erahnten; und das Wunder, das diese im Auge haben, suchen jene mit Symbolen zu erfassen.

Über Recht und Würde

Woher das Recht des Menschen stammt, auf das, wie wir empfinden, ein jeder von uns Anspruch haben müßte, war eine Frage von alters her. Sie ist durch die Kritik an jedem, von welchem Souverän auch immer, willkürlich gesetzten Recht bis heute lebendig geblieben. Die Annahme eines von Natur aus gegebenen Rechtes reicht bis ins 6. vorchristliche Jahrhundert ionischer Naturphilosophie zurück. Zu einer ersten Menschenrechtsbewegung wurde die Naturrechtslehre aber erst im frühen Christentum.

So verbreitete sich mit dem Apostel PAULUS die Ansicht, daß auch die Heiden ›von Natur aus‹ die Werke des (mosaischen) Gesetzes erfüllten. Bei AUGUSTINUS ist diese *lex aeterna* als eine in der Vernunft oder dem Willen Gottes von Ewigkeit vorgesehene Schöpfungsordnung gedacht. Und THOMAS VON AQUIN entschied sich für die Herkunft aus der göttlichen Vernunft.

Heute wäre die Naturrechtslehre längst schon von der Pragmatik des positiven Rechts verdrängt, hätte nicht die Rechtspraxis autoritärer Staaten immer wieder (immer mehr) Zweifel aufkommen lassen. Die katholische Kirche hat aber seit der Scholastik an ihr festgehalten (trotz der Selbstbeschränkung nach dem Zweiten Vatikanischen Konzil).

Wieder ist es die ›Evolutionäre Erkenntnistheorie‹, welche heute die Naturrechtsauffassung stützt. Recht kann nicht nur sein, was der Souverän dekretiert, sondern in viel größerem Maße die Erfüllung jener Ansprüche, die mit der Psyche aller Menschen erblich vorgegeben sind. Was wir als Menschenrechte empfinden, erklärt sich nunmehr aus jenen angeborenen Bedingungen des Menschenwesens, die erfüllt werden müssen, soll der menschlichen Kreatur auch ein menschliches Milieu gewährt sein.

Wie lebenswichtig muß es für unsere Spezies werden, erkennen und unabhängig von jeglicher Ideologie prüfen zu können, daß es sich bei den geforderten Menschenrechten weder um die Überbleibsel scholastischer Philosophie noch um das bloße Lamento einer dekadenten Zivilisation handeln kann, sondern um die der genetischen Ausstattung jedes Menschen notwendige Entsprechung.

Und wieder sind es eternale Bedingungen, wie dies schon die Kirchenväter dachten, nur daß ›Natur‹ eben nicht kreationistisch, sondern evolutionistisch gesehen wird. Der Weltenschöpfer hat nicht in die eine Spezies eingegriffen, vielmehr haben seine Naturgesetze im Falle sich entwickelnden Bewußtseins zur Konsequenz solcher Ausstattung der Psyche geführt. Der Unterschied liegt wieder nur im Zeitpunkt und in der Symbolik. In der Sache selbst hat das kreationistische Naturrecht das evolutionistische vorausgeahnt und wird von diesem bestätigt.

Diese Beziehung hat aber noch eine zweite Seite. Sie tritt in Erscheinung, wenn man die Herkunft, den Entstehungsweg dieses Ethos von Menschenrecht und Menschenwürde gemäß den beiden Standpunkten vergleicht.

Im Falle der kreationistischen Interpretation hat der Weltenschöpfer unsere Spezies mit dem Recht und der Verantwortung unserer Menschenwürde ausgestattet. Nach der evolutionistischen Interpretation hatten wir uns dieselbe nach seinen Natur- und Evolutionsgesetzen selbst zu schaffen. Über das Glück und Unheil von zweitausend Generationen, über die Hoffnungen und Katastrophen also von Milliarden menschlicher Kreaturen, hatten wir uns das Recht und die Verantwortung unserer Würde selbst zu erwerben: von der Schlächterhöhle zur Kathedrale, vom Heulen der Horde zur Matthäus-Passion und vom Kannibalismus zur Charta der Menschenrechte.

Freilich sieht das Symbol dessen, dem gegenüber wir diese Verantwortung tragen, nach den beiden Auslegungen zunächst sehr verschieden aus. Aber wie tief ist die Parallele, und wie gewichtvoll fordern die ungeheuren Ereignisse entlang des Evolutionsvorganges in genau derselben Weise die Wahrnehmung jener Verantwortung, wie sie uns der Kreationismus aus dem Symbol des Schöpfers auferlegt.

Über das Omega

Nichts, so sagen die Evolutionisten, kann ohne die Zeitachse verstanden werden. Und selbst unser Interesse an der eigenen Herkunft ist letztlich von unserer Hoffnung beflügelt, daß unsere Herkunft einen Prospekt unserer Zukunft zeichnen ließe. So ist auch, was immer wir an Bildung, Wundern, Symbolen und Transzendenz, an Recht und Würde zwischen den beiden Standpunkten verglichen haben, entlang ihrer Zeitachsen zu sehen. Einer Zeit, deren Kontinuität von der historischen Erfahrung einen Blick in unsere Zukunft gewähren soll.

Und da steht die Frage: »Wohin gehen wir?« Diese Frage hat unser kreationistisches Weltbild wie unser evolutionistisches beschäftigt. Die christliche Heilslehre hatte zunächst das Schicksal des einzelnen im Auge oder doch das Urteil Gottes über den Beitrag des einzelnen zu jener Welt, von der wir träumen. Es ist nun das Verdienst von TEILHARD DE CHARDIN, dies in dem weiten Zusammenhang der Entwicklung der Menschheit zu sehen. Er sieht uns als Kreaturen am Wege zum Ziele dieser Evolution, dem Punkt Omega, zu dem alle Evolution in das Heil, das Gute, in Gott zusammenstrebt. Ein wundervolles Symbol unseres Lebensgefühls und unserer Hoffnung.

Aber: Kennt der Evolutionismus einen Punkt Omega, und kennt er überhaupt eine auf etwas zustrebende Geschichte, eine Richtung in den Bahnen der Evolution?

Daß die Evolution die Entwicklung ihrer Kreaturen auf deren Vervollkommnung zulenkt, das war bald gesehen. Aber daß es innere Gesetze geben muß, die aller Evolution eine Richtung und mit der Bestimmung von Richtungen auch Ziele setzen, diese Sicht wurde von den Interpreten DARWINS (nicht von DARWIN selbst) verdunkelt. Die Entdeckung des Zufallscharakters der Selektion durch das Milieu (der Zufallsbegegnung mit der nächstgrüneren Wiese) und des Zufallscharakters der Mutabilität (der Veränderlichkeit des Erbgutes) haben an eine richtungslose Evolution glauben lassen; und folglich, wie es JACQUES MONOD ausdrückt, an einen in diesem Kosmos sinnlosen Menschen. Dies ist nach wie vor Lehrbuchwissen geblieben, obwohl die Opposition der Morphologen und Paläontologen, welche die Entwicklungsbahnen vor Augen hatten, nie verstummte.

Heute erst wird die Beweisführung des Vorliegens jener inneren Evolutionsmechanismen, welche die Ursache ihrer Richtungshaftigkeit sind, ernstlich unternommen.

Dies ist mein eigenes Forschungsgebiet. Und besäße ich nicht die Lösung des Problems, ich hätte es kaum wagen dürfen, in die Evolutionismus-Kreationismus-Debatte überhaupt einzutreten. Aber ich besitze die Lösung der Sache wie die Begründung der Schwierigkeit, sie zu verstehen.

Zunächst habe ich die ›Synthetische Evolutionstheorie‹ der Lehrbücher durch eine Systemtheorie der Evolution ergänzt. Sie operiert mit vernetzter Kausalität. Und in der Folge stellte ich aus der Sicht der ›Evolutionären Erkenntnislehre‹ fest, daß wir für jene komplexe Kausalität, wie sie alle komplexen Systeme dieser Welt dominiert, keine angeborene Form der Anschauung besitzen. Es wird also eine Generation dauern, bis sich diese Einsicht durchsetzen kann.

Hier genügt die Erkenntnis, daß alle Evolution Richtung hat, so auch die unsere; daß TEILHARD recht hat und MONOD irrt; daß von den achtzig Organsystemen unseres Bauplanes überhaupt nur mehr drei fortschreiten: Hand, Kehlkopf und Großhirn. Und auf diesen gründet unsere Hoffnung: auf Geschick, Dialog und Vernunft. Alle Evolution, wie jedes erfüllte Menschenleben, beginnt als physisches Abenteuer, um in ein geistiges einzumünden.

In aller Evolution entsteht durch die Degradierung von niederer Ordnung immer höhere, immer einmaligere. Und ob man diesen Endpunkt, auf den ihre höchsten Formen zustreben, jenes Omega, mit dem Symbol des Schöpfers versieht oder mit dem Symbol der höchsten diesem Kosmos möglichen Ordnung und Harmonie, das ist noch einmal der ganze Unterschied zwischen den Standpunkten.

Nun gewiß, Fragen des Alltags sind es nicht gewesen, die wir behandelten, und dennoch kann sie keiner vernachlässigen, der bereit ist, über sich hinauszudenken. So viele haben so stetig über sich hinausgedacht, daß dieses Denken selbst ein Kennzeichen menschlicher Ausstattung sein muß. Einer Ausstattung allerdings, die unser Weltbild in eines des Glaubens und eines des Wissens gespalten hat.

Allein die Sprachen in diesen getrennten Weltbildern sind so verschieden geworden, daß eine Rede über beide den Kreationisten blasphemisch, den Evolutionisten obskurantistisch erscheinen kann. Diesen Vorwurf muß auch ich befürchten. Ich gebe ihn aber getrost an jene Subsprachen dieser Subkulturen unserer gespaltenen Kultur zurück. Denn es kann kein Zweifel bestehen, daß diese Welt eine einheitliche ist. Die Anlage zu ihrer Spaltung liegt nur in unserer Natur.

Man hat sich die bequeme Formel zurechtgelegt, daß die Welt des Glaubens mit der des Wissens nicht vermengt werden dürfe. Das kann aber nur solange richtig sein, wie wir unsere Aufgabe nicht vergessen, sie zu vereinen. Denn in der Spaltung von Weltbildern, die geeignet sind, einander zu schaden, vermögen wir nicht frei zu atmen, und noch weniger kann dies eine sich entwickelnde Kultur, die von beiden getragen wird. Vielleicht ist es gerade unsere Kultur, die am ehesten ihre große Religion mit ihrer großen Wissenschaft wieder zu vereinen vermag.

Kardinal Franz König muß ganz ähnliches empfunden haben, da er unser Gespräch immer gefördert hat; in München, in Wien, in Rom und in Salzburg. Ihm sind diese Zeilen gewidmet.

II 11 Ein Produkt der kulturellen Mitte

Der folgende Beitrag schließt enger an den vorigen an, als dies das Thema und oberflächliches Lesen erwarten ließen. Aber eine Wissenschaft der kulturellen Mitte, von der die Rede sein wird, schließt sich eng an »eben diese Mitte ...« wie sie FENZL *und* TAMBOUR *(Seite 8) aus dem Lebenswerk des Kardinals resümieren.*

Anlaß zu dem Beitrag war der Wunsch der »Wiener Zeitung«, auf einen Kongreß hinzuweisen. Mein früherer Schüler FRANZ-MANFRED WUKETITS *und ich hatten die Hauptrepräsentanten der neuen Lehre nach Wien eingeladen, um die Hauptthesen der ›Evolutionären Erkenntnistheorie‹ zu referieren, und Vertreter der verschiedenen philosophischen Schulen, um jene kritisch zu kommentieren.*

Was im folgenden für eine Tageszeitung wiedergegeben wird, ist ein Rückblick auf Wien und das Werden dieser Lehre (ähnlich wie wir in Teil I auf die ›Wiener Schule‹ und die ›Ethologie‹ zurückblickten). Wie über die ›kulturelle Mitte‹ zu urteilen ist, mag auch der Umstand beleuchten, daß unser Kongreß über tausend Besucher anzog, aber keine weitere Zeitung in Wien ihn erwähnte, und »Die Presse« (Wien) vielmehr einem militanten Gegner dieser Mitte, REINHARD LÖW, *repräsentativen Raum einräumte. Man lese dort nach (›Rätsel der Vernunft. Evolutionismus und Erkennen‹, 26./27. 4. 1986). Der Symposiumsband »Die Evolutionäre Erkenntnistheorie« (Herausgeber* RIEDL *und* WUKETITS*) wird in Kürze erscheinen.*

Wir waren nicht zu früh gekommen. Schon das Gedränge auf dem Gang machte das deutlich. Das Auditorium maximum war fast voll. Wir drückten uns in eine der unbequem engen Reihen; die Mäntel auf den Knien. Viele Bekannte, Grüße da und dorthin. Die Stimmung erwartungsvoll, fast festlich. Ein Ereignis. Vielleicht nur ein kleines. Für uns jedenfalls kein alltäglicher Vortrag.

Konrad Lorenz hatten wir lange nicht mehr gesehen. Seit meinen Studentenjahren um 1950 nicht mehr. Damals war oft von Graugänsen und Dohlen die Rede, gelegentlich von Fischen und Hunden. Auch war mir noch ein Instinktmodell in Erinnerung, das Ähnlichkeit mit einem Spülkasten hatte. Sonst nicht mehr viel. Es waren über zehn Jahre vergangen.

Nur Lorenz selbst war mir natürlich gegenwärtig. Wie gekonnt er im Vortrag selbst zur drohenden Dohle wurde oder zur grüßenden Graugans. Die Badeausflüge nach Altenberg. Ansonsten war vieles verwischt. Er war ja damals nach Deutschland gegangen. Die Bedeutung des Mannes hatte ich wohl nicht erfaßt.

Und ähnlich muß es auch bei dem nun beginnenden Vortrag gewesen sein. Die Brille, die er oft abnahm und wieder aufsetzte, verwendete er, um zu demonstrieren, wie sehr wir alles um uns mit Erwartungen überziehen. Man würde sie, sagte er, mit einem Schrei fallen lassen, wenn sie, in der Hand gedreht, nicht genau jene perspektivischen Bilder böte, die man erwartete. Das leuchtete mir ein; aber noch immer nicht, was dies mit dem Verhalten von Tieren zu tun haben könnte.

Das änderte sich mit einem Schlage, als er auf die angeborene Tötungshemmung des Menschen zu sprechen kam (was ich im Prinzip schon kannte): Ein gesunder Mann kann ein weinendes Mädchen nicht schlagen. Dann aber sagte er, daß die Hemmung optisch gesteuert ist und daher von unseren Fernwaffen ausgeschaltet wird.

Das traf mich wie ein Donnerschlag. Man kennt jenes heroische Gefühl unbestimmter Erhabenheit, das einem die Haare am Rücken sträuben macht (wahrscheinlich selbst der Rest einer uralten Drohgebärde). Und zwar deshalb ein Donnerschlag, weil sich mir ein Großteil meiner düsteren Rekrutenzeit erhellte. Damals, im letzten Kriegsjahr, drillte man mich, auf Menschen zu schießen.

Meine eingestandene Unfähigkeit, einen Menschen tätlich anzugreifen, gegenüber meiner nicht minder einzugestehenden Lust, mit einem einzigen Feuerstoß meines MG42 die am Schießplatz vorbeirasselnde Zielattrappe in Stücke fliegen zu sehen; dieser dunkle Widerspruch klärte sich auf. Und viele andere Dunkelheiten, die mir damals in die noch immer kindliche Seele gesetzt wurden.

Die Möglichkeit des Kriegführens kam in ein neues Licht; wie überhaupt Menschen zum Töten angehalten werden können. War da nicht noch viel mehr dahinter? Was, wenn es nun gelänge, einen tieferen und von jedermann prüfbaren Blick in die Ausstattung der menschlichen Kreatur zu tun? War diese Zivilisation nicht längst reif geworden, näher unter die Lupe genommen zu werden?

Gewiß! Ganz offensichtlich war das so. Eine Welt kühner Forschung ließ sich ahnen. Einer Forschung, auf die unsere von dieser Zivilisation gegängelte und verführte Kreatur unmittelbaren Anspruch hatte. Die Zivilisation braucht eine neue Art von Helden. Kurz, das heroische Gefühl reckte sich vor der erhabenen Aufgabe.

Nun, wie jeder weiß, der Alltag bietet wenig Heroisches; nicht anders der eines entflammbaren jungen Wissenschaftlers. Und ich erzähle von diesem Augenblick nicht, weil ich nun zeigen könnte, wie in der Folge die heroischen oder herostratischen Taten einander jagten. Ich erzähle von dieser Begegnung, weil ich auf jene Unterströme aufmerksam machen will, die, noch großteils unerforscht, die Wenden in den Wissenschaften mitbestimmen.

Wie es mit dem Unsichtbaren geht, das sich nur durch Sichtbares sichtbar machen läßt, so habe ich mit einer mir eindrucksvollen Begebenheit begonnen. Ob auch nur ein zweiter im großen Auditorium mein Erlebnis teilte, weiß ich nicht und noch weniger, wie viele eindrucksvolle Augenblicke wir alle wieder vergessen haben. Aber gewiß bedarf es einer Häufung gleichartiger Begebenheiten und eines Grundes für eine solche Häufung, damit mit einem veränderten Zeitgeist eine neue Wissenschaft entsteht.

Heute entsteht eine solche; und nicht oft ist man Zeuge eines solchen Vorganges.

Es entsteht eine Wissenschaft vom Kenntniserwerb (oder von der Erkenntnis?). Natürlich bezeichnet das Datum, das ich angebe, nur einen der Schnittpunkte in dieser Entwicklung. Aber jedenfalls einen fixierbaren.

Vom 18. bis zum 20. April tritt in Wien das erste internationale Symposium zur ›Evolutionären Erkenntnistheorie‹ zusammen. Und vor genau hundert Jahren, 1886, wurde ebenfalls in Wien von ERNST MACH der Gedanke einer ›Biologischen Erkenntnistheorie‹ gefaßt; und zwar mit seinem Buch »Analyse der Empfindungen«. Damit beginnt ein höchst charakteristisches Stück Wiener Geistesgeschichte.

Zunächst springt der Gedanke zu AVENARIUS nach Zürich über. Sein Beitrag zur »Kritik der reinen Erfahrung« ist es, der LENINS Entgegnung »Materialismus und Empiriokritizismus« herausfordern wird. In Wien dagegen setzt LUDWIG BOLTZMANN fort; zum Beispiel mit der Einsicht, daß die Logik der Denkgesetze im Sinne DARWINS nichts anderes sei als ererbte Denkgewohnheiten.

In Deutschland greift VAIHINGER den Gedanken auf in seiner ›Philosophie des Als-Ob‹. Die Neopositivisten des ›Wiener Kreises‹ gehen von der Lösung BOLTZMANNS ab. Aber wieder ist ein Wiener zur Stelle, KARL POPPER, der selbständig den evolutionären Weg wieder aufnimmt. Für ihn sind sogar unsere Organe Hypothesen, mit dieser Welt umzugehen. Und da der Erfolg unserer Erkenntnissuche aus Zufällen unbegreiflich unwahrscheinlich ist, setzt er später hinzu, sei es das beste, »die fast unglaubliche Entwicklungsgeschichte dieser Zufälle zu untersuchen«. Eben das haben wir getan.

Von POPPER geht der Gedanke zu DONALD CAMPBELL in die USA weiter. Aber wieder bildet den Drehpunkt ein Wiener, KONRAD LORENZ; gerade nach Königsberg berufen, schreibt er 1941, daß unsere angeborenen Anschauungsformen wohl aus demselben Grund in diese Welt passen, aus dem die Flosse des Fisches ins Wasser paßt, noch bevor er aus dem Ei geschlüpft ist. Und 1973 erscheint das entscheidende Werk »Die Rückseite des Spiegels«, noch immer unabhängig von POPPER, BOLTZMANN und MACH. Der Gedanke geht aber auf MOHR und VOLLMER in Deutschland über.

In diesen siebziger Jahren entsteht der Gedanke aber noch zweimal und wieder unabhängig in Wien; bei ERHARD OESER aus der Wissenschafts- und bei mir aus der Evolutionstheorie. Und nun erst werden wir aufeinander aufmerksam. Es entsteht der ›Altenberger Kreis‹ mit den Kennzeichen einer wissenschaftlichen Schule, aus der heraus auch schon unsere Schüler, WUKETITS, WAGNER, KASPAR und MEDICUS, zum Thema der ›Evolutionären Erkenntnislehre‹ publizieren.

Der Gedanke einer ›Evolutionären Erkenntnislehre‹ ist damit fünfmal unabhängig in derselben Stadt entstanden: bei MACH, POPPER und LORENZ, bei OESER und bei mir. Kann das ein Zufall sein? Bedenkt man die Anzahl der Millionenstädte auf dieser Erde, dann schwindet die Zufallswahrscheinlichkeit. Es muß in dieser Stadt etwas geben, das ihn begünstigte; ein spezifisches, kulturelles Substrat, das, was wir eine Unterströmung nennen, weil wir es noch nicht kennen.

Was konnte dem Wiener Hintergrund seine spezifische Form gegeben haben? Zunächst einmal die Geschichte und der Zerfall der Monarchie, ein höchst unterschiedliches Einzugsgebiet von Ideen aus den Universitäten der Provinz (auch das schon ein echter Begriff der Wiener). Damit einher ging eine Adaptierung an Debatten ebenso unterschiedlicher Standpunkte, vielleicht mit der Destillation eines Standpunktes der europäischen Mitte (die ja geographisch ohnedies unvermeidlich war).

Auch daß der Deutsche Idealismus in der Monarchie nicht Fuß faßte, mag eine Rolle spielen, weil dadurch auch die materialistische Gegenströmung nicht gefördert wurde. Selbst der Darwinismus behielt in Wien seine sanfte Mittelposition. Weder Monisten noch evangelische Puristen eskalierten die Diskussion. Vielleicht hat eine Gelehrsamkeit der Mitte ebensolche Schullehrer hervorgebracht und damit den Boden einer Bildung bereitet, die jenes noch unaufgeklärte Substrat gebildet hat.

Wie dem auch sei: Was nun aus diesem geistigen Klima entstanden ist, hält wiederum zwischen vielem eine Mitte. Zunächst mit der Frage, ob die ›Evolutionäre Erkenntnislehre‹ eine Fachwissenschaft oder aber ein Gebiet der Philosophie sein müsse. Wir verwenden die Beschreibungsmethoden der Biologie, sagen die Naturwissenschaftler, ergo ist es eine Biowissenschaft. Ihr versucht aber das Verstehen des Menschen zu ergründen, sagen die Erkenntnistheoretiker, ergo handelt es sich um Philosophie.

Der ›Altenberger Kreis‹ war in dieser Mitte nachgerade unbekümmert. Denn deutlich genug ist die ›Evolutionäre Erkenntnistheorie‹ eine Satellitentheorie der Evolutionstheorie; sie steht und fällt mit derselben. Aber ebenso deutlich äußert sie sich zu den Gründen des menschlichen Verstehens, also auch des Verstehens der Evolution. Vielleicht ist nur die Abnabelung noch nicht vollzogen, denn es sind wohl alle Wissenschaften emanzipierte (und schließlich undankbare emanzipierte) Kinder der Philosophie. Wer aber kann behaupten, daß die Auftrennung in Philosophien und Fachwissenschaften der Weisheit letzter Schluß bleiben müsse?

Auch politisch hält die Lehre die Mitte. Sie enthält zum einen eine passiv adaptionistische Erklärung; nach dieser sind, wie erinnerlich, unsere Anschauungsformen darwinistisch als erbliche Anpassungsprodukte zu verstehen. Und seit dem Sozialdarwinismus versucht die extreme Rechte, den Anspruch eines Individuums auf sein (größeres) Erbe als ihr Naturgesetz festzuschreiben. Was auch immer ererbt ist, könne beansprucht werden. Dies wird von der tradierenden Komponente in unserer Lehre völlig relativiert.

Unsere Lehre weist anderseits nach, daß unsere angeborenen Anschauungsformen uralt sind, gemacht für ein viel einfacheres Milieu, und daß sie deshalb, unverändert tradiert (fixiert weitergegeben), in unserer komplex gewordenen Industriegesellschaft überfordert sind. Es kommt daher darauf an, sie durch Erfahrung zu übersteigen, was möglich ist, wenn wir darauf achten, wo immer wir an den Prognosen (oder Anleitungen), die sie suggerieren, regelmäßig scheitern. Diese Lösung ist damit eine aktiv adaptionistische, eine der Bildung und folglich des Milieus. Daß allein das Milieu den Menschen mache, das beansprucht als Naturgesetz die extreme Linke. Diese Auffassung aber wird durch die Einsicht in das Universelle der menschlichen Ausstattung relativiert.

Nicht anders wird fachlich die Mitte gehalten; und entsprechend mit Auseinandersetzungen an jeweils zwei Fronten: zwischen dem linken Behaviorismus und der rechten Soziologie, zwischen dem materialistischen Reduktionismus der sogenannten exakten Naturwissenschaften und den idealistisch orientierten Geisteswissenschaften; es gibt noch manches andere, das zu technisch ist, um hier ausgebreitet zu werden.

Worin aber keine Mitte vertreten wird, sondern eine Position an der Spitze, das ist das Ethos, das diese geistige Bewegung beseelt. Es geht um die ›Suche nach einer besseren Welt‹ (POPPER), die Verantwortung, den ›Zauberlehrling der Evolution‹ (LORENZ) über sich selbst und seine Grenzen ins Bild zu setzen, die Frage, ›wieso es bei unserer Vernunft so unvernünftig zugeht‹ (RIEDL).

Es ist eine moralische Pflicht, uns selbst kennenzulernen, zu verstehen, wo wir in die Irre gehen, zu begreifen, wie die geringen Anpassungsmängel unserer Ausstattung in den Zivilisationen zu kapitalen Fehlern anwachsen und wodurch diese Fehler zu grandiosem Unsinn und zu kulturbedrohenden Katastrophen führen können. Dies sind wir dem Menschen schuldig. Die Entdeckung, daß unsere angeborene Tötungshemmung optisch gesteuert ist und durch unsere Fernwaffen ausgeschaltet wird, war nur ein Anfang; aber ein fruchtbarer.

Teil III Evolution und Grenzen

Immer wieder habe ich mich mit dem Thema befaßt, daß das Dilemma unserer Zeit auch darauf zurückzuführen ist, daß wir an den Spätfolgen der Aufklärung kranken, daß des Machbaren längst zuviel getan wurde und das Glück des Menschen nicht allein durch die Manipulation seines Milieus zu schaffen ist.

Wenn das richtig ist und wir der Aufklärung, wie MARION Gräfin DÖNHOFF meint, nun eine Abklärung entgegensetzen, dann fragt sich's, was diese anstrebt. Freilich: ein vertieftes Menschenbild. Dieses gewonnen zu haben, haben aber alle Zeitwenden behauptet. Was also konkret? Die Abklärung empfiehlt, unsere Grenzen wahrzunehmen, ein Abgehen von naiver Überheblichkeit. Und eine solche Formulierung unserer Grenzen beruht auf zwei hier immer wieder hineinwirkenden Theorien, auf der Systemtheorie der Evolution und der ›Evolutionären Erkenntnistheorie‹: nunmehr Grundlagen höchst konkreter Handlungsanleitung empirischer Wissenschaft und damit Gegenstände der Bestätigung wie der Widerlegung aus der Erfahrung.

Dies ist der Grund, warum ich in diesem letzten Teil des Buches jene Aufsätze zusammenstelle, die sich mit Grenzen befassen. Zunächst mit den Grenzen unserer Vernunft (1 bis 3) und deren mögliche Konsequenzen (davon zwei; 4 und 5) auf Elemente unserer Kultur.

III 1 Utopien der Entwicklungschancen

Im Oktober 1982 befaßte sich eine Sendereihe des Bayerischen Rundfunks mit Utopien. Dem Wunsche mitzuwirken folgte ich gerne, ist doch die Utopie ein gutes Maß für das Mögliche und dessen Grenzen.

Was im folgenden locker dem bayerischen Hörer im Plauderton dargeboten wurde, hat aber seinen Hintergrund. »Entwicklungschancen des menschlichen Geistes« war damals schon ein Thema. Und das ist eine Frage, die uns noch beschäftigen soll. Denn die Möglichkeiten unserer Entwicklung sind nicht beliebig, sondern beschränkt. Kein komplexes System hat beliebige Freiheitsgrade. Es wird daher darauf ankommen, sich nicht in Utopien zu verlieren oder sich auf Abenteuer mit den Anlagen des Menschen einzulassen. Vielmehr empfiehlt es sich, die Grenzen unserer natürlichen Ausstattung kennenzulernen, um dann zu erforschen, in welcher Weise es gelingen kann, diese Grenzen durch Erfahrung zu übersteigen.

Und was als Plauderei begann, wird sich in den anschließenden Kapiteln als Gespräch mit der Wirtschaft und in Fachkongressen fortsetzen. (Die Entdeckung des Neandertalers, von der die Rede sein wird, ist besonders schön von WENDT *in seinem Buch »Ich suchte Adam« geschildert.)*

Hätte ein Zukunftsforscher im Jahr 1860 die in zwanzig Jahren auf Londons Straßen angefallenen Pferdeäpfel hochgerechnet, müßte heute London von einer vier Meter dicken Schicht Pferdemist bedeckt sein. So viel zur Hochrechnung.

Wie hätte zum Beispiel ein Neandertaler vor fünfzig Jahrtausenden die Entwicklung des Menschen prognostiziert, hätte ihm der Bayerische Rundfunk diese Aufgabe gestellt. Nehmen wir jenen zuerst entdeckten Neandertaler, der 1856 dem Naturkundelehrer FUHLROTT in Elberfeld in die Hände fiel; den, wie man sich erinnert, VIRCHOW ganz zu Unrecht für einen rachitischen Trottel aus den Franzosenkriegen gehalten hat. Er besaß, wie seine ganze Sippe, bereits ein Hirnvolumen von fast zwei Litern. Und hätte er seine Stammväter gekannt, zum Beispiel die Australopitheciden, er hätte bemerkt, daß jene nur einen halben Liter Hirn besaßen.

Er hätte uns Heutigen ein riesiges Hirnvolumen zuerkennen müssen, zumal wenn er DARCY THOMPSONS Gesetz des allometrischen Wachstums gekannt hätte. Damit solch ein Schädel die Pforte der Geburt zu passieren vermöchte, hätte er der Entwicklung des weiblichen Beckens eine Breite von wohl einem halben Meter zugerechnet. Und auch das nicht von ungefähr, da das Fruchtbarkeitsideal seiner Zeit die Weiber als ballonförmige, von mächtigen Brüsten überhangene Körper dachte; mit zarten Ärmchen und fast zu vernachlässigendem Kopf und Beinen.

Und hatte sich's nicht gezeigt, daß das Steinwerkzeug immer zierlicher wurde? So sollte er doch erwarten, daß es der menschliche Intellekt bis zu unserer Zeit zu einer Beherrschung der winzigsten, aber besonders scharfen Steinchen bringen werde. Nun, dem FUHLROTTschen Neandertaler ist die Frage des Bayerischen Rundfunks erspart geblieben. Mich hat sie erreicht.

Und dieser Frage nach den ›evolutionären Entwicklungsmöglichkeiten des Menschen als Geistwesen‹ darf ich darum noch einmal (und kurz) ausweichen. Diesmal ist GOETHE mein Gewährsmann. Ihn störte, daß die Kerzen immer wieder zu rußen begannen. Und, wie man sich erinnert, prophezeite er, daß es die Technik dereinst so weit bringen werde, daß man die Kerzen nicht mehr werde schneuzen müssen. Na, hat er nicht recht gehabt? Aber auch dies war bekanntlich noch vor der Zeit des Bayerischen Rundfunks.

Nun aber gibt es ihn, und wir sind es gewohnt, vor Fragen nicht zu kneifen; also begleite man mich *bona fide* in meine Prognosen, in die Entwicklungsmöglichkeiten unseres Geistes.

Zur Anatomie

Zunächst stellen wir fest, daß unser Hirnvolumen in jenen vergangenen fünfzigtausend Jahren nicht mehr zugenommen hat. Und, was unseren Neandertaler überrascht hätte, es ist gemessen an seinem sogar beträchtlich kleiner; eineinhalb Liter im Durchschnitt gegenüber seinem Zweilitergehirn. Nur ist es nicht kleiner geworden, sondern wir entstammen einer Eineinhalbliterrasse. Aber jene eineinhalb Liter haben schon damals genügt, die Neandertaler auszurotten. Wahrscheinlich haben wir die meisten in die unwirtlichsten Gegenden verdrängt und den Rest erschlagen.

Was übrigens dazu führte, daß wir die einzige Art auf diesem Planeten sind, die keinerlei nahe Verwandte mehr besitzt. Auch dies ist ein Umstand, der zu denken gibt.

Warum also hat unser Hirnvolumen nicht mehr zugenommen? Aufrichtig gesagt: Wir wissen es nicht. Wir kennen nur eine Reihe möglicher Gründe.

Zunächst einmal hat das weibliche Becken an Weite nicht zugenommen. Und da unsere Geburt, dummerweise, durch den einzigen nicht erweiterbaren Knochenring unseres Bauplanes erfolgen muß, konnte der Schädel des Neugeborenen auch nicht größer werden. Er allein ist der schmerzerzeugende, dicke Pfropfen des Geburtsvorganges, während das restliche Körperchen des Neugeborenen fast mühelos aus der Scheide schlüpft.

Nun hat sich die Natur bei der Größe des menschlichen Gehirns damit etwas geholfen, einiges an embryonaler Entwicklung in die Zeit nach der Geburt zu verlegen. Und da die 10^{11} Hirnzellen, das sind hundert Milliarden, in der Embryogenese schon früh vollzählig sein müssen (und später nicht mehr ergänzt werden können), werden sie kleiner angelegt und gewinnen ihr volles Volumen erst lange nach der Geburt.

Gut, aber warum wurde das weibliche Becken nicht breiter? Auch das wissen wir nicht. Hat unsere räuberische Erfolgsrasse vielleicht ihre Weiber auf schmale Becken gezüchtet? Haben die dummen

Homo-sapiens-Männer verachtet, was die Gynäkologen heute ein gebärfreudiges Becken nennen? Hätte das Schönheitsideal des modernen Amerika *rich and thin* (reich und schlank) schon so lange seine Wirkung getan? Daß innerartliche Selektion zum Nachteil, selbst zum Verderben einer Art führen kann, nun ganz im Ernst, das ist bekannt.

Nun aber zu einem ganz anderen möglichen Grund. Es besteht, jedenfalls beim heutigen Kulturmenschen, kein Zusammenhang zwischen dem Volumen eines gesunden Gehirns und der Intelligenz seines Besitzers. Vielleicht ist unsere Gehirnkapazität noch gar nicht voll ausgeschöpft? Darum geht es wohl auch mehr um die Organisation dieser Kapazität als um ihr Volumen.

Kurz, mit der anatomischen Entwicklung unseres Hirns ist nicht viel anzufangen. Selbst wenn wir die Veränderung des Schädels nach DARCY THOMPSONs Allometrien weiterrechneten, so wäre zwar in der Zukunft ein Menschenantlitz von einiger Häßlichkeit zu erwarten: ein kleines Greisengesicht mit scharfem Kinn und kantiger Nase, eingesunkenen Augen und einem aufgeblähten, kugelglatten Kinderschädel darüber, aber auch dies hätte auf das Volumen keinen großen Einfluß. Zumal hier wieder in fünfzig Jahrtausenden vorausgerechnet ist, wo wir heute um unsere Spezies in Jahrhunderten, ja in Jahrzehnten bangen.

Zur Begabung

Fragen wir also besser nach einer möglichen Herausbildung – soll ich sagen ›Züchtung‹? – der Begabung.

Da empfängt uns zunächst die so angenehme Frage nach der Herkunft der Intelligenz. Eine Frage, der sich unsere Ideologen mit einer Wärme angenommen haben, daß darüber kaum mehr geredet werden kann, ohne schamrot zu werden. Sind also die eineiigen Zwillinge (bekanntlich die einzigen Menschen mit identischem Erbgut) einander auch in der Intelligenz ähnlicher als die zweieiigen? Selbstverständlich sind sie das; ganz eindeutig. Da, sagen die Konservativen, sieht man den Vorrang des Erbgutes. Keineswegs, behaupten die Sozialisten, da sieht man wieder einmal den Vorrang des Milieus: denn die eineiigen Zwillinge werden ähnlicher erzogen als die zweieigen! Die einen wollen auch die ungleichen Menschen gleich haben, die anderen ihnen ungleiche Chancen geben. Die Verwirrung ist somit hinreichend etabliert.

Dabei zeigt es sich, daß dieser Streit für unsere Entwicklung ganz ohne Belang ist. Denn wo hätte man gesehen, daß sich die Begabten stärker vermehrten als die Unbegabten? Und nur dies sicherte eine genetische Verbesserung unserer Spezies, wollte man mit einer solchen überhaupt rechnen. Derlei streben wir gar nicht an. Steht doch unter den wenigen Fortschritten, die unserer Zivilisation gelungen sind, der Schutz der Erfolglosen. Das ist es, was wir Umverteilung oder soziale Gerechtigkeit nennen. Sie war höchst an der Zeit. Allerdings blieb die Frage unbeantwortet, wieviel man den Tüchtigen wegnehmen dürfe, ohne den Untüchtigen zu schaden.

Im Individualbereich liegen die Dinge möglicherweise sogar umgekehrt. Sollte eine Korrelation zwischen Tüchtigkeit und Begabung bestehen, so mögen sich die Unbegabten sogar stärker vermehren als die Begabten. Nur im Völkerbereich liegt eine Umkehrung vor; und kennzeichnenderweise ist sie wieder höchst makaber.

Wir sind dabei, die Naturvölker auszurotten. Das vielleicht entscheidendste Reservoir unserer genetischen, adaptiven Mannigfaltigkeit wird zerstört. Ganz abgesehen von allem Jammer, aller Inhumanität, die damit verbunden ist. Der letzte Tasmanier ist schon längst fortgeschafft, ebenso der letzte Feuerländer. Die übrigen Naturvölker sind alle schon aufgestöbert, die meisten missioniert, wirtschaftskolonisiert oder sonstwie in ihrer Eigenständigkeit bedroht, unterminiert oder im Zugrundegehen. (Ich rede gar nicht vom geläufigen Völkermord; es geht auch in kalter Weise.) Die evolviertere Kultur will ihre Segnungen verbreiten (verkaufen), die einfachere will jene haben. Die Mächtigeren nutzen ihre Macht, die Ungleichen wollen gleicher sein. Es ist zu dumm!

In diesem Sinne steckt die reaktionäre wie die egalitäre Ideologie in der Anlage des Menschen selber; beide sind nichts als ein Ausdruck des menschlichen Dilemmas, nichts als die zivilisatorischen Eskalationen unserer Anlagen. Tatsächlich hülfen nur Zäune um die Naturvölker; dies aber käme einer Zoohaltung des Menschen gleich.

Kurz, ich wollte sagen: Wenn es jemanden geben sollte, der Begabung mit Fortschritt korreliert, der soll wissen, daß sein konservatives Weltbild selbst Anlaß zur Zerstörung des Konservativen ist. Nachdem aber ohnedies niemand zu bestimmen vermag, was Begabung ist oder Intelligenz, ist damit für unsere Prognose nicht viel anzufangen. Ich erwähnte den Gegenstand nur deshalb, weil er Stoff unserer Diskussion ist; wenn auch einer fruchtlosen.

Zu den Anlagen

Nun komme ich zu den Anlagen, zur geistigen Ausstattung von uns Menschen. Was uns zunächst von unseren tierischen Verwandten abhebt, das ist ein helles Bewußtsein und ein rationaler Verstand. Der Vorteil des Bewußtseins kann gar nicht hoch genug eingeschätzt werden. Er besteht, wie POPPER sagt, darin, daß nun stellvertretend für ihre Besitzer Hypothesen sterben können. Die Möglichkeit, ein nur gedachtes Risiko einzugehen, ist von lebenserhaltender Bedeutung.

Daß aber auch der Nachteil des Bewußtseins – das Gedachte mit Realität verwechseln zu können – von schicksalhafter Bedeutung ist, das wird meist übersehen. Ja, es passiert, Gedachtes für realer als die reale Welt zu halten. Dort, wie die idealistischen Philosophen schon im Altertum meinten, ›der lärmende Haufen der Sinne‹, da ›die ewig gültigen Gesetze meines Verstandes‹. Solche Anlage lenkte, bewegt von den Antrieben Ratlosigkeit und Neugierde, unsere Geistesentwicklung. Denn die Einsicht in seine eigene Ungewißheit ist ebenso wie das explorative Verhalten von lebenserhaltender Funktion.

So beginnt die Reflexion aller Kulturen mit einem Rätseln und Deuten der Herkunft und der Zwecke der Dinge dieser Welt. Es beginnt mit Mythos und Kosmogonie. In den Hochkulturen setzt dann eine Sichtung der Denkmittel ein, und es entsteht die Philosophie. Einst die Synopsis allen Wissens; heute das schönste und vollständigste System der dem Menschen nicht lösbaren Fragen. Denn was immer sich als lösbar erwies, wurde zu einer Wissenschaft. So entwikkelten sich aus der Philosophie alle Wissenschaften als ihre emanzipierten Kinder.

Auf diesem Wege wurde aus Erfolg und Mißerfolg des Lebendigen etwas Neues. Mit dem Bewußtsein und der Reflexion entstanden in dieser Welt Wahrheit und Irrtum. Allerdings in drei widersprüchlichen Formen; logische versus empirische versus soziale Wahrheiten.

Als logische Wahrheiten erscheinen uns unsere ererbten Denkgesetze und alles, was sich, ohne sich zu widersprechen (wie wir meinen), aus ihnen ableiten oder deduzieren läßt. Sie bestünden jenseits der empirischen Erfahrung und bedürften deren Kontrolle nicht, vielmehr kontrollierten sie diese.

Als empirische Wahrheit dagegen erscheint nun, was (induktiv) aus der Erfahrung folgt; als eine Annäherung des Verstehens an die reale Welt, wann immer unsere Prognosen über die Ereignisse und Zustände dieser Welt, obwohl sie scheitern könnten, nicht scheitern. Auf diese Weise hätte sich, wie wir uns ausdrücken, eine Sache bewahrheitet.

Kollektive Wahrheiten bilden den Rest: den nicht unbeträchtlichen Rest unserer Ansichten, falls sich diese weder auf unsere Logik noch auf die Erfahrung zureichend zu stützen scheinen. Sie regieren aber nicht nur dort, wo wir nichts wissen können. Sie haben auch im Bereich unserer logischen und empirischen Vermutungen die Funktion, diese in den Rang von Gewißheiten zu erheben. Es sind soziale Vereinbarungen zur Beruhigung der verbleibenden Unsicherheit.

Die Konflikte nun, wie sie immer zwischen dreierlei Wahrheiten entstehen mußten, profilierten unsere Geistesgeschichte. Ich bin zwar der Ansicht, daß es nur die Erfahrung sein kann, die unsere Kenntnis von dieser Welt adaptieren kann. Und ich meine, daß diese Adaptierung an die Gesetze dieser Welt, von den physikalischen bis zu den Sozial- und Kulturgesetzen, die Voraussetzung zunächst unseres Überlebens und ferner einer humanen Entwicklung unserer Welt sein muß.

Aber selbst hinsichtlich dieser empirischen Wahrheit ist unser Erkenntnisapparat bescheiden ausgerüstet. Von den kindlichsten Versuchen bis zu den experimentellen Wissenschaften sind wir von der Erwartung angeleitet, daß mit der Zahl der bestätigten Prognosen die Bestätigung der Folgeprognose wahrscheinlicher werden würde. Ansonsten würden wir weder etwas versuchen noch in der Bestätigung einer Voraussicht einen Sinn erblicken.

Damit verlassen aber auch die exaktesten unserer Wissenschaften nicht das Dilemma des RUSSELLschen Huhnes, das mit jedem Tag seinen Fütterer mehr für seinen Wohltäter halten muß, ohne wissen zu können, daß es dies jenem Tag nahebringt, an dem ihm dieser Wohltäter den Hals umdrehen wird.

Ändern werden sich diese genetischen Anlagen nicht mehr. Denn weder liegt auf ihren Mängeln ein Selektionsdruck, noch ist in der Kürze der Kulturentwicklung mit einer genetischen Adaptierung zu rechnen. Wie gesagt zählt die eine in Jahrhunderten, die andere in Jahrmillionen. Wir können nur mehr unserer Vernunft vertrauen, indem wir, RUSSELLsche Hühner allesamt, höchst wachsam werden gegenüber den Formen der Wahrheit und jenen unserer Wohltäter.

Zur Vernunft

Also geht es bei der Frage um die Entwicklungsmöglichkeiten des Menschen als Geisteswesen um die Möglichkeiten der Vernunft. Da aber befinden wir uns an einer besonders prekären Stelle. Es stellte sich nämlich im Laufe der 25 Jahrhunderte unserer Geistesgeschichte heraus, daß sich unsere Vernunft nicht selbst zu begründen vermag. Und zwar, wie ich erinnern darf, deshalb, weil in der Kette der Vorbedingungen der Vorbedingungen dieser Vernunft kein Anfang zu finden ist. Man kann auch sagen: weil es zur Untersuchung einer jeden Vorbedingung der Vernunft schon der Vernunft bedarf.

Die gewissermaßen letzten, von der Vernunft selbst nicht mehr hinterfragbaren Vorbedingungen sind als die KANTschen *Apriori* bekannt und bestätigt.

Daß ich nun an dieser Stelle meine Prognostik unserer möglichen Entwicklung nicht endgültig aufgebe, ja, daß ich mich auf eine solche überhaupt eingelassen habe, hat folgenden Grund.

Uns Biologen ist es nämlich nicht nur gelungen, das Phänomen der Evolution aufzurollen, unsere ›Evolutionäre Erkenntnistheorie‹ hat in den letzten Jahrzehnten zudem einen Weg gefunden, um selbst die Vorbedingungen unserer Vernunft aufzuschließen. Wir betrachten Evolution selbst als einen kenntnisgewinnenden Prozeß. Dabei stellt es sich heraus, daß jene Vorbedingungen unserer Vernunft angeborene Anschauungsformen sind; und diese sind Produkte der Selektion, Produkte der Anpassung an die Welt unserer Ahnen.

Beides ist interessant. Als Anpassungsprodukte müssen sie etwas mit der realen Außenwelt zu tun haben, etwas aus ihr abbildend und zutreffend erwarten lassen. Als Anpassungsprodukte unserer Ahnen sind sie aber höchst vereinfachte Annäherungen an die noch sehr einfachen Lebensprobleme unserer früh- und vormenschlichen Vorfahren. Nun zeigt es sich, daß wir mit zweierlei Bedingungen operieren.

Einmal sind es unsere angeborenen, vernunftähnlichen (wir sprechen von ratiomorphen) Anschauungsformen. Für sie ist der Aufgaben- und Verantwortungsbereich, der uns mit unseren sozial-kapitalistischen Erfolgsgesellschaften passiert ist, zu kompliziert geworden. Die zivilisatorische Entwicklung ist der genetischen davongaloppiert. Unsere reflektierende Vernunft aber, die auf jenen ratiomorphen Vorbedingungen aufbaut, vermeint deren Weltsicht beliebig extrapolieren zu können.

Die Folge ist eine Eskalation der bescheidenen ratiomorphen Anpassungsmängel zu beträchtlichen, ja lebensgefährlichen rationalen Fehlern. Deshalb betrachte ich als die Heroen unserer Geistesgeschichte jene Männer, die entgegen den simplen Ausstattungen und Erwartungen der Kreatur und trotz der sozialen Strafen, welche die Übertretungen der sozialen Wahrheiten ahnden, sich der Erfahrung gebeugt haben: die erkannten, daß die Erde eine Kugel ist, daß sie sich um die Sonne bewegt, daß der Mensch dem Tierreich entstammt und daß Raum und Zeit ein Kontinuum bilden.

Die jüngste jener Aufdeckungen zeigt besonders deutlich, wie unsere Vernunft ihre eigenen Mängel der Anleitung zu überwinden vermag. Denn obwohl sich die erblichen Anschauungsformen nicht mehr ändern lassen, obwohl wir uns Zeit nur eindimensional und den Raum (von jener nur unabhängig und) als dreidimensional vorzustellen vermögen, sind wir in der Lage, uns selbst zu übersteigen (uns selbst zu transzendieren, um mit den Philosophen zu sprechen).

Zur Transzendenz

Das ist nun erst der Punkt, an dem meine skeptische Prognose, über die ›Entwicklungsmöglichkeiten der Menschen als Geisteswesen‹ Hoffnungen zu schöpfen, beginnt. Die Evolution unseres Geistes muß nicht in allen seinen geistigen Vorbedingungen gefangen bleiben. Wir haben die Chance, uns selbst zu übersteigen, selbst das zu erkennen, wofür wir nicht ausgestattet sind.

Unser harrt nämlich noch der Aufschluß und die Korrektur viel einschneidenderer Anpassungsmängel unserer Vernunft.

Wenn uns auch unser Unvermögen, den Wechselzusammenhang von Raum und Zeit sinnlich zu erleben, auf unserer winzigen Erdenwelt wohl noch nicht gestört hat: es gibt Mängel unserer Anschauung, die dimensionslos wirken und zur Folge haben, daß wir unsere eigene Welt gefährden.

Hierher gehört unsere Anschauung von den Ursachen und Zwekken, das, was wir Kausalität und Finalität nennen. Kräfte und Zwecke erscheinen uns als getrennte Qualitäten. Und wieder zeigt es sich, daß es, wie bei Raum und Zeit, nur zweierlei schmale Fenster der Anschauung in eine völlig kontinuierliche Welt der Bedingungen sind. Weil wir zudem noch Ursachen wie Zwecke in Kettenform erleben, haben wir uns da auf die Suche nach den ersten Ursachen dieser Welt gemacht, dort auf die Suche nach ihren letzten Zwecken.

Wir haben versäumt zu erkennen, daß diese auseinander hervorgehen. Wir haben nicht bemerkt, daß es in dieser Welt keine Wirkung gibt, die nicht letztlich auf ihre eigene Ursache zurückwirkt. Wir meinen noch immer, daß die Wirkungen, die wir setzen, kanalisierbar bleiben. Wir greifen heute in das ganze Gefüge unserer Erdoberfläche ein, ohne ihr Gefüge zu verstehen. Wir manipulieren die Welt und sind dabei, sie zu zerstören. Hier ist uns eine sich selbst eskalierende Industrie- und Machtgesellschaft passiert, und wir finden uns nun gemeinsam in der Sippenhaftung für diesen kollektiven Unsinn.

Jedoch: In jener ›Selbsttranszendenz‹ könnten wir unsere eigenen Mängel übersteigen. Wir könnten uns wieder eine Welt nach dem Maß des Menschen einrichten. Wir könnten aus den selbstzerstörerischen Eskalationen zurückschwingen in jene Formen dämpfender Regelkreise, denen alle Kreatur, das gesamte ökologische System seine beträchtlichen Stabilitäten verdankt.

Dazu bedürfte es nur der entsprechenden Kenntnisse, einer Abklärung hinsichtlich der Begrenzung unserer menschlichen Ausstattung, also einer Verbreitung jener Kenntnisse durch eine vertiefte Bildung. Dann könnten jene eskalierenden Systeme auch politisch keine Majoritäten mehr gewinnen. Dann bekämen wir den Kopf aus der Schlinge.

Doch genug! Hier wird mit Leidenschaft Vernunft gepredigt. Das Thema wird widersprüchlich, wie man fühlt; denn woher soll jene Bildung kommen, die nötig ist, Vernunft durchzusetzen? Und ich beginne, mein Thema der Prognose jenes Neandertalers verwandt zu fühlen, der uns beliebiges Hirnwachstum prophezeite. Kann unsere Selbsterkenntnis absurd werden?

Zur Supertranszendenz

Ja gewiß! Denn die Selbsttranszendenz, also seine eigenen Anpassungsmängel zu erkennen, kann in die Supertranszendenz einmünden, selbst seine Anlagen verbessern zu wollen. Die kleine Utopie der Selbsterkenntnis kann von der Riesenutopie der Selbstverbesserung überrannt werden. Ja, in dem Augenblick, da ich die kleine Abklärung zu predigen beginne, so ganz allein mit mir, hat eine ungeheure Maschinerie der Mächtigen längst mit einer Riesenmanipulation begonnen.

Wie man weiß, sitzen alle Erbanlagen kodiert in den Kernsäuresequenzen des Erbgutes. Allmählich beginnt man, dessen Struktur zu verstehen. Längst besitzen wir jene chemischen Scheren, um es auseinanderzuschneiden. Schon vermag man etwas wegzuschnipseln, versuchsweise zunächst und bei einfachsten Organismen. Selbst Stückchen fremden Erbgutes zu übertragen ist bereits gelungen. Die Manipulation unserer eigenen Zusammensetzung ist also nur mehr eine Frage der Zeit.

Ahnt man, was da kommen mag? Muß es kommen? Kann man es verbieten? Nichts läßt sich hier aufhalten oder verbieten! Denn wenn es darum gehen wird, sagen wir, einer verhungernden Weltbevölkerung durch Genmanipulation des Getreides den Ertrag zu verdoppeln: wird man es nicht tun? Und wenn es später darum gehen wird, dem Menschen die Anlage zu einer tödlichen Erbkrankheit aus den Genen zu schneiden, wird uns die Humanität nicht vorschreiben, diesen Schnitt vorzunehmen? Selbstredend wird man es tun, und man wird es mit Rieseninstituten, Forschungspolitik und Ehrungen auf das massivste fördern. Allein die Angst der großen Mächte voreinander wird dieses Geschäft betreiben, selbst (wenn nötig) im geheimen!

Dann aber sind wir dort, wo wir den Menschen nach eigenen Plänen verbessern werden; in alle seine Eigenschaften werden wir dann eingreifen. Es werden Menschen-Verbesserungskommissionen entstehen. Die Mächte werden sich ihre Übermenschen nach staatlichen Plänen züchten. Sie werden dann wissen, wie ihre Übermenschen zum eigenen Vorteil wie zum Nachteil des Gegners auszustatten wären. Die Franzosen könnten 100 Millionen Napoleons, die Russen 200 Millionen Lenins erzeugen; was brächten dann noch in Österreich 7 Millionen gezüchtete Johann Strauss? Doch zur Sache:

Wer will uns dafür bürgen, daß die zu züchtenden Übermenschen sich nicht als die Über-Untermenschen dieses Planeten erweisen würden? Kurzum, es scheint mir so, als hätte der Schöpfer die Spezies Mensch auf die dünnen Beinchen ihrer Vernunft gestellt, hinbalanciert, zunächst mit väterlicher Hand, und nun sieht er zu, wie lange er sich auf diesen halten kann. Soweit meine Utopie zur Frage des Bayerischen Rundfunks.

Wie einfach, wie menschlich heimelig dagegen war doch die Utopie des FUHLROTTschen Neandertalers, von der wir ausgegangen sind; jenes mutmaßlich rachitischen Trottels.

III 2 Anpassungsmängel der Vernunft

Mit den ›Utopien‹ haben wir das Thema von seiner leichteren Seite aufgenommen (III 1); das war 1982. Bald darauf begann man sich in Wirtschaft und Politik dafür zu interessieren. Man verstand, daß die Kenntnis unserer Adaptierung zur Verbesserung unseres Zusammenlebens beitragen müßte.

Aus meinen Vorträgen zu diesem Thema unserer Anpassungsmängel wähle ich den folgenden aus. Einmal, weil man mir sagte, daß er anregend war, zum anderen, weil es mir bezeichnend erscheint, daß Geldinstitute schon früh zu solchen Themen eingeladen haben. Dabei kam es darauf an, gebildeten, aber keineswegs biologisch versierten Persönlichkeiten Einblick in biologisch-erkenntnistheoretische Zusammenhänge zu geben; stets mit den Anliegen der Praxis im Hintergrund.

Dieser Beitrag war Teil eines Symposiums, das das ›Österreichische Forschungsinstitut für Sparkassenwesen‹ Anfang 1985 in Bad Ischl veranstaltete. Sein Ergebnis ist von Kurt Bartel *1986 unter dem Titel »Evolution, Mensch, Technik« herausgegeben worden, wobei schon die Kombination der Themen (und der Diskussion) kennzeichnend ist für unsere Zeit.*

Stellt man sich die Frage, wie es zu verstehen ist, daß es mit unserer Vernunft so unvernünftig zugeht, dann bemerkt man zunächst, daß offenbar von zwei Arten von Vernunft die Rede sein muß. Einmal muß mit Vernunft etwas gemeint sein, das mit unserem klaren Verstand zu tun hat (gegenüber dem ›dummen Vieh‹); ein andermal ist es etwas, das den Lebenserfolg betrachtet. Offenbar können die beiden in Konflikt geraten. Und damit sind wir auch schon beim Thema.

Historiker haben gute Gründe für die Gliederung unserer Kulturgeschichte in große Abschnitte; und sie zeigen, daß sich vor rund zweihundert Jahren von einem Zeitalter des Glaubens ein Zeitalter der Vernunft (des Verstandes?) abzuheben begann. Die frühen englischen Empiristen, VOLTAIRE, die französischen Enzyklopädisten spielen dabei eine Rolle, die ›Ecole Polytechnique‹, die Physiokraten. Die Französische Revolution schüttelt (blutig) das Joch der Aristokratie und des Klerus ab, die Aufklärung redet einem neuen Humanismus das Wort, die Positivisten verbannen die Metaphysik und stellen den sicheren Grund des positiven Wissens in Aussicht.

Die neue Zeit verspricht die neuen Freiheiten aus jedermanns Recht auf Wissen (Bildung pflegte man zu sagen), aus Selbstgestaltung und Mitgestaltung unserer Welt, aus dem Machbaren. Und zwei Jahrhunderte hindurch haben wir uns dem Machbaren verschrieben; haben diejenigen gefördert, die am meisten machten; und finden uns nun in einer Welt, für die wir, wie erst jüngst entdeckt, selbst verantwortlich erscheinen.

Wir erhöhten die Produktion und schufen das Proletariat, wir vermehrten die Güter, und die Bevölkerung explodierte, wir verbesserten die Mobilität und betonieren die Landschaft zu, wir entriegeln neue Energien und produzieren den *overkill*, wir fördern das Wachstum und ruinieren unseren Lebensraum. Und weil wir uns mit einer reparierbar gemachten Welt aus Garagen, kanalisierten Flüssen, Industrien, Menschensilos und Asphaltguß umgeben, versteigen wir uns zu der unsinnigen Ansicht, Mensch und Natur seien ebenso reparierbar.

Dabei sind die Verantwortlichen für solche Unvernunft schlecht angebbar. Die Macher dieser Zivilisation sind Ausführende eines Zeitgeistes und machen in ihm weiter, so, wie sie von ihm gemacht werden. Geschichte, die keiner gemacht hat, ist in diesem Sinne von allen gemacht worden. Sie ist ›von unten‹ zu verstehen, aus der Ausstattung des Menschen, seiner Possessivität, der Bemühung um den Ausbau von Sicherheit und Lebensqualität. Aber auch die ›Geschichte von oben‹ kennt Langzeitgesetze, die großen (metaphysischen) Ideen, in denen wir Maß und Regel dafür vereinbaren, was zu besitzen von Wert wäre, worin das Lebensglück bestünde, der Zweck einer Kultur und der Sinn des Lebens.

Neben allen Querelen des Alltags, allem Hin und Her großteils sinnloser Zeitereignisse, steckt die Ursache der Zeitprobleme in jenen Langzeitgesetzen, im Zeitgeist, den wir im Wechselspiel zwischen menschlicher Ausstattung und der jeweiligen Theorie der Heilserwartungen selbst fabrizierten. Wie also ist unsere Ausstattung zu verstehen, jene Vorgabe an Vernunft, mit der wir in der Folge gemeinsam unseren Zeitgeist mit jeweils irgendeiner, jedoch für Jahrhunderte festgeschriebenen Lösung versehen? Jener Verstand, der uns die Werte von Glück, Zweck und Lebenserfolg vereinbaren heißt.

Über die Art unserer Vernunft

Es zählt zu den Merkwürdigkeiten unserer Existenz, daß die spekulativen Kräfte des Menschen nicht ausreichen, um seine Vernunft zu begründen. Alles Wissen, behaupten die Empiristen, kann nur aus der Erfahrung stammen. Und offen gesagt, woher sonst sollte es kommen? Um Erfahrung überhaupt machen zu können, behaupten die Rationalisten, bedarf es in jedem Falle schon eines Vorauswissens, eines Wissens *a priori*, einer Vernunft. Tatsächlich kann kein Experiment die Existenz auch nur von Raum, Zeit oder Kausalität beweisen. All das ist in der Welt vorauszusetzen, um sie zu verstehen, selbst um sich in ihr bloß bewegen zu können. Was aber kann dieses Wissen *a priori* begründen, von dem unsere Erfahrung *a posteriori* abhängen muß? Oder, wie sollte Erfahrung vor jeder Erfahrung zu gewinnen sein?

An dieses Dilemma der Vernunft schließen weitere Ungereimtheiten an. Muß man ein uns vorgegebenes Vorwissen anerkennen, dann sind es wohl geistige Dinge, behaupten die Idealisten (eigentlich Ideeisten), die uns wie der Welt vorgegebenen Ideen. Wäre etwa das Dreieck mit seinen Gesetzen erst mit seiner materiellen Realisation gegeben? Es ist wohl vor derselben da. Wenn hingegen jegliche Erfahrung nur Vorerfahrung voraussetzt, dann stammt alles Wissen über höchst materielle Dinge, behaupten die Materialisten, aus einer ebenso höchst materiellen Welt. Wäre dann Immaterielles in einer so offensichtlich materiellen Welt denkbar? Keineswegs, behaupten die (materialistischen) Monisten; alles ist materiell. Und sollten wir nicht meinen, diese Welt wäre eine Einheit? Keineswegs nur eine aus Materialien, behaupten die Dualisten, eine Idee ist unzerstörbar. Kann unser Geist nicht Distanzen wie Dinge überwinden, ohne sich materiell zu verbrauchen?

Aus diesem Dilemma ist die Biologie ausgebrochen. Genauer, sie hat sich gar nicht erst darauf eingelassen. Sie betrachtet Leben, ja den ganzen Vorgang der Evolution, als einen kenntnisgewinnenden Prozeß. Man denke nur, wie der genetische Kenntnisgewinn unserer Vorfahren (wohl zurück bis zu den Urfischen) alle für unser Sehen relevanten Gesetze dieser Welt entnommen und nach Aufbau- und Betriebsanleitung unserem Auge eingebaut hat. So wird KONRAD LORENZ' Deutung richtig sein, daß die uns angeborenen Formen, diese Welt anzuschauen, aus demselben Grund in diese Welt passen, aus dem auch die Flosse des Fisches ins Wasser paßt, noch bevor er aus dem Ei geschlüpft ist.

Die *A-priori*-Bedingungen der Vernunft des Individuums werden *A-posteriori*-Lernprodukte aus der genetischen Erfahrung seines Stammes sein. Die Empiristen haben also recht, daß alles Wissen nur aus der Erfahrung stammt, ebenso wie die Rationalisten, daß es vor jeder individuellen Erfahrung ein Vorwissen geben muß. Aber freilich irren die Rationalisten, wenn sie weiter behaupten, das individuelle Vorwissen könne keiner Erfahrung entstammen. So, wie die Empiristen mit der Behauptung irren, daß es vor der individuellen Erfahrung keinen anderen Wissensgewinn gebe.

Die Evolutionisten reden darum von einem dem individuellen Wissensgewinn vorgegebenen ratiomorphen (vernunftähnlichen) Apparat, der zur Meisterung der Lebensprobleme unserem Verstand vorgegeben ist. Wir verstehen sein Zustandekommen ebenso wie seine Übereinstimmung mit der Welt als ein Produkt der Anpassung

Aber aus welchen Zeiten stammt der ratiomorphe Apparat? Und welches waren die Lebensprobleme, an deren Meisterung er adaptiert wurde? Das ist nun eine Frage anderer Art. Sie setzt die Richtigkeit der LORENZschen Einsicht voraus, wendet sich aber nun kritisch (oder skeptisch), zwar nicht gegen die Theorie von der adaptiven Entstehung der Vorbedingungen unseres Verstandes, jedoch gegen die Vorstellung von unserer zureichenden Angepaßtheit.

Können wir unsere Vernunft übersteigen?

Für die Generation von KONRAD LORENZ, die noch für die Anerkennung der Theorie DARWINS einzutreten hatte, also für die Theorie einer schrittweisen Adaptierung aller Kreatur an diese Welt, ist die Adaptierung unserer angeborenen Anschauungsformen die entscheidende Lösung. Dies wird auch die entscheidende Lösung bleiben. Denn sie macht uns die Herkunft unserer Vernunft verstehen.

Die Frage, die ich in meinen Studien angeschlossen habe, entspricht dagegen einer Skepsis, die meiner Generation quasi an der Wiege gesungen wurde: Wem können wir trauen? Vielleicht nicht einmal unseren angeborenen Formen der Anschauung, jener erblichen Ausstattung unserer Vernunft. Das ist natürlich noch immer eine Frage im Rahmen der ›Evolutionären Erkenntnistheorie‹. Aber sie schließt weitere Erwartungen ein.

Zunächst wird behauptet, unsere Anschauungsformen ließen sich kritisch betrachten, das heißt durch die Möglichkeiten unseres Verstandes korrigieren (übersteigen, transzendieren, wie die Philosophen sagen würden). Ein Münchhausenabenteuer? Das wäre es gewiß, wollten wir mit Hilfe unseres Verstandes unseren Verstand überwinden. Mein Anliegen aber ist bescheidener. Ich erwarte, daß wir mit Hilfe der uns möglichen Erfahrung die Formen der Anschauung zu übersteigen vermöchten, indem wir darauf achten, in welcher Weise sie an den von ihnen dirigierten Prognosen regelmäßig scheitern.

Etwa analog der Weise, in der uns EINSTEIN zeigte, daß diese Welt nicht in die uns unabhängig voneinander erscheinenden Qualitäten eines dreidimensionalen Raumes und einer eindimensionalen Zeit zerfällt. Daß wir in Wahrheit in einem vierdimensionalen Raum-Zeit-Kontinuum leben, das wir zwar aus der Erfahrung nachweisen, uns aber nicht anschaubar machen können. Denn dazu sind die Kräfte unserer Anschauungsformen nicht gemacht. Wobei es uns nicht beunruhigt hat, daß wir uns weder den Beginn der Zeit noch das Ende des Raumes vorzustellen vermögen, was man nach unserem euklidischen

Raumkonzept hätte erwarten müssen. Für mich als Biologen besteht darum die große Leistung EINSTEINS darin, daß er im Konflikt zwischen der ihm angeborenen Anschauung und der möglichen Erfahrung sich der Erfahrung gebeugt hat.

Dieser Kritik ist also eine weitere Erwartung unterlegt: daß nämlich diese Anschauungsformen unserer Welt nur annähernd adaptiert seien. Wie also sollte das möglich sein? Nun hinkt zwar die Adaptierung den Anforderungen immer hinterher, denn je näher sie diesen kommt, um so mehr reduziert sich der Selektionsdruck, der die Adaptierung durchsetzt. Das ist zwar richtig, aber dieses Phänomen ist für mein Argument noch zu schwach. Wir müssen vielmehr drei weitere Gegebenheiten in Beziehung setzen:

Zum ersten ist genetische Adaptierung ein langsamer Prozeß. Für den Einbau etwa neuer (struktureller) Artmerkmale bedarf es bei höheren Wirbeltieren wenigstens einer Jahrmillion; meist deren mehrerer bis vieler. Für die Etablierung unserer ratiomorphen Ausstattung muß mit ähnlichen Zeitspannen gerechnet werden. So kennt man die Einrichtungen für eine dreidimensionale Raumorientierung schon von den Haien; und diese haben sich vor mehr als vierhundert Jahrmillionen von den Formen unserer Stammlinie getrennt. Die jüngste unserer Anschauungsformen, die Erwartung von Zwecken, muß man schon den Vormenschen zurechnen, die ein bis zwei Jahrmillionen zurückliegen.

Zum zweiten adaptiert sich alle Kreatur nicht irgendwelchen Weltproblemen, sondern den meist viel einfacheren Lebensproblemen ihrer kleinen Welt. Nichts an kommender Lebensproblematik kann antizipiert werden. Nur den unmittelbaren Lebensanforderungen wird, mit zufälligen und manchmal erfolgreichen Mutationen, allmählich entsprochen. Freilich ist das Maß erblicher Vorkenntnisse gewaltig. Alle unsere körperlichen Strukturen, Funktionen und Regulative sind Vorkenntnisse solcher Art. Aber ein Wachstumsproblem gab es in der Welt der Vormenschen noch nicht, keines der sozialen Umverteilung, der Indoktrination durch die Industrie oder des *overkill.* Nur vorhandene Probleme konnten gelöst werden.

Und damit sind wir bei dritten Phänomenen. Mit dem Hellwerden des Bewußtseins, mit der Sprache und der Tradierung von Kultur entsteht eine zweite Evolution. Sie gewinnt Wissen nicht in Jahrtausenden, sondern mit Glück und Geschick in Stunden. Sie speichert es nicht mehr in den Genen, sondern im Gedächtnis. Und wo sich früher ein neuer Versuch, der Erfolg einer Mutante, erst langsam im Genom einer Population durchsetzen mußte, verbreitet sich nun eine Erfindung wie ein Lauffeuer. Die erste Evolution, zwar in allem die Grundlage der zweiten, wird von der zweiten überrannt. Auf die Weiterentwicklung der ersten ist nicht mehr zu hoffen. Die zweite aber schuf mit Arbeitsteilung, Staaten, Industrie und Kapital eine neue, ungleich kompliziertere Welt.

Für diese neuen Lebensprobleme aber, so behaupte ich nun, sind unsere alten Anschauungsformen, jene Entscheidungshilfen unserer Vernunft, nicht geschaffen. Und wo die Prognostik, die sie uns suggerieren, regelmäßig an der Erfahrung scheitert, dort sollten wir sie übersteigen. Ja, wir werden sie korrigieren müssen, weil sie Lebensprobleme betreffen, die Existenzprobleme einschließen. Es ist wieder nur ein weiterer Adaptierungsschritt, den uns die Evolution abverlangt. Nunmehr eine Adaptierung unzureichend adaptierter Anschauungsformen: die genetisch zwar nicht mehr änderbar sein werden, aber korrigierbar durch Erfahrung.

Was für die Evolution nur ein kleiner Schritt sein mag, für unsere Spezies kann er ein Überlebensproblem betreffen, wo immer Lebensprobleme Existenzprobleme berühren.

Über die Extrapolation unserer Adaptierungsmängel

Unsere Unfähigkeit, Raum-Zeit-Kontinua vorstellen zu können, bildet gewiß kein Problem unserer Tage. Müßten wir doch mit annähernder Lichtgeschwindigkeit durch Dimensionen intergalaktischer Räume reisen, um die Irrtümer unserer angeborenen Raum- und Zeitverrechnung sinnlich wahrzunehmen: daß wir uns mit der Geschwindigkeit verformten oder daß sich mit der Dehnung des Raumes die Zeit änderte.

Wir sind eben nicht an den Makrokosmos angepaßt worden (und ebensowenig an den Mikrokosmos der Quantengesetze). Wir sind, wie Hans Mohr sagt, dem Mesokosmos unserer Lebenswelt adaptiert. Und jene kosmischen Fehldeutungen plagen uns auf unserem Planeten nicht. Das ist aber bei einer Reihe von Anschauungsformen anders. Sie betreffen Phänomene, die dimensionslos ihre Wirkung tun. Und diese plagen uns auch in unserer Mesowelt. Von diesen soll die Rede sein.

Freilich werden wir im Rahmen der evolutionären Theorie bleiben. Aber wir werden der adaptionistischen Lösung eine relativistische anschließen. Das heißt, daß wir die Lösungen, die uns die angeborenen Anschauungsformen aufdrängen, in zweierlei Richtung relativieren werden: einmal in bezug auf unsere Erfahrung mit den Strukturen der außersubjektiven Wirklichkeit, zum anderen hinsichtlich der Erfahrungen mit den Formen unserer rationalen (bewußten) Extrapolation.

1. Das Problem der Wahrheit und Wahrscheinlichkeit. Unsere ratiomorphe Ausstattung läßt uns erwarten, daß mit der Bestätigung einer Prognose die Wahrscheinlichkeit der Bestätigung der Folgeprognose zunehmen werde. Dieses Prinzip herrscht durchgängig von den niedersten Formen assoziativen Kenntnisgewinns, vom bedingten Reflex, bis zu unserer experimentellen Forschung.

Die Isomorphie, die Übereinstimmung von Programm- und Weltstruktur, beruht darauf, daß die meisten Koinzidenzen von Merkmalen nicht zufälliger Art sind, daß also unter gleichen Umständen zumeist mit der Wiederkehr gleicher Zustände oder Ereignisse gerechnet werden könne. Dies setzt wieder die hohe Redundanz unserer Weltstruktur voraus; das heißt, daß sich die Gegenstände und Vorgänge in ihr zahlreich wiederholen (die Ziegel eines Daches, die Fichten eines Forstes, die Nadeln einer Fichte, die Proteinmoleküle des Lebendigen, die Quanten im Kosmos; ebenso wie die Takte einer Sonate, die Schläge des Herzens, die Wogen des Meeres, die Abstrahlung von Photonen). Und daß wir vieles selbst wiederholen können; vom Nehmen und Lassen des Bällchens bis zum wissenschaftlichen Experiment.

Wo immer nun unsere Prognostik lückenlos bestätigt wird, nähern wir uns einer Deutung, die in unserer Redeweise ›die Wahrheit‹ genannt wird. Da die Reflexion zeigt, daß auf solche Art absolute Gewißheit nicht zu erreichen ist, der Lebenserfolg aber mit dem Gewißheitsgrad der Prognosen steigen kann, wird nun in rationaler Weise die Möglichkeit von Gewißheit konstruiert.

Wir denken uns beispielsweise sehr ähnliche Dinge als identische Dinge und kommen zu dem gewissen (gesäuberten) Schluß, daß wenn A gleich B und B gleich C ist, nun, logischerweise, auch

C gleich A sein müsse. In der ›schmutzigen‹ Wirklichkeit aber ist A nie ganz gleich B und so fort, demnach wird C noch weniger gleich A sein. Diese Syllogismen oder logischen Schlüsse sind eine Eigentümlichkeit unseres europäischen Denkens und eine Folge der griechischen Grammatik: auf der Grundlage einer definitorischen Begrifflichkeit, wo doch die Welt Einheiten typologischer Art – mit prototypischer Mitte und unspezifischen Rändern – enthält. Das chinesische Denken ist dieser Struktur ähnlicher.

Aber nicht nur die rationale Extrapolation ist Ursache dieser Abweichung. Auch unsere ratiomorphe Ausstattung führt sie mit einer Tendenz zum Gleichmachen an. Unbedenklich reden wir davon, daß ›alle Mörder‹, ›alle Männer‹, ja daß ›alle Menschen‹ gleich wären. Unsere Kultur bemerkte zwar, daß die Logik wie die Mathematik auf unbeweisbaren Axiomen oder Grundannahmen aufbauen muß. Dennoch schätzen wir die Beherrschung dieser Disziplinen besonders hoch ein, so, als ob mit ihnen die Lösung unserer Lebensprobleme am verläßlichsten zu meistern wäre.

2. Das Problem der Quantität und Qualität. Unsere ratiomorphe Ausstattung leitet uns zum Weglassen und Hinzufügen an. Wir verhalten uns so, als ob man im Gleichen das Ungleiche weglassen sowie das vermeintlich Bekannte dem Wahrgenommenen hinzufügen dürfe. So lassen wir bei der Wahrnehmung eines (vermutlichen) Apfels die Unterschiede von Farbe und Größe ebenso unbedenklich weg, wie wir die Erwartung seiner Saftigkeit und Kerne hinzufügen.

Wieder beruht der Selektionserfolg des Programms auf der Isomorphie mit einer Welt zumeist nicht beliebiger Kombinierbarkeit ihrer Merkmale. Auflösungen solcher Kombination deutet HIERONYMUS BOSCH an, völlige Auflösung bezeichnen wir als ›unbeschreiblich‹. Tatsächlich vermöchte kein Organismus ohne ein solches Programm zu überleben; ein Mensch nur unter Hospitalisierung.

So trefflich aber das Programm der Welt entspricht, die Anleitung zum Weglassen und Hinzufügen führt in der rationalen Extrapolation zur Unterscheidung von Quantität und Qualität und folglich zu zwei Schwierigkeiten: nämlich bei der Wahrnehmung des Auftretens neuer Qualitäten und bei der Vorstellung, daß auch rein quantitative Änderungen das Auftreten neuer Qualitäten zur Folge haben müssen.

Schon die klassische Frage: Wie viele Körner machen einen Haufen? erscheint uns darum nicht sehr sinnvoll. Nicht, weil wir nicht wüßten, daß Körner rollen, ein Haufen aber fließt. Vielmehr deshalb, weil das (schleichende) Auftreten neuer Qualitäten in unserer definitorischen Sprech- und Denkweise keinen Anker findet.

Ein Großkonzern oder Finanzminister geht mit Zahlen um zehn Milliarden (10^{10}) um; und sollte sich sein Umsatz verdoppeln, so sieht das wie jede andere Verdoppelung aus, zum Beispiel wie die Verdoppelung des Taschengeldes. Denken wir uns aber unseren Körper um dieselben zehn Größenordnungen vergrößert, dann reichten wir bis zur Sonne. Dehnten wir unsere Materie in diesem Ausmaß, dann wären wir ein kosmisches Gas von kaum mehr nachweisbarer Verdünnung. Vermehrten wir aber für diese Abmessung die Zahl der Moleküle (um 10^{12}), dann wären wir ein ›Schwarzes Loch‹ im Kosmos. Wir wären nicht einmal mehr Materie. Die Masse wäre so gewaltig, daß die Gravitationskräfte sie in sich zusammenstürzen ließe. Daß quantitative Änderungen notwendig die Qualitäten wandeln, ist schon eine Konsequenz der so verschiedenen Reichweite der vier Grundkräfte der Materie.

Dafür aber fehlt uns die Anschauung. Wir haben Schwierigkeiten, uns vorzustellen, wie das Bewußtsein entstand, das Denken, das Leben und ab wann eine befruchtete Eizelle des Menschen wirklich ein Mensch sei. Entsprechend teilten wir die wissenschaftlichen Disziplinen nach den Qualitätsstufen ihrer Komplexität in Physik, Chemie, Molekularbiologie, Zytologie, Histologie, Systematik, Psychologie und Soziologie und haben entweder Schwierigkeiten mit ihren Zusammenhängen, oder wir ignorieren dieselben.

Wir verdoppeln den Verkehr, die Produkte, die militärische Abschreckung und stellen überrascht fest, daß wir in Staus und Blechlawinen ersticken, daß wir Wälder und Flüsse ruinieren und daß niemand mehr einen Ausweg aus dem *overkill* zu wissen scheint. Nicht anders, wie wir die jährliche Verdoppelung der Seerosen in einem See bewundern, ohne Gefühl dafür, daß plötzlich in einer einzigen Jahresspanne der See endgültig ruiniert sein wird. Wir lassen unsere Zivilisationen geometrisch wachsen und fürchten uns nicht.

3. Das Problem der Ursachen. Ratiomorph erwarten wir, daß gleiche Zustände oder Ereignisse dieselbe Ursache haben werden. Allerdings mit der einschränkenden Vorstellung unterlegt, daß solcherart Ursachen einen definitiven Anfang hätten, ein endgültiges Ende fänden und daß die Bahn zwischen den beiden einen distinkten (kanalisierten) Verlauf nähme. Daher reden wir ohne Zögern von Anstoß und Wirkung sowie von einer Ursachenkette, die wir uns meist in Form von Antrieben (Kraftübertragungen) versinnbildlichen, die – so meinen wir jedenfalls – mit Zwecken nichts zu tun haben.

Die Isomorphie hängt mit dem Umstand zusammen, daß auch die Abfolgen von Zuständen und Ereignissen in unserer Mesowelt überwiegend von nicht zufälliger Natur sind. Das ist allerdings schon alles. Die Einschränkungen betreffen nachgerade irreführende Vereinfachungen. Erstens werden Materialursachen übersehen, zweitens Form- und Selektionsursachen als Finalität für Gegensätze der Kausalität gehalten. Drittens hat keine Ursachenkette definitive Anfänge und Enden; und viertens sind die Zusammenhänge in Wahrheit verzweigt und vernetzt, in einem Maße, daß letztlich jede Wirkung auf ihre eigene Ursache zurückwirkt.

Man denke sich ein räumliches Netz von Zusammenhängen und beschränke dann die Perspektive auf einen einzigen Faden einer Masche. Dies entspricht etwa unserem unreflektierten Bild von der Ursachenkette. Und unser eigenes Handeln verstärkt die Suggestion eines Anfangs (etwa ein Steinwurf) und eines Endes (der kaputten Fensterscheibe), einfach weil an beiden Enden unser Interesse endet. Ganz so, wie es uns beim Wurf auf der Kegelbahn nicht interessiert, was uns dort hingebracht hat oder was die Folge unseres Kommens und Kegelns sein wird. Wir fokussieren den Anstoß, das Purzeln der Kegel und die kanalisierenden Bauteile der Bahn.

So organisieren wir auch die Technik. Schon im Schokoladenautomaten wird die Kette vom Einwurf der Münze über ihre Messung und Wägung zur Ausgabe der Ware kanalisiert. Und alle Akribie des Konstrukteurs zielt darauf ab, den Ablauf nicht umkehren zu können; für die Entnahme von Schokolade nicht noch Geld ausgeworfen zu bekommen. Außerhalb des Kastens aber wirkt die Ausgabe der Ware sehr wohl und in einer noch gar nicht ganz durchschauten Weise auf den Einwurf zurück, was daran zu sehen ist, daß wir über die Jahre für den Erhalt derselben Ware immer größere Münzen einzuwerfen haben.

So aber, wie der Ingenieur des Automaten handelt auch unsere Wirtschaft und ringt dann mit Geldverfall versus Arbeitslosigkeit – ohne Lösung, weil sie diese in Wachstumsraten verschiebt, die selber das Gegenteil einer Lösung sind. Man betrachte zum Beispiel nur die

Katastrophen, die Entwicklungshilfe fortgesetzt anrichtet, die wirkliche Kenner, wie BRIGITTE ERLER, uns entsetzt als »Tödliche Hilfe« dokumentieren. Selbst bei Verhandlungen über Abrüstung erhält man sich die Mehrheit der Wähler, wenn man aus ›einer Position der Stärke‹ verhandelt, und ist dann ebenso entsetzt, daß es immer nur Aufrüstungsverhandlungen wurden.

Im Ursachenkonnex extrapolieren wir von einer Auslegung aus, die noch für den Raubaffen lebenserhaltende Anleitung bot, auf eine Komplexität, die sich in ihrer Vernetzung schon längst gegen die Chancen unserer Lebenserhaltung gewendet hat. Nun fürchten wir uns immerhin, aber wissen im Grunde nicht wovor.

4. Das Problem der Zwecke oder der Finalität löst unsere ratiomorphe Erwartung mit der Annahme, daß gleiche Zustände oder Ereignisse demselben Zwecke dienten. Allerdings wieder mit einer gröblichen Vereinfachung, so, als ob Ziele und Zwecke den Dingen oder Handlungen vorgegeben wären, als ob sie aus einer Zukunft in unser Dasein wirkten und als ob ihre Setzung jeweils außerhalb der jeweiligen Dinge und Handlungen ihre independente Etablierung hätte.

Die Isomorphie und damit der Selektionserfolg dieses Programms beruhen darauf, daß das, was wir als Zweck (Funktion oder Sinn) einer Sache erleben, tatsächlich vom jeweiligen Obersystem bestimmt wird; und daß (im Gegenlauf zu den Antrieben und Materialdispositionen aus den Untersystemen), auch aus den Obersystemen gesehen, die Kombinationen der Erhaltungsbedingungen überwiegend nicht von zufälliger Art sind. Aber wieder ist dies die Grenze der Isomorphie. Erstens entstehen alle Zwecke aus Auswahlbedingungen, also erst mit den Systemen, und zweitens hängt die Form einer Erhaltungschance nicht minder von der Disposition der verfügbaren Materialien ab. Man denke an eine Brücke aus Seilen versus einer solchen aus behauenen Blöcken. Und drittens wirken Zwecke nie aus der Zukunft. Auch das Haus, das wir in die Zukunft planen, wirkt aus unserem gestrigen Entschluß auf unsere Handlung heute. Ergo sind Ziele und Zwecke nie independent von den Systemen, deren Zwecke sie beeinflussen.

Das alles ist uns aber nicht so recht klar. Zwar haben wir noch deutlich vor Augen, daß der Zweck von Handlungen zum Beispiel im Hausbau liegen kann und der Hausbau dem Zweck einer Verbesserung unserer Lebensqualität entspricht. Aber welchen Zweck wir nun als Individuum in unserer Gesellschaft und diese in der Menschheit hätte oder gar welchen Zweck die Menschheit selber haben könne, das wird uns immer dunkler. Wir neigen dann eher zu der Annahme, daß dem Ganzen irgendwelche ›letzten Zwecke‹ vorgegeben wären, schließen uns den widersprüchlichsten Heilslehren an, lassen uns verführen, für diese die unglaublichsten (unmenschlichsten) Opfer zu bringen und sind schließlich wieder entsetzt darüber, in welche schier unentrinnbare Gefahren wir uns gerade damit manövriert haben. Freilich schreckt uns dies noch mehr, und mit gutem Grund. Nur, die wahre Ursache bildet sich in unserer Anschauung wieder nicht ab.

5. Kombinierte Problematiken sind die Folge. Denn die erwähnten vier Probleme, die Welt anzuschauen, wirken ineinander. Folglich werden die Beispiele der Einzelproblematiken einigermaßen (vielleicht sogar höchst) abstrakt erschienen sein. Doch kam es mir darauf an zu zeigen, daß diese ganz konkret existieren. Viel lebensnäher sind dagegen ihre kombinierten Wirkungen.

Ganz allgemein gehört hierher die Erfahrung, daß wir besonders schlecht gerüstet sind, die Wirkungszusammenhänge vernetzter Systeme zu begreifen. Eine Schwierigkeit, die zu alledem noch durch die lineare Struktur unserer Sprache angeführt wird. Aber freilich ist diese aus der Linearität unserer erblichen Anleitungen der Sprache entstanden, wie sie nicht minder auf unser Begriffsvermögen zurückwirkt. Und zwar in der Form, daß wir sagen können, ein vernetztes System sei schon dadurch gekennzeichnet, daß es gleich schlecht ist, wo unsere Beschreibung desselben beginnt. Das Diagramm ist unser (sprachloser) Ausweg; denn zu allem, was von einer Vernetzung gesagt werden kann, muß alles übrige im Netzzusammenhang gleichzeitig vorausgesetzt werden.

Ein typischer Fall ist unser Delegieren von Verantwortung. Sicherheit, sagen böse Zungen, suchten junge Mädchen in der Ehe; und junge Männer im Bankkonto, in ihrer Versicherung, im Parteibuch und in der Verbeamtung. Woher aber nehmen die Versicherung und die Bank und gar die Partei oder die Staatsstelle ihre Sicherheit? Erstere, so vermutet man, im Bankenverband, letztere im Staat. Die Sicherheit des Staates meint man in seinen politischen Verträgen zu finden, deren Sicherheit wieder in den Machtblöcken. Und die der Machtblöcke, so versichern manche, liege in ihren Waffenarsenalen. Soll nun eine Jungvermählte glauben, daß ihre Sicherheit letztlich auf der Atombewaffnung der Mächtigen beruhe? Dennoch haben wir keine rechte Anschauung dafür, daß alle Sicherheit auf uns selbst rekurriert. Was wäre ein Vertrag zwischen unverläßlichen Staaten, was ein Staat mit unverläßlichen Banken, was wäre eine Bank, der niemand vertraut. Nichts als eine Ruine. Sie existiert, wie alles andere, aufgrund unserer Verläßlichkeit, aufgrund unseres Fleißes und unserer Wertschöpfung. Dennoch delegieren wir Verantwortung und möchten jene für eine Bank, eine Partei oder gar für einen Staat gar nicht tragen. Das, so hört man, sollen andere machen.

Aber selbst im festgeschriebenen Recht ist das nicht grundsätzlich anders. Im weitverbreiteten Rechtspositivismus, namentlich in der »Reinen Rechtslehre« HANS KELSENS, kam man zu dem Ergebnis, daß der Gesetzgeber jeden beliebigen Inhalt als Recht setzen könne (was, wie die Älteren von uns noch erlebt haben, auch zur Pervertierung des Rechts führen kann). So ist das Hauptgeschäft der Juristen (und der juristischen Ausbildung) die Rechtsfindung. Worunter man allerdings nicht die Frage verstehen darf, wie der Souverän wohl herausfände, daß etwas ein Recht sein könne, vielmehr das Gegenteil: wie nämlich der Jurist im Gesetzbuch seinen Fall findet. Von der Frage aber, wie man dazu käme, ein Recht zu etablieren, von der Rechtssetzung also, ist wenig die Rede. Man verhält sich so, als wüßte dies der Gesetzgeber dank seiner Eingebungen oder als stünde ihm zu, auch ohne Eingebung Recht zu setzen. Was das Volk als Recht empfindet, meint man seiner Entscheidung in politischen Wahlen zu überlassen; überläßt es aber in Wahrheit seinem kollektiven Aufbegehren, Initiativen, Streiks, Ausschreitungen und Revolutionen. Den natürlichen Wechselbezug im Systemzusammenhang auch des Rechts beherrschen wir ebenfalls noch lange nicht.

Ist das Problem zu lösen?

Im Prinzip ja; im Prinzip ist jeder Anpassungsmangel unserer ratiomorphen Ausstattung und jede irrige Extrapolation zu korrigieren. Wir müssen lediglich, wie ja schon festgestellt, darauf achten, woran wir regelmäßig mit unseren Prognosen scheitern. So einfach ist dies im Prinzip, wie schwer aber in der Praxis.

Die Schwierigkeit, die es uns bereitet wahrzunehmen und, falls wahrgenommen, auch anzuerkennen, daß wir mit unseren Prognosen an der Erfahrung scheitern, hat mehrere Gründe. Zum ersten spielt dabei die persönliche Unsicherheit eine Rolle (man redet auch vom Mangel an Zivilcourage), zum zweiten die Gewöhnung. Es ist erstaunlich, wie sehr wir es akzeptieren, mit Unverstandenem und Widersprüchlichem zu leben. Offenbar sind wir schon von frühester Kindheit daran gewöhnt, von dem vielen Gehörten nur wenig zu verstehen. Wir leben zwischen den Widersprüchen von Natur- und Geisteswissenschaften, zwischen Glauben und Wissen, den verschiedensten Philosophien und ideologischen Doktrinen. Und zum dritten sind es Abhängigkeiten, die dazu beitragen, daß wir, falls wir unser Scheitern wahr-nehmen, dieses Scheitern doch nicht wahr-haben wollen (man redet hier von Zugzwängen). Belehrt ein guter Witz, ein guter Prediger oder ein guter philosophischer Augenblick über die Absurdität des eigenen Tuns, so wird kurz gelacht, vielleicht geweint oder gar gegrübelt, um dann nur um so selbstverständlicher in jene absurde Welt zurückzukehren, die wir (absurderweise) ›die Realität‹ nennen (den ›Ernst des Lebens‹).

Kurz, in einem Sinn sind wir keineswegs rationale Wesen, sondern rationalisierende, deren Gesellschaft fortgesetzt irgend etwas widerfährt und die, ist es geschehen, die Experten berufen, um herauszufinden, wie das geschehen konnte. In diesem Sinne hat FRIEDRICH VON HAYEK gewiß recht, daß uns unsere Zivilisation nur passiert ist. Wir sind in sie hineingestolpert. Niemand war gescheit genug, ihren Gang zu überblicken. Offenbar hat auch niemand, der Geschichte machen wollte und Geschichte gemacht hat, wissen können, welche Geschichte er gemacht haben wird.

Wie also kann man in solcher Lage vorgehen, um seine Mängel zu übersteigen? Zumal wir uns in jeder Situation der Verunsicherung auf eben diese scheinbaren Gewißheiten unserer Anschauungsformen zurückverwiesen finden und die kleinen Mängel, die sie enthalten, unbedenklich ins Große extrapolieren. Vielleicht kann man wenigstens die Möglichkeit ihrer Überwindung zu einigen Problemen andeuten, die ich vereinfacht in drei Schichten unserer Lebenswelt vorlegen werde.

1. In der Ebene des Individuums offenbart sich zunächst, was ich das ›Trilemma der Wahrheit‹ nennen will. Das Erlebnis der Unentscheidbarkeit zwischen einer empirischen, einer rationalen und einer

›sozialen‹ Wahrheit. Die Ratio mag uns zum Beispiel erwarten lassen, daß mehr des Guten (etwa des Umsatzes) zum Besseren (des Gewinnes) führen müsse. Die Empirie dagegen kann zeigen, daß das Gegenteil der Fall ist (ohne daß wir die Zusammenhänge verstünden). Und auf die soziale Wahrheit wird sich zurückgezogen, wenn man überhaupt nichts wissen kann. Irgend jemand, so die Annahme, müsse ja etwas wissen. Denn was konnte der einzelne von der belebenden Wirkung seines Eisweins wissen, von der Schmierleistung des Bleis in seinem Superbenzin oder von der Ursache seiner hohen Stromrechnung, die aus der sommerlichen Überproduktion resultierte. Und zudem leitet uns die Kombination von rationaler plus empirischer Unsicherheit zu einer phantastischen Lösung. Für den (übrigens ebenso häufigen) Fall nämlich, daß niemand etwas wissen kann, verlassen wir uns, gewohnterweise, auf das Urteil aller.

Wahrheit oder Gewißheit, vor allem in Bereichen, die wir die ›relevanten‹ zu nennen pflegen, beruht überwiegend auf einer sozialen Konvention. Dies hat ein »Soziologe der Wahrheit«, THOMAS KUHN, einem ›Moralisten der Wahrheit‹, Sir KARL POPPER, entgegengehalten. So ist nicht nur die Konvention unserer Sprache (letztlich die Eigentümlichkeit der griechischen Grammatik) gleichermaßen eine Indoktrination des Denkens wie die Voraussetzung unserer Verständigung, auch jedes wissenschaftliche Paradigma hat diese Doppelfunktion.

Was also geschieht, wenn ein Individuum das Scheitern eines Paradigmas (einer Weltansicht) wahr-nimmt und auch für diese Wahrheit eintritt? Es geschieht zweierlei: Die hochrangigen Repräsentanten des Paradigmas bilden Koalitionen (selbst gegen besseres Gewissen) und halten wie Pech und Schwefel zusammen. (Übrigens ein Verfahren der Rangverteidigung, das wir von unseren frühen Vorfahren kennen, das wirksam bleibt, selbst wenn den Alten die Zähne schon ausgefallen sind.) Der Abweichler dagegen wird nicht als Entdecker gefeiert. Vielmehr wird er, wenn nicht überhaupt übergangen, wie jener Tischler behandelt, der seinen schlechten Tisch mit schlechtem Werkzeug entschuldigt. Denn, wird er belehrt, hättest du unser Werkzeug benutzt, kein Scheitern hätte nachgewiesen werden können.

Jegliche Innovation ist darum die Chance und mehr noch das Risiko zunächst der einzelnen Kreatur (der kulturellen Mutante) und dann erst einer Minorität. Und wie Minoritäten üblicherweise traktiert werden, ist ebenfalls bekannt. Die Sache mit der Zivilcourage hat also etwas für sich.

2. *Auf der Ebene von Wirtschaft und Industrie* ist das Problem von anderer Art. Hier dominiert die Verfilzung der Zugzwänge und in der Regel das Naturgesetz, daß die Großen Kleine fressen. Was aber im zwischenartlichen Räuber-Beute-Verhältnis zu einer Ausgewogenheit in der Natur führt, das führt in der innerartlichen Auseinandersetzung (im Beschädigungskampf) zur Bedrohung der Art. An sich ist das wieder sehr einfach.

Nun ist aber das, was wir als die Freiheit der Marktwirtschaft erleben, die Auseinandersetzung aller Industrien eines Wirtschaftszweiges gegen alle, über den (wirtschaftlichen) Beschädigungskampf noch kaum (und wo es ernst wird, nirgends) hinausgekommen. Und so fressen die Verbundgesellschaften die kleinen Stromproduzenten, die Supermärkte den kleinen ›Kaufmann an der Ecke‹, die Hotelketten die ›Bürgerlichen Häuser‹, die multinationalen Industrien die nationalen, die Ölkonzerne ganze Märkte und die Drift des Kapitals die Ökonomie ganzer Länder. Die Bedingungen der Ökonomie fressen die Ökologie; und schon sind wir wieder in einer Welt, die wir nicht haben wollten, die an ihrer Heilsprognose gescheitert ist.

Industriekapitäne, in Bedacht dieser Sache befragt, geben zu bedenken, daß sie gerade diese Gegebenheiten zwingen, zum Überleben der ihnen anvertrauten Stätten einen selbstmörderischen Kurs zu steuern. Diese treffende Formulierung verdanke ich einem ihrer Vertreter (Chemie Linz AG; ich darf seine Anonymität wahren). Nun ist derlei nicht von ungefähr. Denn Überleben bedeutet ja hier gleichzeitig das Überleben von Tausenden Familien, deren Vätern wir das Recht auf Arbeit (auf Wertschöpfung) zugesichert, deren Mitglieder wir eine Verbesserung der Milieu- und Bildungschancen versprochen haben. Also müssen Dinge produziert werden, die niemand braucht (bis der Markt entsprechend bereitet ist) oder die sogar schaden, deren Wertlosigkeit und Schadensstiftung wir selbst noch in hoffnungsloser Wirtschaftslage (oder gerade dann) subventionieren müssen. Am Ende werden alle für jenen Schaden an die Kasse gebeten werden, den selbst anzurichten sie verpflichtet werden. Noch dazu den durch einen Selbstmordkandidaten verschuldeten.

Die Lösungsvorschläge, die ich zur Pointierung nennen werde, gehören in die Welt der ›Realutopien‹. So läge eine vorzügliche Lösung in der Abkoppelung der Industrie von der Wirtschaft. Real ist dabei der Wert einer Produktion des Notwendigen, fern vom Dirigismus der Wirtschaftszwänge sowie jene Garantie, die wir dem Individuum für sein Recht auf Wertschöpfung gegeben haben. Eine parallele Realutopie läge in der Kleingliederung nach menschlichen Maßen, im KOHR- und SCHUHMACHERschen *small is beautiful*, einer *›theory of economics, as if people mattered‹* (also: einer Theorie der Ökonomie, 'als ob es auf die Leut' ankäm'). Denn auf wen sonst sollte es ankommen, frage ich, als auf die Leute?

Im Hintergrund solcher Realutopien aber steht eine ›Humanitätsutopie‹, mit der Erwartung, die negative Korrelation zwischen dem (menschlichen) Verantwortungsgefühl des Menschen und dem Umfang (der Anonymität) der Verantwortlichkeit lasse sich wieder umkehren. Folgendes Beispiel:

Die absichtsvolle Schädigung des Nächsten gilt im Familienkreis als Katastrophe, nämlich als moralische Katastrophe. Schädigt ein Kaufmann Hunderte, kann dies auch als Fahrlässigkeit ausgelegt werden. Schädigt eine zahlungsunfähige Bank viele Tausende, dann ist von Schuld nicht mehr die Rede. Alle haben dafür aufzukommen. Das ist alles. Rüstet aber ein ganzer Staat zur (offenbar absichtsvollen) Schädigung seines Nachbarn, dann geben wir dieser (möglichen) Absicht bereits einen Ehrentitel aus den Gärten unserer Vernunft: wir nennen das Staatsraison.

Aber hier sind wir schon bei den allgemeinen Abmessungen, beim Maß des Menschen und bei jenem der ›kranken Riesen‹ (KOHR). Gehen wir also gleich weiter zur

3. Ebene von Politik und Gesellschaft. WINSTON CHURCHILL soll gesagt haben: Die Demokratie ist die miserabelste Regierungsform, mit der alleinigen Ausnahme aller übrigen Regierungsformen. Ich glaube, daß das richtig ist. Wenn ›meine Heilslehre‹ nun behauptet, es käme darauf an, das Scheitern an seinen Prognosen wahrzunehmen, wäre folglich zu fragen, wie Einrichtungen einer Demokratie an ihren Prognosen scheitern könnten.

Erliegen wir nicht einem Widerspruch? Ist die fortgesetzte demokratische Auseinandersetzung schlechthin nicht selbst fortgesetzte Kontrolle der schlechteren durch die bessere Prognose; eine gesellschaftliche Fortsetzung jenes allein erfolgreichen Evolutionsprinzips? Wiederum: Im Prinzip ja. Daher kann sie im Prinzip wohl auch nur dort scheitern, wo sie sich von der Unmittelbarkeit ihres Prinzips (in Richtung auf zuwenig Demokratie) entfernt. Das aber geschieht ihr auch fortgesetzt und mit unterschiedlichen Auswirkungen.

In den westlichen Demokratien, von denen ich reden will, ist zum Beispiel die Wechselbeziehung von Verfassung, Rechtsgütern und Volkswillen ein Ort möglicher Pervertierung. Und zwar in dem Sinne, daß in der repräsentativen Demokratie das Volk nur bei der Schaffung der Verfassung ganz frei ist, die politischen Sachentscheidungen es aber ganz dem Parlament zu überlassen hat. Was nun zum Wohle von Ordnung und Kontinuität geschaffen wurde, kann jedoch zu einer (nach Legislaturperioden) wechselhaften Diktatur bürokratischer Oligarchien pervertiert werden. Denn wie gelangt etwa der Wertewandel in den Rechtsgütern (der der Rechtsordnung) rechtzeitig in die Pflichten der Sachentscheidungen der Parlamente? Die Lösung von Problemen solcher Art heißt gewöhnlich: ›mehr Demokratie‹. Das aber ist ebenso richtig wie schwierig und somit zuletzt eine Frage der Reife und Bildung.

Ein anderer Problemkreis, in dem sich das Scheitern demokratischer Einrichtung im Unwillen des Volkes ausdrücken kann, gehört in das Kapitel ihrer ›vornehmen Pflichten‹. Die Vornehmheit solcher Pflichten beruht darauf, daß die Demokratie, zu deren Wahrnehmung schlecht ausgestattet, diese letztlich der Vornehmheit ihrer Bürger anvertrauen muß. Ein bekannter Fall ist der Schutz der Minderheiten und ihrer Interessen. Im Grunde wurzelt dieses Problem in Widersprüchen unserer aufgeklärten Ideale. Denn in der Formel ›Freiheit, Gleichheit und Brüderlichkeit‹ ist nur die Brüderlichkeit für jedermann eindeutig; was dagegen wäre das für eine Freiheit, wenn sie nicht die Freiheit zur individuellen Ungleichheit einschlösse. Wie nun fördert die Demokratie die moralische Vornehmheit ihrer Bürger, also wieder deren Reife und Bildung?

Nun sei aber zuletzt ein dritter Problemkreis nicht unterschlagen, in dem sich (gefährlicherweise) das Scheitern an der Prognose nicht sogleich im Unwillen des Volkes auffällig machen muß. Er liegt im Grenzgebiet zwischen politischer und sachlicher Entscheidung. Es sind typisch systemtheoretische Fragen, für die wir eben schlecht gerüstet sind und darum meinen, die Lösung sei nur aus einer erfahrungsjenseitigen (ideologischen) Weltordnung deduzierbar. Beispiel: die Umverteilung. Wer von uns weiß, wieviel den Erfolgreichen genommen werden soll, ohne damit auch den Erfolglosen zu schaden? Oder, nachdem schon zweimal von Bildung die Rede war: Um wieviel schlechter können die Begabten gebildet werden, ohne daß man damit auch den Unbegabten, somit wieder uns allen, Schaden zufügt?

Wem dies als akademische Querele erscheinen mag, den darf ich daran erinnern, daß wir noch ganz andere Systemzusammenhänge solcher Art nicht begreifen; was wir ja vorläufig mit unseren Ausstattungsmängeln und unbedachter Extrapolation entschuldigen wollen. Die Frage beispielsweise, ob die Gesellschaft auf Kosten des Individuums oder das Individuum auf Kosten der Gesellschaft gefördert werden soll. Tatsächlich steht diese Frage hinter den uns heute gefährdenden Ideologien. Und selbst unsere mittleren ›sozial-kapitalistischen‹ Erfolgsgesellschaften sind sich nicht im klaren darüber, in welchem Maß es sachgerecht ist, dem einzelnen Opfer abzuverlangen und wieviel Macht (Einfluß oder Kapital) dagegen demselben einzelnen zustünde.

Das Gerede von ›alle für einen und einer für alle‹ hat uns nur den Faschismus gebracht. In Wahrheit verstehen wir die Sache noch nicht. Da aber enden die akademischen Querelen. Vielmehr, aber das sagte ich schon, mag ein Übersteigen unserer Anpassungsmängel durch das Wahrnehmen des Scheiterns an unseren Prognosen, wo immer es unsere Lebensfragen betrifft, eben zu einer Frage unseres Überlebens werden (wiewohl für die Evolution nur ein kleiner, möglicher Schritt).

III 3 Grenzen der Adaptierung

In einer dritten Lesung unterbreite ich das Thema der Grenzen und ihrer Übersteigbarkeit fachlich. Ich tue dies mit der Absicht, dem Leser vorzuführen, wie das Thema vor Fachleuten dieses Gegenstandes zu vertreten war; also welche Schritte und Behauptungen in der wissenschaftlichen Prüfung erörtert werden und standhalten müssen. Und ich tue dies im Vertrauen darauf, daß die vorhergehenden Kapitel es nun auch dem gebildeten Laien leichtmachen werden, der akademischen Erörterung zu folgen.

Das Folgende ist der Abdruck meines Beitrages im Rahmen des Symposiums »Die Evolutionäre Erkenntnistheorie« im April 1986, das ich schon erwähnte (II 11). Damals präsentierten zwölf der bekanntesten ›Evolutionisten‹ die wesentlichsten Thesen dieser Theorie erstmals vor dem Auditorium der zu diesem Gespräch namentlich eingeladenen Befürworter und Kritiker.

Das Ergebnis haben Franz-Manfred Wuketits *und ich mit dem Untertitel »Grundlagen, Lösungen, Kontroversen« beim Verlag Paul Parey erscheinen lassen, bei dem bereits eine Reihe einschlägiger Bände erschienen ist. Auf diese und auf jenen Symposiums-Band darf ich den Interessierten ausdrücklich verweisen. Die Rechte des Wiederabdruckes danke ich Herrn* Rudolf Georgi, *der unsere Absichten wiederholt gefördert hat.*

Der erste entscheidende Schritt, den die ›Evolutionäre Erkenntnislehre‹ gesetzt hat, war ein adaptionistischer. Die »Denkgesetze«, so finden wir es schon bei LUDWIG BOLTZMANN, »werden im Sinne DARWINS nichts anderes sein als ererbte Denkgewohnheiten ...«, denn »wenn wir diese Denkgesetze nicht mitbringen würden, jedes Erkennen aufhören würde und die Wahrnehmung ohne jeden Zusammenhang wäre« (in BOLTZMANN 1979; zuletzt abgedruckt in F. KREUZER 1981, Seite 121).

Und aus dem Jahre 1941 stammt der entscheidende Satz von KONRAD LORENZ: »Unsere vor jeder individuellen Erfahrung festliegenden Anschauungsformen und Kategorien passen aus ganz denselben Gründen auf die Außenwelt, aus denen der Huf des Pferdes schon vor der Geburt auf den Steppenboden, die Flosse des Fisches, schon ehe er dem Ei entschlüpft, ins Wasser paßt« (in K. LORENZ und F. WUKETITS 1983, Seite 99 f.).

Jene angeborenen Lehrmeister, wie sie LORENZ später (1973) nannte, und die auch den ratiomorphen Apparat im Sinne von EGON BRUNSWIK zusammensetzen (z. B. 1952), betrachten wir also als adaptiv erworben; als einen Kenntnisgewinn des genetischen Lernens unseres Stammes; als ein System von Hypothesen (R. RIEDL 1981) der Anleitung des Verhaltens (oder der Interpretation des Milieus) in dem Sinn, wie Sir KARL POPPER (1984) unsere Organe ganz allgemein mit Hypothesen vergleicht.

Dieser Schritt der evolutionären Lehre ist so entscheidend, weil er uns auf natürliche Weise verstehen (und empirisch prüfen) läßt, auf welche Weise die Vorbedingungen unserer Vernunft entstanden sind, und wie es kommt, daß sie in diese Welt passen.

Adaptierung und Geschichte

Für den Biologen bietet diese Theorie natürlich eine weitere Herausforderung. Für ihn bedeutet sie nicht den Abschluß, sondern den Ansatz zu einer neuen Disziplin der Erforschung der Vorgänge in der Evolution.

Wir fragen uns prüfend nach dem Hergang und den Bedingungen, unter denen diese Adaptierung vonstatten gegangen sein mußte, nach dem Selektionsdruck, dem Selektionserfolg, nach der jeweiligen Disposition der kreatürlichen Ausstattung für solche genetischen Lernerfolge und nach den mit dieser Ausstattung aufschließbaren (zugänglichen wie relevanten) Milieubedingungen. Vereinfacht gesagt fragen wir, wann, das heißt unter welchen Entwicklungs- und Milieubedingungen, diese angeborenen Lehrmeister entstanden sein mußten.

Die methodische Grundlage bildet dabei die Morphologie mit der Erforschung der Homologien (A. REMANE 1971, R. RIEDL 1975, 1980, 1980 a). Mit ihrer Hilfe gelingt es, die Wahrscheinlichkeiten zu bestimmen, aufgrund derer wir darauf vertrauen können, einzelne Komplexe organismischer Strukturen, die sich anatomisch darstellen, gleichzusetzen, aber ebenso die Zeitstrukturen von Verhaltensweisen (K. LORENZ 1978) und deren Konsequenzen.

Das phylogenetische Alter dieser Einrichtungen wird sich als beträchtlich erweisen. Darum habe ich schon im voraus auf drei weitere Zusammenhänge aufmerksam zu machen.

Zunächst haben natürlich auch die erblich verankerten und weitgehend fixierten Homologien ihre eigene Geschichte: eine Entstehensgeschichte wie eine Geschichte ihres Wandels. Jedoch ist für alle Homologien charakteristisch, daß ihr adaptiver Wandel in engen Grenzen bleibt. Ihre Freiheitsgrade sind begrenzt, ihre Adaptierungsmöglichkeiten sind kanalisiert; sie folgen Trends innerhalb festgelegter *constraints,* wie unsere englischsprachigen Kollegen sagen (zusammengefaßt in M. SMITH et al. 1985). Die zunächst adaptiv erworbenen Prinzipien oder Grundmuster der Homologien bleiben erhalten, und das sogar entgegen neuerlichem Adaptierungsdruck von seiten des Milieus.

Ferner ist der genetische Erwerb neuer Strukturen ein sehr langsamer Prozeß. Die rascheste Entwicklung von Artmerkmalen (die tachytelischen Merkmale) bei Säugetieren nimmt 200 bis 500 Jahrtausende in Anspruch, die langsamste (der bradytelischen) 10 Jahrmillionen. Homologien von den Gattungen bis zu den Klassen zeigen Fixierungen, die von 10 bis einige 100 Jahrmillionen reichen (R. RIEDL 1975).

Diese Zeitskalen deuten darauf hin, daß die Entstehung unserer angeborenen Lehrmeister vor dem Auftreten unserer Art *Homo sapiens* liegen wird, großteils vor dem Werden unserer Gattung *Homo* und vielfach vor dem Hellwerden des Bewußtseins. Die Anlagen selbst unserer ratiomorphen Leistungen werden also alle vor unserem

Bewußtsein liegen. Es ist für sie kennzeichnend, daß es Entscheidungs- oder Interpretationshilfen im Sinne von nichtbewußten Verhaltenssteuerungen sind, die von den Leistungen der bewußten Reflexion erst später überbaut wurden. Damit wirken sie zwar in die Reflexion hinein, können aber auch durch diese, selbst im Konfliktfall, nicht verändert werden.

Homologe und analoge Problemlösung

Um nun auf die Grenzen evolutiver Adaptierung eingehen zu können, muß ich noch auf einen grundsätzlichen Mechanismus der Evolution aufmerksam machen.

Wenn ich vorhin referierte, daß sich Homologien dadurch kenntlich machen, daß sie Adaptierungen an das Milieu widerstehen, bedeutet dies, daß ihre Träger einem Selektionsdruck, den die Umwelt auf sie ausübt, entgegenwirken. Das ist die Folge von Mechanismen der Evolution. Und zwar sind es die ›inneren Selektionsmechanismen‹, die auf die Entwicklung und Erhaltung der Kohärenz der Funktionszusammenhänge der Merkmale hinwirken; auf die Erhaltung der Abstimmung der Teile innerhalb des Organismus (R. Riedl 1975, 1977).

Man kann von einer Überselektivität sprechen, die, über die Anforderungen des Milieus hinaus auf die Erhaltung der tiefersitzenden, funktionell bebürdeten Strukturen und Funktionen hinwirkt. Sie macht sich im Überwiegen der letalen Mutanten im Mutationsgeschehen deutlich. Und sie ist die Ursache, daß im Organismenreich erkennbare Ordnung herrscht, eine Ähnlichkeitshierarchie von Homologien und Bauplänen; sie begründet die Natur des natürlichen Systems der Organismen.

Für unser Thema folgt daraus die Begründung des Dolloschen Gesetzes der Nichtumkehrbarkeit der Evolution sowie die Konsequenz, daß einmal eingeschlagene Wege zur Lösung eines Lebensproblemes fortgesetzt werden müssen: daß die Optimierungsmöglichkeiten einer Problemlösung schon durch den Ansatz vorweggenommen werden. Wie eine Population, die sich im Nebel einer unbekannten Gebirgslandschaft vor der steigenden Flut zu retten sucht, nicht wissen kann, ob sie an der Flanke gerade des höchsten der Berge hinaufwandert.

Ich darf das illustrieren. Die Lösung des Flugproblems ist bei den Insekten schon im Ansatz anders als bei den Vögeln. Die Dispositionen waren verschieden. So sind die Problemlösungen so verschieden wie die möglichen Optimierungen. Und kein Insekt könnte je den Falken erreichen. Ungeachtet des Umstandes, daß die Korrespondenz von Aufgabe und Lösung in beiden Fällen dieselbe ist.

Übersetzt man dieses weitverbreitete Phänomen der analogen Problemlösungen aus unterschiedlicher Disposition in unsere Erlebniswelt, so hat es Ähnlichkeit mit der sich selbsterfüllenden Prophezeiung. Es bestätigt sich in der Evolution der Vögel wie der der Insekten ja fortgesetzt, daß die Lösung zur Hand ist und sich zudem noch verbessern läßt.

So werden wir gewärtig sein müssen, daß dies genauso für die uns angeborenen Anschauungsformen gilt: daß der von ihnen eingeschlagene Lösungsweg nicht umkehrbar gewesen ist, die Optimierung kanalisiert wurde und daß die Lösungsweise, die sie unserer bewußten Reflexion suggeriert, als die Lösung schlechthin erscheinen muß; einmal, weil sich ja irgendeine Art von Erfolg immer wieder bestätigt, zum anderen, weil sie auch keine Andeutung einer alternativen Lösung anbieten.

Adaptierende und tradierende Evolution

Eingangs sagte ich, daß der erste entscheidende Schritt, den die ›Evolutionäre Erkenntnislehre‹ gesetzt hat, eine adaptionistische Lösung vorgesehen hat. Das ist für die Lösung des Problemes von der Herkunft der Vorbedingungen unserer Vernunft richtig; bedeutet aber nicht, daß die tradierende Komponente und deren Konsequenzen, die ich nun untersuchen will, nicht bemerkt worden wäre.

Wieder war es nämlich KONRAD LORENZ (1943, 1965), der sie gesehen hat. Man erinnert sich des ›Kindchenschemas‹, auf das wir angeborenermaßen hereinfallen; und das, bewußt oder nicht, von der Werbung und der DISNEY-Produktion ausgenutzt wird. Wichtiger noch, wir erinnern uns der Einsicht, daß unsere angeborene Tötungshemmung durch die Fernwaffen ausgeschaltet wird; und ihr kein verläßliches Substitut entstanden ist (außer einer manipulierbaren und daher im entscheidenden Fall eben unverläßlichen Moral).

So ist es eines, unsere Adaptierung zu bewundern, ein ganz anderes aber, ob der Grenzen unserer Adaptierung aufmerksam, ja alarmiert zu sein.

Ich will also in der Folge mit der nötigen Kürze zu zeigen versuchen, welchen Ursprungs die Ausstattungen unseres ratiomorphen Apparates sind; das heißt, unter welchen Dispositionen und Lebensproblemen sie sich entwickelten und aufgrund welcher Übereinstimmung mit den Milieubedingungen sie selektiv durchgesetzt wurden. Demgegenüber will ich zeigen, in welchem Maße sie uns in einem nun ungleich komplizierteren und aufklärungsbedürftigeren Milieu heute irreführen.

Die Zeit (oder der Ab-Lauf)

Die Reaktion auf Zeitintervalle ist ein Prinzip des Lebendigen schlechthin, und damit drei Milliarden Jahre alt. Die Zeitmessung im Organismus ist durch den Ablauf komplexer chemischer Reaktionen gegeben, von der Eigenbewegung über den Stoffwechsel bis zum Wachstum. Bei höheren Organismen spricht man zu Recht von einer physiologischen Uhr. Der Erfolg der Reaktion auf Zeitabläufe ist ein zweifacher. Einmal ist er aus der richtigen Koordination (der Kohärenz) der internen Abläufe begründet, ein andermal aus der zeitrichtigen Übereinstimmung (der Korrespondenz) mit den Zeitintervallen im Milieu; der Zeitsetzung von Räubern und Beute wie der Tagesgänge, Gezeiten und Jahreszeiten.

Diese Uhr tickt ihren relativen Takt eindimensional. Keine zweite Dimension (etwa eine Relativierung auf den Raum) war in ihm je erforderlich. Die Lösung genügte für alle Kreaturen, selbst für den Kulturmenschen; jedenfalls bis zu EINSTEIN und der ihm folgenden kosmischen Physik. Über die Konsequenz dieser Lösungsweise, daß wir uns nämlich eine Welt ohne Zeit nicht vorstellen können, auch ihren Anfang und ihr Ende nicht, helfen vereinbarte Mythen hinweg, nach denen diese Welt aus nichts entstanden sei, dafür aber in das einmündet, was wir die Ewigkeit nennen.

Der Raum (oder das Rund-Um)

Das ist mit der Reaktion auf den Raum ganz anders. In der frühen Phylogenie existieren keine Raumachsen, die Umwelt ist rundum gleichbedeutend. Ein Zustand, der auch noch bei manchen vielzelligen Schwebformen des Planktons erhalten ist. Die erste Raumachse entsteht mit einer bevorzugten Bewegungsrichtung (und den Taxien) sowie über die radiäre Symmetrie der höheren Pflanzen und der seßhaften Seetiere (Korallen und Seeanemonen).

Eine zweite und dritte Raumachse ist die Folge bevorzugter Bewegungsrichtung in Beziehung zu einem festen Substrat. Zum Vorne und Hinten kommt das Oben und Unten (von Rücken- und Bauchseite) und daraus jene Symmetrie, die wir als links und rechts bezeichnen. Also Bewegungsachse plus Gravitationsachse und Symmetrieachse. Diese Bauform der *Bilateria* ist vor 500 Millionen Jahren schon durch einige Tierklassen (der ersten erhaltenen Makrofossilien) repräsentiert. Sie wird vor einer Jahrmilliarde angelegt worden sein.

Das Sensorium hat dieses Prinzip optimiert: mit der Organisation der Organe der Seitenlinien, dann der Bogengänge (seit den Knorpelfischen, 450 Jahrmillionen), mit der Ableitung aus der Retina, dem stereoskopischen Sehen (Auflösung der vollkommenen Chiasmakreuzung bei Säugern) und der Organisation des Greifraumes (bei Primaten; je vor rund 100 und 20 Jahrmillionen). Und unsere Kultur hat schließlich noch die Übung der Perspektive (mit Horizont und Fluchtlinien) und die der EUKLIDischen Geometrie angefügt.

Über diese ganze Entwicklung wurde das Praktikable dieser Achsentrias aus Eigenbewegung, Gravitation und Eigensymmetrie immer unausweichlicher gefestigt – weil sie existiert und in ihrem Rahmen die Prognostik verbessert. Allerdings mit dem Ergebnis, daß mit der Einwirkung der ratiomorphen Lösung auf die bewußte Reflexion zwei- oder vierdimensionale Zusammenhänge überhaupt nicht (oder nur mit dreidimensionalen Scheinmodellen) darstellbar sind und ein Ende des Raumes (jedes Raumes) unvorstellbar ist (auch er wird unendlich). Für unser erblich festgeschriebenes Vermögen bleibt der Raum dreidimensional und die Zeit, eine von ihm unabhängige Qualität, eindimensional, beide unendlich.

Die große Leistung EINSTEINS liegt in der Transzendierung seiner Ausstattung als Kreatur. Ähnliches leistete die Mikrophysik. Nun sind wir naturgemäß einem Mesokosmos adaptiert, wie HANS MOHR (1981) sagt; die Dimensionalität im Makro- und Mikrokosmos konnte nur durch Übersteigen unserer angeborenen Anschauungsformen aufgeschlossen werden. Die vier im folgenden zu beschreibenden Entscheidungshilfen aber betreffen dimensionslose, also auch im Mesokosmischen auftretende Qualitäten. Deshalb sind die vorhergehenden Beispiele lehrreich. Sie zeigen, wie angeborene Anschauungen, wenn auch nicht zu ändern, doch zu übersteigen sind. Nämlich dort, wo wir in unserem so beträchtlich erweiterten Milieu mit Hilfe der altertümlichen Lösungen, im Sinne POPPERS (1973), fortgesetzt an unseren Prognosen scheitern.

Wahrscheinlichkeit und Wahrheit (oder das anscheinend Wahre)

Der genetische Lernerfolg beruht auf einer Vorwegnahme von Lebensentscheidungen gegenüber den Bedingungen innerhalb und außerhalb der selbstreproduzierenden Systeme; wir nennen das eine Organisation, das andere Adaptierung. Dieser Mechanismus leistet eine Festschreibung von sich wiederholenden Koinzidenzen. Koinzidiert eine Änderung im System (einer Mutante) mit einer relevanten Bedingung zum besseren Reproduktionserfolg und in der Folge regelmäßig bei allen reproduzierten Folgesystemen, so wird sie (in der Spezies) erhalten. Der Erfolg beruht darauf, daß in diesem Mesokosmos die meisten regelmäßig auftretenden Koinzidenzen tatsächlich nicht von zufälliger Art sind, also Notwendigkeiten oder Gesetzlichkeiten (R. RIEDL 1981).

Dasselbe Prinzip setzt sich im assoziativen Lernen fort. Wo immer genetisch vorbereitete Leitungsbahnen in Verbindung treten können, werden sich wiederholende Koinzidenzen (wir sprechen von unbedingten und bedingten Reizen) verknüpft. Das heißt bekanntlich Assoziation. Diese wird durch stete Wiederholung gefestigt und durch deren Ausbleiben (durch Frustration gefördert) aufgelöst (K. FOPPA 1975).

Dieses altertümliche, reflektorische Lernprinzip aus dem Tierreich (Alter: 2 bis 400 Jahrmillionen), theriomorph nennen es die Psychologen (auf Tierverhalten zurückgehend), reicht aber wieder steuernd in die reflektierten Urteile des Menschen. Auch wir verhalten uns, wie unsere Experimente zeigen, so, als ob mit der Bestätigung einer Prognose die Bestätigung der Folgeprognose wahrscheinlicher würde. Viele sind sogar bereit, die Anzahl der Bestätigungen anzugeben, die zur Erreichung absoluter Gewißheit erforderlich seien. Und das gilt nicht nur für den Alltag, sondern auch für die Vorgehensweise in den damit höchst erfolgreichen empirischen Wissenschaften.

Die Konsequenz ist je nach Kultur verschieden. In der Folge des Indogermanischen und der griechischen Grammatik entsteht die Suggestion der Syllogismen, beispielsweise die Vermutung, man könne nach der Kenntnis von vielem über ›alles‹ (von irgend etwas; ›alle Menschen sind sterblich‹) etwas aussagen und aus solcherart Behauptungen zwingende Schlüsse ziehen (›also ist SOKRATES sterblich‹); was in unserer Sprachregelung ›Wahrheit‹ genannt wird. Ich darf daran erinnern, daß Kinder und Naturvölker (auch herausgefordert) Syllogismen zu vermeiden trachten, diese aber auch der Kultur Chinas fremd sind (J. PIAGET 1975, B. WHORF 1976, H. GIPPER 1972).

Folgen sind die Unmöglichkeit des wahrheitserweiternden Schlusses, die erfolglose Suche nach irgendeinem Ort absoluter Gewißheit und die Wanderschaft der Begründungsversuche der Logik, hin und her zwischen den Gefängnissen der Psychologie und der Metaphysik (gemeinsam mit ihrem Anspruch, Vorbedingung für jedes richtige Denken zu sein).

Folgen sind auch in der Konkretisierung (und Hypostatisierung; C.-F. v. WEIZSÄCKER, 1977, 1982) des Transzendenten gegeben. Die Suggestion der zunächst abstrakten Vorstellung vom Unendlichen (sei es Zeit oder Raum) bietet kein Ende in dem Prozeß, jeder noch so großen Zahl eine weitere hinzufügen zu können. Und bekanntlich ist es der Begriff des Unendlichen, der gleichzeitig die Art unserer Mathematik hat aufblühen lassen, wie er auch die Ursache dafür ist, daß die Begründung der Mathematik nicht widerspruchsfrei zu werden vermag. Wie weit Logik und Mathematik mit dieser Welt korrespondieren, bleibt damit offen (R. RIEDL 1986).

Quantität und Qualität (oder das Ver-Gleichen)

Die Phylogenie der Wahrnehmung geht von der Reizbarkeit des Protoplasmas aus. Strömungs-, Schwere- und Temperatursinn, Nase, Gehör und Auge schneiden aus den Umweltbedingungen Ausschnitte heraus, die, in die Ebene des Bewußtwerdens vordringend, als unterschiedliche Qualitäten erlebt werden. So werden bekanntlich Schwingungen als Vibration oder Geräusch, als Wärme, Licht und Farbe aufgespaltet empfunden. Das Wahrnehmbare wird in Qualitäten zerschnitten, und die Ausschnitte werden mit Bedeutungen verbunden; zunächst mit den elementarsten (oder abstraktesten), mit gut und schlecht (›hinzu!‹ oder ›fort von da!‹).

Der Gesichtssinn schreitet von der Helligkeits-, Richtungs- und Bewegungsperzeption bis in die Bildanalyse (-synthese) fort. Beim Menschen werden Farbverfälschungen ausgeglichen, Kontraste verstärkt (Konstanzphänomen und laterale Inhibition), Konturen verknüpft, vom Hintergrund abgehoben und hierarchisch zu Gestalten zusammengesetzt. Dabei werden in der Phylogenie Reizfilter entwikkelt, die die Treffsicherheit der Reaktion erhöhen, indem sie nur ganz spezifische Reizsituationen mit bestimmten Reaktionen verbinden.

Beim Frosch zum Beispiel werden große Netzhautprojektionen in rascher Vertikalbewegung in Fluchtreaktion weitergeschaltet, kleine, langsame Horizontalbewegungen zur Reaktion des Beutefangs. In einem Sinn ist also alles, was die Reaktion erreicht, bereits Interpretation. Und wahrscheinlich werden auch das Bewußtsein nur Wahrnehmungen erreichen, die bereits eine Deutung enthalten.

Der Erfolg des Programmes beruht darauf, daß diese Welt tatsächlich Diskontinuitäten, Grenzen und Konturen enthält und die meisten sich als Objektgrenzen von Gestalten erweisen, die alle irgendeine Bedeutung für den Wahrnehmenden besitzen. Das führt zu einer hervorragenden, ratiomorphen Leistung der Gestaltwahrnehmung, der Ordnung und Gewichtung von Ähnlichkeiten (G. Stent 1981, D. Marr 1982). So hervorragend, daß beispielsweise die Systematiker und vergleichenden Anatomen zwei Millionen Arten in ein dermaßen zutreffendes System von einer halben Million Systemgruppen ordnen konnten, ohne den Vorgang bereits rational verstanden zu haben (R. Riedl 1975, 1980, 1980a).

Eine Folge ist es aber, daß die Gestaltwahrnehmung zum Beispiel die topologischen Zusammenhänge derart überdeckt, daß wir topologische Ähnlichkeiten und damit vernetzte Zusammenhänge nur durch Analyse rekonstruieren können (F. Klix 1976, R. Riedl 1986). Auch funktioniert die Abstraktion von Gestaltsunterschieden und die Hinzufügung des nicht Wahrgenommenen, aber Erwarteten so automatisch, daß die Dinge der Welt in ein (zwar auch hierarchisches, aber) kompartmentiertes Schachtelsystem zu zerfallen scheinen. Dies wird zur Grundlage unserer Kategorien-, Klassen- und Allgemeinbegriffe.

Mit der Sprache werden sie durch Lautsymbole weiter so festgeschrieben, daß unserem Sprachdenken der Zugang zu Metamorphosen, Phasenübergängen und der Sinn für das Auftreten neuer Qualitäten fehlt. Es fällt uns sicher schwer anzuerkennen, daß zum Beispiel die Bedingungen des Bewußtseins im niederen Tierreich oder die Qualitäten des Lebendigen im Anorganischen nicht einmal in Spuren vorbereitet sind. Es fehlt uns der Sinn sogar dafür, daß schon quantitative Änderungen das Auftreten neuer Qualitäten zur Folge haben müssen. Daß Verdoppelungen in Dollar- und Milliardendollarhöhe nicht gleiche Arten von Verdoppelungen sind; das nicht zu empfinden, plagt bereits unser Wirtschaftsleben.

Die klassische Frage: »Wie viele Körner machen einen Haufen?« scheint uns unsinnig (oder macht uns ratlos) – zumal wir wissen, daß Körner rollen, ein Haufen aber fließt –, denn wir besitzen keine Begrifflichkeit für Phasenübergänge. Und wieder ist es unsere Kultur, die uns durch dieses Handikap dazu verleitet, der Natur mit immer schärferen Definitionen entsprechen zu wollen, wo deren komplexe Gegenstände (und Ereignisse) sämtlich typologisch, mit merkmalsreicher Mitte und merkmalsverdünnten Rändern, organisiert sind. Das Chinesische dagegen hat auch dem Rechnung getragen (z. B. H. GIPPER 1972).

Die Folge ist ferner eine Gliederung unseres Wissens, das die Phasenübergänge meidet, in getrennte Komplexitätsschichten: in Biochemie, Zytologie, Histologie, Anatomie, in Biologie, Chemie, Physik und in Natur- und Geisteswissenschaften überhaupt. Das wieder hat das Wissenschaftsideal der Physik gefördert, eine in ihr engagierte Erkenntnislehre und den Reduktionismus, die der Meinung sind, Systeme könnten rückstandslos aus einer Rückführung auf ihre Teile verstanden werden.

Und erst heute bemühen sich einige, und das gegen beträchtlichen Widerstand, angesichts der Erfolglosigkeit dieser Versuche, mit Hilfe systemtheoretischer Ansätze diese Einseitigkeit zu vermeiden.

Kausalität (oder die Ur-Sachen)

Ursachenbezügen zu folgen ist eine Bedingung aller Lebenserhaltung, Leben selbst ist Ursachenzusammenhang, und naturgemäß sind alle Lebensprozesse von den Abläufen der Reproduktion, des Stoffwechsels und der Sinne bis in die kompliziertesten, angeborenen Verhaltensmuster darauf bezogen. Nicht minder ist der assoziative Kenntnisgewinn, wie man sich erinnert, auf der Interpretation von Koinzidenzen (eigentlich Sukzidenzen) als eines Wenn-Dann-Zusammenhanges aufgebaut.

Der Erfolg dieser Programme, nämlich auch in der Außenwelt mit Wenn-Dann-Zusammenhängen zu rechnen, beruht wieder darauf, daß die meisten sich wiederholenden Sukzessionen tatsächlich auf etwas beruhen, das wir einen Ursachenzusammenhang nennen; wiewohl, was bekanntlich schon DAVID HUME wußte, das ›Weil‹ erst von uns in die Welt hineingetragen wird.

Wo immer nun Bewußtsein entsteht, also ein Experimentieren mit abgerufenen Gedächtnisinhalten (wie wir sagen: im zentral repräsentierten Raum), findet dieses Erfolgsprinzip eine zweite Fortsetzung. Das schon deshalb, weil der Übergang vom erbkoordinierten Bewegungsablauf zur reflektierten Steuerung phylogenetisch, aber auch ontogenetisch ein langsamer und gleitender ist (J. PIAGET 1975, 1983).

Was hinzukommt, ist allerdings nicht nur ein Gewinn durch den Einsatz von Gedächtnisinhalten (eine Reduktion der Risiken und eine Erhöhung der Trefferchance). Hinzu kommt auch eine Beschränkung der bewußt werdenden Wahrnehmung auf sichtbare Abläufe. Von den nicht minder ursächlichen Verknüpfungen, die zu einer Handlung führen oder deren Folge sind, wird in der Regel erstaunlich wenig bewußt. Tritt keine Störung im nichtbewußten Getriebe auf, die das Bewußtsein alarmiert, wird gar nichts bewußt. Dies führt zu der so einschneidenden und natürlich ganz falschen Ansicht, daß Ursachenketten an irgendwelchen Stellen ihren Anfang nähmen und ihr Ende fänden, zum Beispiel an den eigenen Absichten und Zielen von Handlungen.

»Ich bin die Ursache«, pflegt man zu sagen oder »Er hat verursacht.« Und erst im Falle von Ungereimtheiten oder Konflikten werden die Vor- und Folgebedingungen im Sinne von Problemsituationen ernsthaft reflektiert.

In solcher Weise scheinen Kausalketten ganz allgemein Anfänge zu haben und ein Ende zu finden. Aber die Betrachtung zeigt, daß an diesen Stellen nicht die Ursachenketten enden, sondern eben das Interesse des Betrachters. Die Koinzidenz mit den Intentionen eigener oder fremder Handlungen ist nicht zu übersehen.

Man denke an irgendein Spiel, zum Beispiel Golf. Die Serie der Schläge erscheint uns als die Ursache, die Sprünge des Balles bis ins Zielloch als die Wirkung, als Anfang und Ende des Kausalzusammenhanges. Die Umstände, die uns zum Golf spielen bewogen, scheinen nicht dazuzugehören. Und auch nicht die Folgen des Falles des Balls ins Loch, zum Beispiel, daß der Golfplatz zum Wald werden würde, wenn (aus welchen Gründen auch immer) über lange Zeit kein Ball mehr ins Loch fiele. Wonach selbst die Intention zu golfen entweder nicht mehr zum Golfen führte oder gar nicht entstanden wäre – und so weiter.

Eine solche auf einzelne Handlungen reduzierte Instruktion unseres Bewußtseins, gestützt durch die Grenzen von Wahrnehmung und Kenntnissen, wird auch der Grund dafür sein, daß uns Ursachen in Kettenform (eben zwischen Anfang und Ende) erscheinen. Und daß es wieder einer absichtsvoll entschlüsselnden Reflexion bedarf, um sich den Netzzusammenhang (in dem Ursachen in Wahrheit existieren) wenigstens abstrakt oder theoretisch zu vergegenwärtigen.

Natürlich spricht man in den sogenannten exakten Naturwissenschaften nicht mehr von Ursache und Wirkung, sondern von Wechselwirkungen. Aber, wie man weiß, selbst die Wechselwirkung zwischen nur drei Körpern läßt sich nicht mehr vorausberechnen; und wir finden uns zurückverwiesen auf die zweiteiligen Modelle, wie sie ohnedies durch unsere angeborene Form der Anschauung suggeriert werden.

Die Folge ersten Grades ist, daß wir uns der Komplexität zu entziehen trachten. Darstellungen (man erinnert sich des Topologieproblems) sollen klar und einfach und auf das Wesentliche beschränkt sein, mehrseitige Ursachenbezüge scheinen suspekt und sollen reduziert werden, Wechselbezüge (z. B. der Hermeneutik) werden als Zirkelschlüsse verdächtigt. Und selbst die Zurechnungslehre der Juristen empfiehlt, in die Aufklärung eines Rechtsfalles nur möglichst kurze Ursachenketten einzubeziehen (R. Riedl 1978/79, 1981, 1981 a, 1986).

Die Folge zweiten Grades ist, daß wir fast unfähig sind, mit komplexen Systemen systemgerecht umzugehen. JAY FORRESTER sagt dazu, daß der menschliche Verstand nicht dazu geschaffen ist, menschliche Sozialsysteme zu verstehen. JOHN GALBRAITH, daß die Sozialplanung der Experten in ein Gebiet zwischen Traumdeutung und Beschwörung gehört. Und dasselbe meint FRIEDRICH VON HAYEK mit der Behauptung, daß uns diese Zivilisation nur passiert ist. DIETER DÖRNERS bekannte Experimente (1975) lassen diese Unfähigkeit bereits metrisch verfolgen. Und wem unsere eigene Zivilisationsplanung zu dicht vor Augen ist, um deren grandiose Irrungen zu bemerken, der möge nur in Richtung auf die Entwicklungshilfe blicken, um die Katastrophen, die wir fortgesetzt anrichten, verdeutlicht zu finden.

Finalität (oder das Wo-Zu)

Hier ist ein Rückblick auf die Begriffsbestimmung voranzustellen. Denn zu sehr differieren die Auffassungen. Sucht man ein übergreifendes Prinzip, in dem auch das Platz hat, was wir als Zweck und Ziel, als Absicht und Intention, erleben, so ist es das Programm *(projet* sagte JACQUES MONOD). PITTENDRIGH hat schon 1958 vorgeschlagen, solch einer Bestimmung die Bezeichnung Teleonomie zu geben, um das Gesetzhafte (Naturgesetzliche) herauszustellen, das unsere Erwartung mit dem Begriff eines Programmes verbindet. Sir KARL POPPER hat uns unlängst in einem Vortrag ermutigt, auf eine Abtrennung der Teleonomie vom Teleologiebegriff zu verzichten. Das wäre natürlich angenehm.

Programme sind nun, ebenso wie wir es für die Ursachenbezüge feststellten, eine Bedingung aller Lebenserhaltung. Leben selbst bedeutet Erhaltung erfolgreicher Programme; und Erfolg heißt zuerst Lebens- und Überlebenserfolg. Auf genetische Weise entstehen solche Programme durch zunächst zufällige Änderung oder Erweiterung der Instruktionscodices in der Aufbau- und Betriebsanleitung der Phän- und Verhaltensmuster und der fortgesetzten Auswahl der zielführenden.

Das Prinzip ist im Grunde schon ein anorganisches und beruht auf katalytischen Prozessen, denen wir den Titel eines Programmes geben, sobald die Prozeßkette nicht nur komplex, sondern auch zu einer lebenserhaltenden Funktion geworden ist. Die BELOUSOV-ZHABOTINKSY-Reaktion zum Beispiel, obwohl komplex, scheint uns nicht teleonom, weil sie keinem Lebenszweck dient. Teleonom hingegen sind alle lebenserhaltenden Erbprogramme, von der Transkription der DNA-Triplets in die Peptidketten bis zur Regulation des Neugierverhaltens nach der Kosten-Nutzen-Relation, zum Beispiel, daß eine Dohle ein unbekanntes Objekt (ein Diwankissen) zuerst als Feind attackiert, dann als Futter prüft, um zuletzt die Teile als Nistmaterial einzutragen.

Ebenso setzen die assoziativen Programme an den genetischen fort. Der unbedingte (genetisch fixierte) Lidschlußreflex beispielsweise schließt bei einem plötzlichen Luftstrahl auf die *Cornea* automatisch das Augenlid; der möglichen Störung durch ein Staubkorn wird zweckvoll vorgebeugt. Der bedingte Lidschlußreflex entsteht assoziativ, zum Beispiel dann, wenn in mehreren Versuchen vor dem Luftstrahl regelmäßig eine Glocke ertönt. Hier wird das Lid bald schon bei Wahrnehmung des Tones geschlossen; er wird so automatisch wie zweckvoll als Vorwarnung der kommenden, möglichen Störung assoziiert.

Der Erfolg der genetischen wie der assoziativen Programmbildung beruht darauf, daß stete Sukzessionen von Ereignissen in dieser Welt nun auch in Richtung auf das Folgeereignis (wir sagen: die Zukunft) wiederum meist nicht von zufälliger Art sind.

Man sieht schon voraus, daß im langsamen Übergang vom reflektorischen (unbewußten) zum reflektierten (bewußten) Assoziieren, sowohl durch die Anlage im System als auch durch die Anleitung durch jene Naturgesetzlichkeit im Milieu, das Prinzip weiter verankert wird.

Was durch das Hellerwerden des Bewußtseins aber hinzukommt, ist wieder nicht nur ein Gewinn durch den Einsatz von Erfahrung. Hinzu kommt nochmals die Beschränkung der Wahrnehmung auf einen Ausschnitt der Abläufe, der uns zwischen der Absicht und dem Ziel einer Handlung begrenzt erscheint, sowie die Feststellung, daß Ziele stets in der Zukunft liegen. Ja, die Ziele scheinen sogar aus jener Zukunft auf die Intentionen in der Gegenwart zu wirken.

Übersehen wird dabei gewöhnlich die Historizität aller erfolgreichen Programme. Sie entstehen sämtlich über kleine Entwicklungsschritte mit folglich noch passabler Treffer- oder Erfolgswahrscheinlichkeit. Und sie alle festigen sich durch wiederholte, erfolgreiche Durchläufe. Das ist für die genetisch programmierten noch ebenso deutlich wie für die unbewußt-assoziativen. Dies gilt aber nicht minder für die bewußt intendierten; und zwar unabhängig davon, ob die Geschichte des Programmaufbaues auf die eigene Erfahrung rekurriert (wie bei der Absicht, einen Teich zu durchschwimmen, ein Schloß zu reparieren) oder aber auf Nachrichten über die Erfahrung anderer (an den Südpol zu reisen oder einen Dom zu bauen).

Selbst die epochemachenden Erfindungen und Entdeckungen setzen der Erfahrung einer Kultur nur einen vergleichsweise geringfügigen neuen Programmschritt hinzu; und es bedarf wieder der Alarmierung durch Widersprüche oder Zuwiderläufe, um die Reflexion wenigstens einiger weiterer Zusammenhänge herauszufordern.

So mag dies der Grund für eine erste Folge sein, daß wir uns nämlich Kausalität und Finalität, Ursachen und Zwecke als Alternativen deuten. Zwecke scheinen aus der Zukunft zu wirken, Ursachen aus der Vergangenheit. Zwecke scheint es nur im Rahmen bewußter Intention zu geben, Ursachen außerhalb derselben. Wo doch in Wahrheit die Finalursache nur eine von vier Ursachenformen darstellt, was bekanntlich schon ARISTOTELES lehrte (W. KULLMANN 1979). Dennoch hat man die Disponibilitätsbedingungen, die Materialursache, ausgeklammert (weil wir keine Anschauungsform für Phasenwandel besitzen) und ebenso die Erhaltungsbedingungen, die Formursache, ausgegliedert (obwohl sie uns als Selektion bekannt sein sollte). Vielmehr versucht die sogenannte exakte Wissenschaft, die Welt aus der Kraftursache, den Kräften, der *causa efficiens,* allein zu verstehen.

Die weitere Folge dieser reduzierten und alternativen Anschauungsweisen der Kausalitätsformen ist es, daß man eine Grundbedingung aller Entwicklung komplexer Naturdinge nicht wahrgenommen hat; den Umstand nämlich, daß alle Differenzierungen als Einschübe entstehen, und zwar jeweils zwischen vorgegebenen Materialien (und Kräften) und einem ebenso vorgegebenen, die Erhaltungsbedingungen bestimmenden Ganzen (einem form- und zweckgebenden Ausleseprinzip) und daß das, was wir als zweckvoll ansehen, jenen erhaltenen (erfolgreichen) Programmen entspricht, in denen das Zusammenwirken von Untersystemen zur Erhaltung ihres Obersystemes beiträgt. Wir wären ohne das Herrschen dieses Prinzips nicht da und könnten daher auch nicht über Evolution reden.

Eine letzte Folge dieser Grenzen unserer Anschauungsformen ist die Spaltung unserer Kultur in die konfliktgeladenen Paradigmen des Szientismus der reduktionistischen Naturwissenschaften und einer hermeneutisch operierenden Geisteswissenschaft, der die hermeneutische Wechselursache als vermeintlich zirkulär wieder ganz zerredet wurde (R. RIEDL 1985).

Ungeachtet des Umstandes, daß jedermann, der eine Handschrift entziffert, aus den Fällen von Worten die Bedeutung eines Zeichens (Buchstabens) aufdeckt und aus den Fällen von Buchstaben die eines Wortes, aus den Fällen von Sätzen die Wortbedeutung (ob mit ›Strauß‹ ein Vogel oder ein Blumengebinde gemeint ist) wie aus den Fällen der Worte die Satzbedeutung, aus den Fällen des Kontextes die Satzbedeutung (ob dieser z. B. ironisch gemeint ist) wie aus den Fällen der Sätze die Bedeutung des Kontextes.

Wiewohl die Anlage also vorhanden ist, führt die reflektierende (spekulative) Extrapolation unserer limitierten Anschauungsformen in die Konflikte nicht nur der Paradigmen, sondern, viel schmerzlicher, in Konflikte mit unserer Lebenswelt und der Natur. Die Eskalation all unserer selbstgemachten Bedrohlichkeiten sind die Folge, ebenso wie die der Kurz- und Langzeitökonomie, das Umweltdilemma.

Einsicht und Aussicht

Was ich vortrug, stützt sich auf das, was man heute von Entwicklungsbedingungen wissen kann. Ich argumentierte mit Plausibilitäten, weil ich die ganze empirische Dokumentation nicht bringen konnte. Ich bemühe mich jedoch, nichts auszusprechen, von dem die Gewinnung des empirischen Dokuments nicht wenigstens möglich sein wird. In diesem Sinn trachte ich mein Gebiet, die empirische Wissenschaft, nicht zu verlassen.

Natürlich ist alles Theorie. Aber freilich in dem Sinne, wie auch die Erklärung der Gravitation und selbst unsere Wahrnehmung Theorie ist. Aber sie ist mehr als ein heuristisches Konzept, sie ist mindestens selbst ein Programm, weil für jede Behauptung (oder Erwartung) angegeben werden kann, wie sie geprüft (also gestützt oder falsifiziert) werden kann.

Dennoch darf man nicht erwarten, daß man einem solchen Wechsel des Paradigmas sogleich folgt (TH. KUHN 1976). Trotz ihrer Unvergleichlichkeiten in unseren natur- und geisteswissenschaftlichen Teilkulturen haben die gängigen (vereinbarten) Paradigmen eine unverzichtbare Sprach- oder Verständigungsfunktion. Und das Erkenntnisdilemma hat als Folge unseres Vertrauens auf die spekulativen Kräfte unseres Verstandes zu einer zu großen Unsicherheit geführt, die Schutz suchen läßt in einem der widerstreitenden Häfen unserer Kultur.

Man kann das besonders schön an der Rezeption ablesen, die dieser Paradigmenwechsel bislang erlebt hat. Zum einen hat sich die neue Lehre in nur wenigen Jahren bereits in so gut wie allen Wissenschaften verbreitet. Zum anderen ist die kritische Rezension nur in wenigen Fällen sachlich. Tatsächlich überwiegen emotionale und selbst affektbetonte Stellungnahmen; und positionsgemäß von zweierlei Seite.

Philosophische, vor allem transzendentalphilosophische Schulen erklären schon die adaptionistische Lösung, welche die evolutionäre Lehre vom Kenntnisgewinn anbietet, als ein Unding in sich selbst. Die phylogenetische Erweiterung oder Konsequenz der Lösung aber erzürnt reduktionistische Naturwissenschaftler. Und in beiden Fällen meidet man eben das klärende Gespräch, so daß die Gegnerschaften nachgerade verschwörerische Züge annehmen. Man erkennt, wie tief das Problem berührt.

Freilich wäre es ein Unding, mit Hilfe seiner Vernunft seine Vernunft übersteigen zu wollen. Mit Hilfe der möglichen Erfahrung aber die Grenzen seiner angeborenen Anschauungsformen zu übersteigen, so behaupte ich, das ist möglich. Als Anleitung genügt bereits POPPERS Falsifikationsprinzip. Wo immer wir regelmäßig mit unseren Prognosen aufgrund der sogenannten Selbstverständlichkeiten an der Erfahrung scheitern, ist Verdacht am Platz.

Aber wir haben uns ans Scheitern gewöhnt. Wir scheitern an der Erwartung widerspruchsfreier Axiomensysteme, an der Begründung der Logik und der Erkenntnis; und aneinander scheitern Empiristen und Rationalisten, Materialisten und Idealisten, Natur- und Geisteswissenschaftler, Markt- und Planwirtschaftler, Ökonomen und Ökologen.

Unsere altertümlichen Formen der Anschauung zu übersteigen bedeutet für die Evolution wohl nur einen weiteren Adaptierungsschritt, für unsere Spezies aber unter Umständen eine Frage des Überlebens. Dieser Schritt ist nicht nur möglich, er wird notwendig werden.

III 4 Grenzen der Kunst

Wenn es richtig ist, was in den letzten Kapiteln über die Grenzen unserer Adaptierung behauptet wurde, was wäre daraus zu gewinnen? Nun, einige Anwendungen hinsichtlich Wachstum, Kausalitäts- und Qualitätsverständnis haben sich schon ergeben.

Was aber könnte, neben jenen Bereichen, die eher in die Gebiete von Wirtschaft und Politik gehören, daraus für das gefolgert werden, was wir gewissermaßen zu den Kernstücken unserer Kultur zählen? Zwei Versuche schließe ich zu diesem Thema noch an, um den Leser urteilen zu lassen.

Mit dem Titel »Die Grenzen der Kunst« hat ROBERT EDERER, *den man zum Kreis der ›Wiener Phantastischen Realisten‹ zählt, einen gedankenreichen und nicht minder phantastisch illustrierten Band herausgegeben; und gemeinsam mit dem Verlag Böhlau erbat man von mir ein Vorwort. Dies war eine interessante Herausforderung, der ich darum gerne entsprach. Nicht zuletzt, weil ich selbst in der Welt der bildenden Kunst aufgewachsen bin und meinem Vater, dem Bildhauer* JOSEF FRANZ RIEDL, *wärmstes Gedenken bewahre für die vielfältige Anregung, die mir schon in meiner Kindheit so selbstverständlich zuteil wurde.*

Freilich, es ist vorerst ein Versuch und nicht mehr als ein erster Anlaß, über das Werk eines Wiener Künstlers und seine Perspektive weiterzudenken.

Was könnte eine ›Biologie der Kunst‹ erbringen? Was könnte sie der Kunst mehr entnehmen, als eine ›Psychologie‹ oder eine ›Soziologie der Kunst‹ schon erfaßt hat; Disziplinen, die von der Erwartung ausgehen, es sei ein Ding dann am wahrsten, wenn man die wesentliche Perspektive seiner Betrachtung gefunden hat. Nicht zu Unrecht aber ist von einem Biologismus, Psychologismus, Soziologismus die Rede, wenn ein Fachgebiet sich aufschwingt, jenseits seiner Grenzen erklärend einzugreifen. Dennoch soll hier Kunst biologisch, im Wortsinne ›lebens-kundlich‹ betrachtet werden, um gleichzeitig jene Ismen in die Schranken zu verweisen. Welches Wunderelexier also wird nun gebraut? Es ist dies die ›Kunst der Biologie‹.

Die Biologie, vormals eine Mischung aus der Kunde von den Tieren und Pflanzen, ist in der letzten Generation zu einer ›Lebenskunde‹ geworden; ohne das Objektivitätspostulat zu verlassen, also jenen Bereich, in dem nur von Überprüfbarem die Rede sein kann, ist sie zu etwas geworden, das einer ›Kunde von der Lebensweisheit‹ verwandt sein mag. Die ›Kunst der Biologie‹ ist die Kunst der wandelnden Perspektive. Sie hat als erste Wissenschaft die Systembedingungen dieser Welt begriffen und den Anteil, den die Kreatur ›Mensch‹ an diesem Systemzusammenhang nimmt. Sie beginnt zu verstehen, warum zum Verstehen dieser Welt zwei Seelen unsere Brust bewohnen. Sie weiß, daß reinen Unsinn zu fabrizieren ein Privileg des Menschen ist. Sie weiß nun sogar, warum das so ist. Sie muß darum ihre Thesen auch an den Artefakten des Menschen prüfen: an seiner Kunst.

Zum Ort der Kunst

Als das Produkt der schöpferischen Absichten des Individuums haben sein Schöpfer, der schöpferische Vorgang wie sein Produkt eine zentrale Position im Schichtenbau der Kulturen. Es ist dies jene Schicht, die auf den psychischen Kräften des Menschen ruht und diese wieder auf seiner biologischen Ausstattung. Man kann auch sagen: Sie setzte sich aus jenen tieferen Schichten zusammen. Gleichzeitig ist aber jener Schöpfer Teil einer Sozietät, die Teil einer Gesellschaft, eines Zeitgeistes, einer Kultur ist. Man kann auch sagen: Sie wird von jenen Schichten überbaut. Und es ist nicht von ungefähr, daß wir

Schicht für Schicht anderen Wissenschaften begegnen. Denn Schicht für Schicht finden wir neue Gesetzlichkeiten.

Zwar reichen die Gesetzlichkeiten aller tieferen Schichten durch alle jene hindurch, die sie überbauen, sie sind sogar deren unerläßliche Voraussetzung (notwendiger Grund), aber sie enthalten die Eigengesetzlichkeit ihrer Oberschichten (deren zureichenden Grund) noch nicht. Die Unterschichten enthalten die für den Bau jeder Oberschicht disponible Ausstattung des Kunstschöpfers wie seine Kräfte.

Die Oberschichten wiederum überformen alle tieferen und bilden die notwendigen Gründe für deren spezielle Zusammensetzung. Aber den Grund, warum bestimmte Materialien oder Bauteile verfügbar sind, enthalten sie wieder nicht und ebensowenig die Gründe der Kräfte, die diese mit sich führen. Die Oberschichten wirken selektierend auf ihre Bauteile; sie entscheiden darüber, welche der disponiblen Materialien in welcher Anordnung im synthetisierten Ganzen Bestand haben können. So wählt die Kultur des Abendlandes die möglichen Stile der Zeit, die Gotik ihre Stände, ein Stand seine Bauhütte und seinen Dombaumeister. Die Oberschichten lassen entstehen, was wir als Formgesetze und Zwecke erleben.

Erst die Gesetzlichkeiten aller angrenzenden Schichten lassen die Einzelschicht verstehen (enthalten ihre zureichenden Gründe). Erst der Schichtenbau der kreatürlichen Ausstattung des schöpferischen Menschen und der Materialien seiner Zeit lassen mit dem Schichtenbau der Sozial-, Gesellschafts- und Kulturgesetze der Epoche sein Werk, sein Vorgehen und ihn selbst verstehen. Keine Disziplin vermöchte ihre Nachbardisziplinen zureichend zu erklären. Vielmehr bedarf es aller Nachbarschichten zur Erklärung der einen, so, wie die eine zur Erklärung aller anderen nicht zu entbehren ist.

Dies kann ich postulieren, weil die Biologie den Synthesevorgang, die ›Autopoiese‹ des Schichtenbaus der organischen Welt erforscht. Und da zeigt es sich, daß unsere angeborenen Formen, diese Welt anschauen zu können, eine Anschauung für Kräfte und eine andere für die Zwecke enthalten und daß wir Materialien (Bauteile, Komponenten) in einem anderen Ursachenbezug erleben als das, was wir Selektion, Wahl, Entscheidung oder Vernunft nennen. Nicht die Welt erweist sich als geteilt, vielmehr unsere Anschauung als getrennt von ihren Gründen; je nachdem, ob wir von den Teilen aufs Ganze sehen oder umgekehrt, von einem Ganzen auf dessen Teile.

Zum Schisma der Kunstbetrachtung

So, wie uns unsere angeborenen Anschauungsformen zweierlei getrennt erscheinende Zugänge zu dem einräumen, was wir als eine Erklärung erleben, haben sich auch zwei konkurrierende Formen der Welterklärung entwickelt. Die eine versucht die Erklärung ihrer Gegenstände analytisch durch eine Rückführung auf deren untergeordnete Teile, die andere synthetisch durch eine Rückführung auf die übergeordneten Zwecke, zu denen sie beitragen. Beide scheinbar unvereinbaren Standpunkte wurzeln schon in der Antike und sind als materialistische versus idealistische Weltdeutung das Schisma unserer Kultur bis heute geblieben.

Die Geschichte der Kunstphilosophie oder Ästhetik, heute auch der Kunstwissenschaft, spiegelt diesen Zustand. Da steht noch immer eine ›Ästhetik von unten‹ gegen eine ›Ästhetik von oben‹. Eine positivistisch-empirische Kunstbetrachtung etwa des anglikanischen Naturalismus erklärt ihr Wesen aus der Psychologie des Gefühls und der Biologie des Instinktes für das Schöne. Eine idealistisch-spekulative Ästhetik sieht ihr Wesen in den Zwecken, die ein Kunstwerk im Rahmen der Ideen einer Gesellschaft und einer Kultur erfüllt.

Die scheinbare Unvereinbarkeit der ›Gründe von unten‹ und der ›Gründe von oben‹ ist noch von der Erwartung gefördert, daß alle Ursachen – Kausalität wie Finalität – in Kettenform verliefen; was von jeher Anlaß gab, sich auf die Suche nach der jeweils letzten Ursache zu machen. Für den herrschenden Wechselzusammenhang besitzen wir kein Organ der Wahrnehmung. So wird sie weiterhin, sagte der Philosoph Moritz Geiger, gleich einer Wetterfahne, »von jedem philosphischen, kulturellen, wissenschaftstheoretischen Windstoß herumgeworfen«. Denn daß zwei halbe Wahrheiten noch nie eine ganze ergaben, das liegt auf der Hand.

Daß der Gegenstand der Kunst nur aus dem Wechselbezug seiner Ursachen zu verstehen sein wird, wage ich zu behaupten; denn wir erfahren aus der Biologie, daß alle Differenzierungen als immer wieder neue Einschübe zwischen den jeweils vorausentstandenen Teilen und einem Ganzen entstehen: der Mensch zwischen seinen Zellen und seiner Population, die Sprache zwischen seiner Lautgebung und seiner Sozietät. So muß seine Kunst ihre Gründe in einem Wechselbezug zwischen seinem Lebensgefühl und seiner Kultur haben.

Zur Qualität der Kunst

Was also kann Kultur, geistiges Geschehen überhaupt, anderes sein als Auseinandersetzung zwischen individueller Befindlichkeit und der realen oder gedachten Welt. Was anderes könnten ihre Produkte sein als symbolische Deutung dieser Welt mit ihren Menschen, *seiner* Gesellschaft und *seinen* Ideen. Alle Reflexion des Menschen hat mit dem Rätsel der Entstehung der Welt und seiner selbst begonnen, kreiste um deren Ursachen und Zwecke.

Alles Unbekannte wurde zunächst in Analogie zum mutmaßlich Erkannten interpretiert. »So wird das Unbekannte erklärlich; die Unsicherheit des Wissens wird durch die Sicherheit im Glauben aufgehoben«, sagt FRIEDHART KLIX. Denn nur Erkanntes und Erklärtes, so erwies es sich, erlaubt Prognostik und erhöht die Sicherheit des Überlebens. Selbst die Philosophie unserer Kultur ist, woran HANS SCHWABL erinnert, »in ihren Anfängen nichts anderes als Kosmogonie und Darstellung des Werdens der Erscheinungen im Kosmos. Von einer Reinigung des mythologischen Weltbildes ausgehend, erfolgt die immer feinere Differenzierung der Denkmittel und damit auch der Wissenschaften.«

Was also konnte Kunst anderes sein als zuerst Beschwörung, dann Deutung der Welt, des Menschen, seiner Gesellschaft und Gefühle, mit der ihr speziell gegebenen Symbolik. Und ist ihr diese Aufgabe, mit immer feinerer Differenzierung der Ausdrucksmittel, nicht geblieben über zweieinhalb Jahrtausende unserer Geschichte, über fünfunddreißig Jahrtausende der bildnerischen Ausdrucksformen der Menschen? Fast scheint es so. Doch im jüngsten Jahrhundert des 35. Jahrtausends entstehen die ›Deuter der Kunst‹. Und die Kunst wandelt sich mit ihnen.

Was bislang eine Kommunikation zwischen Künstler und Betrachter, später zwischen Künstler, Mäzen und Betrachter fast ausschließlich mittels der Formensprache war, wird von der Wortsprache, von Philosophie und Wissenschaft überbaut. Und nun wird vom Benutzer erwartet, daß er in den Produkten der Kunst sieht, was er ohne den Kunstdeuter nicht gesehen hätte. Die Gesellschaft bestellt ihren Kunstvormund. Und nun muß das Kunstwerk nicht mehr allein für sich sprechen. Man kann erwarten, daß für es gesprochen wird.

Allerdings in einer Sprache völlig anderer Qualität. In einer an die

Ratio, an Logik, Analyse und absichtsvolle Reflexion appellierenden Kommunikationsweise der Wissenschaft; wo doch die Kunst an die zweite Seele in unserer Brust appellierte, an jene transrationale, viel tiefere Schicht des Gefühls, der Synthese und Empfindung, die sagen kann, was das Wort noch nicht wie auch nicht mehr enthält. – Auch von einer Gesetzlichkeit ganz anderer Art ist die Rede; wovon man sich überzeugen kann, wenn man die Entwicklung der Mittel der Kunst mit jener der Wissenschaften vergleicht.

Nun lassen sich in unserer menschlichen Ausstattung jene tieferen Schichten zwar bevormunden, aber nicht ersetzen. Dort befinden sich nämlich jene vorbegrifflichen Antriebe, die uns Lebensgefühl und Zweck vermitteln. Die Vernunft hingegen ist bei uns rationalisierenden Wesen ein Vehikel, das uns, wird es von jenen tieferen Antrieben im Stich gelassen, noch nie weit gebracht hat.

Zu den Regulativen der Kunst

Und noch eines ist mit der Kunstdeutung entstanden. Das sind die sich verstärkenden Regelkreise; hier die Kreisläufe zwischen Deuter, Händler und Künstler. Alle wechselverstärkenden Regelkreise aber, und auch dies ist eine fundamentale Einsicht der Biologie, führen zu Eskalationen und daher zu Extremisierungen und zur Selbstzerstörung ihres Inhalts.

Was bislang in dieser Welt zur Harmonie semistabiler Zustände oder Systeme geführt hat, sind Regelkreise entgegengesetzter Funktion gewesen; Regelkreise mit negativer Rückkoppelung. Sie beruhen darauf, daß eine Innovation, sei es eine Kreation oder nur eine Störgröße, zwar vom System sehr wohl wahrgenommen, nun aber nicht fortgesetzt verstärkt, sondern vielmehr vom übergeordneten Ganzen, vom Kollektiv, geprüft und gedämpft wird. Das Ganze des Systems selektiert, was an Neuem und wie es in ihm Bestand haben kann.

So entstand die Harmonie der Organisation der Organismen, die ihrer ökologischen Systeme, die Sozialgefüge, unsere Sprache. Wir finden das Prinzip in der Dynamik der Wissenschaften wieder, selbst in der Demokratie. Und ich möchte vermuten, daß die harmonische Entfaltung der Künste ihren ungebrochenen Wandel derselben Gesetzlichkeit verdankte.

Zur betrachtenden Kreatur

Die Aufklärer sind der Ansicht, dem Menschen sei alles möglich und er würde sein Glück machen, wenn er dies wüßte und danach handelte. Die Behavioristen meinen, der Mensch sei ein unbeschriebenes Blatt und würde sich jedem Milieu anpassen; selbst an jenes garstige, das in der Folge der Aufklärung unseren ›sozial-kapitalistischen‹ Erfolgszivilisationen passiert ist. Die Sozialdarwinisten sprechen sich dafür aus, daß sich selbst in der inhumansten Welt die ihr Angepaßtesten durchsetzen würden. All das erweist sich, gottlob, als furchtbarer Irrtum.

Wir Biologen entdeckten vielmehr eine Fülle erblicher Ausstattungen der menschlichen Kreatur, die von den Bedingungen unserer Befindlichkeit tief hineinreichen in die Vorbedingungen unserer Vernunft und in die Weisen, wie wir diese Welt anschauen und was wir von ihr in Hinsicht auf ein menschliches Dasein erwarten. Wir sind also weder ein unbeschriebenes Blatt, noch könnten wir alles bewerkstelligen und schon gar nicht vermöchten wir uns allem anzupassen.

Zum vorliegenden Thema gehören vor allem jene dieser menschlichen Universalien, die uns fortgesetzt nach Gesetzlichkeit suchen lassen, nach Gestalten und nach den Zwecken, dem Sinn der Dinge. Und diese Erwartungen sind in unserer menschlichen Natur deshalb so unverbrüchlich verankert, weil sie uns die Prognostik der Lebensumstände und damit das Überleben sicherten. Wer sie verlor, war längst aus der Reihe unserer Vorfahren ausgeschieden.

Es möchte mir darum scheinen, daß es bislang immer ein Anliegen der Künste war, nach den Maßen ihrer Ausdrucksmittel einigen oder allen diesen Erwartungen der Menschenseele symbolhaft, ja überhöht zu entsprechen: in der Gesetzlichkeit des einfachsten Ornaments oder Rhythmus, in der einfachsten Magie der Gestalt des Wildes oder der Fruchtbarkeit und deren Sinn für die menschliche Kreatur ebenso wie in den höchsten Differenzierungen der Künste. Und sie werden selbst wieder belebt vom Überraschenden, Unvorhergesehenen, das angetan ist, jene Lebensgeister zu wecken, die von der Neugierde und Exploration bis zur Forschung und zum Tiefsinn reichen.

Was also geschieht der Kunst, wenn sie ihrer Kommunikation mit dem Menschen die Grundformen menschlicher Erwartungen entzieht? Welches andere Ding der Welt muß es sein, das keine Harmonie, keine Gestalt und keinen Sinn besitzt. Wären solche Gegenstände denkbar ohne jene selbstverstärkenden, eskalierenden Regelkreise, ohne den tiefgründigen Kunstdeuter und ohne die noch darüber entstandenen Hyperzyklen, in welche die Deuter-Händler-Künstler-Zyklen mit der Kunstpolitik einschwingen?

Zu den Funktionen der Kunst

Hier kann man zunächst verschiedener Meinung sein. Darum räume ich ein, daß das Künstlermilieu, in dem ich aufgewachsen bin, auch die Funktionen des Bildens, Erneuerns und Leitens kannte. Will man sie anerkennen, so lassen sie sich wieder aus der Ausstattung des Menschen prüfen.

Wir anerkennen, daß ein Objekt nicht erst dann als Kunstwerk gelten kann, wenn es eine Mehrheit mühelos als ein solches empfindet. Kunst hat also Bildungsfunktion. Es darf erwartet werden, sich mit ihren Objekten vor dem Urteilen zu befassen. Aber auch das Unverstehbare kann das Kriterium des Kunstwerkes nicht sein. Wer also bestimmt die Mitte? Erinnert man sich der fassungslosen Gesichter, denen man bei Führungen durch Galerien zeitgenössischer Produkte begegnen kann, ihrer Beschämung, wenn sie trotz eloquenter Deutung nichts zu sehen vermochten? Wo ist das kleine Kind, das, wie in HANS CHRISTIAN ANDERSENS »Des Kaisers neue Kleider« zu sagen wagte: »Aber der Kaiser hat ja nichts an!«

Wir wissen auch längst, in welchem Verhältnis Innovation zum Ordnungsgehalt eines Systems stehen darf. Ist die Veränderung eines Systems unter Bedingungen von Konkurrenz, Selektion oder Wettbewerb zu gering, so wird es zurückfallen. Ist sie aber zu groß, so zerfällt das System von selbst. Keine Kunstperiode kannte bislang einen Wandel der Auffassungen vom Tempo der heutigen. Wo einmal Stile nach Jahrhunderten, dann nach Jahrzehnten zu bezeichnen waren, kann die Überstürzung heute oft nicht einmal mehr beschrieben werden. Und zeigt es sich nicht noch einmal, daß zu heftiger Wandel seine Systeme selbst zerstört? Was ist denn ein Teil unserer Kultur, der seinen Bestand nicht findet?

Schließlich zur Funktion des Leitens. Hatten die Werke der Kunst nicht bislang jene doppelte Aufgabe, einmal mit der Konstanz ihrer Stilformen als Orientierungs- und Entscheidungshilfe zu wirken, zum anderen mit ihrem Wandel in die nächste Zeit zu weisen? Was sind die Künste für die Unsicherheit der Kreatur, wenn sie sich auch diesen Funktionen entziehen?

Gewiß, unsere Zeit ist häßlich geworden, ihre Lebensform ungewiß, und Ziellosigkeit und Angst haben neue Formen entwickelt. Und gewiß soll die Kunst ihre Zeit beschreiben, ihre Gründe und Geheimnisse aufdecken. Wo aber deutet sie an, wie aus ihr herauszukommen, wie diese Zeit zu überwinden sei? Will sie vom Verfall existieren, vom Zerfallen profitieren? Wie könnte das zum Erfolg einer Kultur führen? Dies darf ich offenlassen.

Zu meiner Position

Der Standpunkt, von dem aus ich frage, wird oft der ›holistische‹ genannt. Er enthält die Ansicht, daß diese Welt eine Einheit, sogar eine harmonische Einheit sei und daß ihre Gegenstände und Gesetzlichkeiten in allem zusammenhängen. Es wird erwartet, daß auch wir Menschen aus dieser Einheit nicht nur hervorgingen, sondern ebenso ein Teil derselben werden bleiben müssen, daß also auch unsere Kultur ein Ganzes bleiben müsse, soll sie der Ausstattung eines solchermaßen gesehenen Menschen entsprechen. Die Ausdrucksformen dieser Kultur müßten aber dann die Bürden ihrer Kreatur wahrnehmen, wollten sie das Ethos der Humanität nicht verlieren.

Dieser Standpunkt, ich gebe es zu, ist nicht immer vertreten worden. Im Gegenteil, meist war die Geschichte unserer Kultur von Spaltungen beherrscht und nur mehr mit den Quellen aus ihren Widersprüchen befaßt. Und doch hat sie sich auch immer wieder auf die Synthese, die Befriedung besonnen: einmal um die Zeit des ARISTOTELES, dann in der Renaissance, später zur Zeit GOETHES und der Brüder HUMBOLDT; und heute?

Unaufgedeckt vom Lärm dieser Jahrzehnte haben wieder Männer, welche die Gesetze des Lebendigen erforschen, die Sicht zum Ganzen vorbereitet. Aus den Wirren, die über ihre Vaterstadt Wien gingen, haben meine Lehrer VON BERTALANFFY, PAUL WEISS und KONRAD LORENZ diesen Weg gewiesen. Aber sie selbst stammen aus jenem verzweigten Gespinst des Empfindens und Wandels, der auch ganz andere Teile unserer Kultur erfaßt; vielleicht auch schon mehrere Seher und Mahner in der Kunst.

Zur Position unseres Künstlers

Dies ist nun auch jene kulturelle Landschaft, in der ROBERT EDERER zu Hause ist. Nach Herkunft, Anlage und Werdegang ist er diesem Ganzheitlichen verbunden und bringt der Vertiefung dieser Sicht wie ihrer Verbreitung beträchtliche Opfer. Schon anläßlich seiner Ausstellung 1963 sagte er, »daß die innermenschlichen Gegensätze nicht sich ausschließende sind, sondern einander ergänzende, daß ihre Harmonisierung zu einer spannungsvollen Ganzheit schon in der tieferen Schicht des Biologischen als ein Gesamtprozeß prinzipiell vorgegeben ist, der den Organismus langfristig durch stationäres Fließgleichgewicht reguliert und überlebensfähig zu erhalten sucht«.

»Alle diese geschilderten Zwiespälte«, so ist er überzeugt, »entspringen ja nur bedingt einer rein subjektiven Kondition, denn: was in ihnen Anteil an der allgemeinen Grundsituation des Menschen hat, was Ausdruck jenes grundsätzlichen Dualismus ist, von ›Leben‹ und ›Geist‹, von ›Gefühl‹ und ›Verstand‹ ... dies widerfährt freilich als Abenteuer der Bewußtwerdung allen Menschen. – In manchen«, fährt er fort, »entartet dieser Dialog.« Aber »der produktiv veranlagte Mensch wird diese Dialektik ... zu meistern und durch sie seine Selbstfindung zu erreichen suchen«.

Dies aus »ROBERT EDERER; Ein Einzelgänger der Wiener Schule des Phantastischen Realismus« von 1975. Darin ist LORENZ' »Rückseite des Spiegels« noch nicht eingearbeitet, aber VON BERTALANFFY, SCHRÖDINGER, BOLTZMANN und viele andere hatten seine Weltsicht mit inspiriert. Seither hat sich diese Szene sprunghaft erweitert, die ganze ›evolutionäre Theorie von der Erkenntnis‹ entstand; und nun wird eine holistische Sicht der bildenden Kunst als Ganzes versucht.

Das Werk ist von unserer neuen Biologie durchdrungen. Aber nicht, weil hier eine ›Biologie der Kunst‹ entwickelt werden soll, sondern – wie ich auf diesen Seiten zu begründen suchte – weil unsere neue Biologie zum Kernstück eines sich entfaltenden neuen Holismus geworden ist. Der Band ist in vielen seiner Perspektiven und Gedanken etwas ganz Neues. Und es ist ein mutiges Werk. Es folgt, wenn auch nicht bewußt, einem Ethos, das SCHRÖDINGER so schön formulierte und das ich mir selbst längst zu eigen machte. Er sagte: »Wenn wir unser wahres Ziel nicht für immer aufgeben wollen, dann dürfte es nur einen Ausweg aus dem Dilemma geben: Daß einige von uns sich an die Zusammenschau wagen – auch wenn sie Gefahr laufen, sich lächerlich zu machen.«

EDERERS Werk ist nämlich, an den Grenzen der Kunst, so manchem Trend der Zeit gegen den Strich gekämmt. Schon darum ist es mutig und von meinen besten Wünschen begleitet.

III 5 Grenzen der Freiheit

Bad Herrenalb, Januar 1984, Symposium der ›Evangelischen Akademie Baden‹, mit einer weiteren Anregung für mich: nämlich über »Freiheit aus evolutionärer Sicht« zu referieren. Draußen knirschender Schnee, drinnen ein überfülltes Auditorium. Manche geistigen Freunde, darunter CARSTEN BRESCH *und* HANS MOHR *mit einem ganz ähnlichen Thema, dazwischen viele Skeptiker. Was kann die Biologie zu diesem Gegenstand sagen?*

Sollte man meine erste Aufsatzsammlung »Evolution und Erkenntnis« kennen, so mag man sich an ein verwandtes Thema erinnern, die »Naturgeschichte von Sinn und Freiheit« (II 4); und daran, daß die Veröffentlichung in den »Scheidewegen«, die den Aufsatz wünschten, nicht möglich war, ›da ich von einem zu verschiedenen (falschen?) Glaubensbekenntnis ausging‹. Aber kann einer, der um Einsicht ringt, von falscher Einsicht ausgehen?

Jener Beitrag wurde dann in den ›Herrenalber Texten‹, 1980, »Wie entsteht der Geist«, herausgegeben. Und in diesem Geist hat WOLFGANG BÖHME *auch den folgenden Text in seinem Symposiumsbericht (»Freiheit in der Evolution«, Herrenalber Texte, 1984) veröffentlicht. Auf die verschiedenen dort versammelten Perspektiven sei der Interessierte verwiesen. Freiheit ist ein zu wichtiger Begriff, selbst für unsere so freie Gesellschaft.*

Was ist Freiheit doch für ein großes Wort. Wieviel Lebensgefühl gründet in ihr. Wie viele Kontroversen, Auseinandersetzungen, Glück und Unheil enthält ihre und unsere Geschichte. Wie unerträglich erschiene uns ein Leben ohne sie. Selbst unter den Idealen der Aufklärung: Freiheit, Gleichheit, Brüderlichkeit, gilt uns nur die Brüderlichkeit ohne Einschränkung. Denn was wäre Freiheit, enthielte sie nicht auch die Freiheit, ungleich zu sein, die Freiheit, sich zum unverwechselbaren Individuum differenzieren zu dürfen. Dies alles ist wohlbekannt.

Aber so sehr unser Streben nach ihr zu unseren großen (hohen) Idealen zählt, sie ist Freiheit, wie wir sie meinen, nur in den Schranken der Unfreiheit. Denn, seltsam genug, jede schrankenlose Freiheit erlebten wir als Ratlosigkeit, Verwirrung und Chaos. Die Sache der Freiheit ist so ambivalent wie jede Errungenschaft des Lebendigen. Und von dieser Ambivalenz soll die Rede sein. Denn außerhalb jener Beziehung von Freiheit und Unfreiheit, Disponibilität und Einschränkung, Ungewißheit und Gewißheit, Beweglichkeit und Starrheit, Chaos und Ordnung vermöchten wir nicht zu existieren. Wir wären nicht einmal existent, das Lebendige nicht und selbst jener Kosmos nicht, in dem wir uns befinden.

Freiheit wovon und Freiheit wozu

Von welcher Art Freiheit aber soll die Rede sein? Da ist zunächst das Freisein von etwas, von den Beschränkungen, wie sie Gesetze auferlegen. Zunächst die Gesetze unserer Gesellschaft, jene, die selbstherrlich der Souverän auferlegt oder einfach: der Stärkere. Da sind aber auch die Gesetze unseres Denkens, unserer Sinne und unserer Physis, die wir zu überwinden trachten. Vom Traum des Ikarus bis zu den Träumen MOHAMMEDS, HEGELS und MARX'.

Und schon verbindet sich die Frage einer »Freiheit wovon« mit der Frage einer »Freiheit wozu«. *Wozu* könnte eine »Freiheit wovon« gut sein. Dies wieder erleben wir als einen Aufruf, die Zwecke, den Sinn oder das Ziel einer »Freiheit von etwas« zu bedenken. Da steht nun Handlungschance gegen Wahlmöglichkeit, die Aufforderung zur Reflexion, nämlich entsprechend der Gewichtung der möglichen Freiheiten zu handeln. Und von dieser Reflexion des freien Willens erwarten wir neue Einschränkungen gegenüber dem uns im Prinzip Möglichen: eine Selektion des Vertretbaren und Verantwortbaren. Dies bedeutet eine neuerliche Verweisung in Schranken: nun in die Schranken unserer eigenen Gesetze von Ethos und Moral. Die Ambivalenz ist wieder mit uns.

Auch diesen Zusammenhang mag man in einer vorbewußten Weise geahnt haben. Nur, woher diese Ambivalenz aus Disponibilität und Einschränkung herrührt, das haben wir kaum vor Augen. Sie stammt aus den Gesetzen aller Entwicklung: aus dem Wechselspiel des schöpferischen Zufalls mit seiner Beschränkung in Gesetzlichkeit. Das Prinzip ist so alt wie dieser Kosmos. Es hat unter allem, was ihm möglich gewesen wäre, diese Erde gemacht und den Menschen. Dieses Prinzip hat in den Möglichkeiten unseres Bewußtseins diese Welt schrittweise wieder abzubilden begonnen. Und nun haben wir, Zauberlehrlinge dieser Evolution, jene Gesetze, die uns gemacht haben, in eigener Verantwortung fortzuführen.

Dies fällt uns, wie unsere Geschichte beweist, nicht leicht. Denn wir sind zwar das Produkt jenes Wechselspieles, besaßen aber von ihm nur eine unbestimmte Ahnung. Wir müssen nun unsere sinnliche Ausstattung übersteigen, um die übernommene Aufgabe zu begreifen. Und unser Weg dorthin führt über unsere Erfahrung. Genauer: durch jene Fahrstraße, deren Begrenzung wir erst überall dort wahrnehmen, wo wir mit unserer sogenannten Vernunft schon wiederholt gescheitert sind.

Die schöpferische Freiheit der Evolution

Unsere Physiker kennt man als erfindungsreich auch auf dem Gebiet pädagogischer Gespenster, und zu diesen gehört neben dem MAXWELLschen Dämon auch der LAPLACEsche Geist. Von diesem (älteren) wurde angenommen, daß er die Beschleunigung und Bewegungsrichtung aller Teilchen in diesem Kosmos mit beliebiger Genauigkeit kennt. Wenn dem so wäre, müßte er alle Ereignisse in dieser Welt vorausberechnen können. Er hätte somit die Beschaffenheit unseres Sonnensystems, die Geschichte Europas, unser heutiges Treffen in Bad Herrenalb sowie meinen nächsten Satz vorhersehen können, beispielsweise (nein: notwendigerweise) den Satz, daß er auch alle unsere Todesstunden und Todesumstände längst in seinen Büchern verzeichnet hätte.

Zu den Merkwürdigkeiten einer solchen deterministischen Welt würde es gehören, daß auch das einfachste Experiment kein Experiment wäre. Würde ich dieses Blatt, das meine Stichworte zu diesem Vortrag enthält, fallenlassen, um zu prüfen, ob es den Gesetzen des freien Falles folgt, so wäre dies kein Experiment, sondern eine Konsequenz seiner Vorgebung; da er ja nicht nur diese meine Handlung in diesem Augenblick vorhersehen konnte, sondern auch die Tätigkeit der Fabrik, die dieses Blatt erzeugte, seinen Weg bis zu mir und selbst jedes Wort und jeglichen Rechtschreibfehler, den es enthält. Ein solcher Kosmos, wiewohl eine Konsequenz einer deterministischen Weltvorstellung, erscheint uns eine Unmöglichkeit. Was nun, wenn wir den LAPLACEschen Geist HEISENBERG lesen ließen, den Entdecker der sogenannten Unschärferelation, des indeterminierten Restes in den mikrophysikalischen Vorgängen dieser Welt. Nehmen wir an, es wäre ein gütiger Geist und er wäre bereit, jene Unbestimmtheit in seine Berechnung aufzunehmen. Dann müßte er in jedem Falle der Möglichkeit einer Begegnung zweier Teilchen zwei Alternativen zulassen: sie begegnen einander oder sie begegnen einander nicht. Dies ist, wie mein Freund, der theoretische Physiker ROMAN SEXL, erklärte, wie bei der Fragestellung an Ihren Dackel: »Kommst du jetzt her oder nicht?« Und es stellt sich heraus, ob er herkommt – oder nicht.

Dies ist gewiß eine umständliche Rechnung. Denn der Kosmos enthält ohnedies schon 10^{80} Teilchen. Um für jede mögliche Begegnung unter den 10^{80} zwei Alternativen zu errechnen, bedürfte der Geist schon einer Rechenmaschine aus der gesamten Materie unzähliger Kosmen. Aber nehmen wir einmal an, er überwindet auch diese Schwierigkeit, dann würde jede Alternative zur Konsequenz einer anderen Evolution dieses Kosmos führen. Die Zahl der möglichen Kosmen, hier freilich nur grob gerechnet, wäre etwa $(10^{80})^{80}$, potenziert mit der Anzahl der Wiederbegegnungsmöglichkeiten derselben Teilchen im Laufe der verflossenen 12 Jahrmilliarden. Nun wieder befragt, wie sich diese Welt entwickeln werde, würden wir, für das Maß unserer Begriffe, von diesem Rechengeist erfahren, daß so gut wie alles möglich werde.

Ich darf annehmen, verehrte Zuhörer, daß auch Sie dies angenommen haben. Und daß der Gewinn dieser Einsicht Ihre Mühe nicht gelohnt haben kann, sich zu meinem Vortrag bemüht zu haben. Vielmehr mag die Überlegung lohnen, daß diese so bescheiden wirkende Lücke in einem offenbar determinierten Kosmos dazu führen muß, überhaupt nichts mit Gewißheit vorhersagen zu können. Selbst das Fallen des Blattes meiner Notizen, mit dem wir wohl alle fest gerechnet haben, erweist sich nun als eine, wenn auch hohe, nur statistische Wahrscheinlichkeit. Denn immer dann, wenn die Zufallsbewegung der Atome dieses Blattes einmal alle gleichzeitig nach oben führt, würde sich das Blatt kurz gegen den absoluten Nullpunkt abkühlen und mit annähernd relativistischer Geschwindigkeit gegen die Decke fliegen. Diese Wahrscheinlichkeit ist, zugegeben, nicht groß. Hätte die Menschheit seit ihrer Entstehung nur Fallexperimente betrieben, dieser Fall wäre wahrscheinlich noch nicht eingetreten. Was aber, frage ich Sie, ist die Menschheit gegenüber diesem Kosmos. Die Möglichkeit jedenfalls ist in ihm enthalten.

Die Notwendigkeit des schöpferischen Zufalls

Wenn Sie nun mit mir durch die Jahrmilliarden der rekonstruierten Evolution dieses uns ungefähr bekannten Kosmos eilen, läßt sich bereits feststellen, wie sich jener mikrophysikalische Zufall in den Makrobereich der Welt verlängert.

Wäre bei der Entstehung dieses Kosmos, zur Zeit des Urknalls, darauf geachtet worden, daß seine Energie mit makelloser Präzision auseinanderstiebt, es wäre gar keine Welt, die wir uns vorstellen können, entstanden. Vielleicht nicht einmal Quanten. Bestenfalls hätte sich der entstehende Raum gleichmäßig mit einem ungemein dünnen Wasserstoffgas gefüllt. Nichts sonst hätte in ihm werden können.

Daß vielmehr Galaxien, Gestirne, Planeten, Leben entstehen konnten, hat zur ersten Vorbedingung Indeterminationen, Unregelmäßigkeiten von allem Anfang an. Die Inhomogenitäten schufen die Teilchen und deren wirbelnde Zusammenstöße immer neue Teilchen, schwere zuerst und mit der Ausdehnung und Abkühlung die leichten. Je ein schweres fing ein leichtes, eines der Elektronen, ein. Es entstand eine Wasserstoffwelt kosmischer Nebel.

Aber schon diese Materienebel waren aus jenen Anfangsbedingungen von inhomogener Dichte und Verteilung. Und folglich ergab sich eine Inhomogenität der Gravitationsfelder, welche die Materiewolken da und dort zu immer dichteren kosmischen Materiewirbeln zusammenzogen. Es entstanden die Galaxien. Ihre Anordnung zeigt bereits eine Zufallsverteilung. Ihre Formen dagegen sind gesetzmäßige Spiralentwicklungen, eine Konsequenz der Ausgangsbeschleunigung und -massen. Die Anordnung ihrer Sonnensysteme, wie ein Blick in die Milchstraße zeigt, entspricht wieder dem Zufall der Subgravitationsfelder in den galaktischen Spiralarmen. Form und Schicksal dieser Sonnen, Strahlung, Größe und Brenndauer sind aber wieder die gesetzliche Folge der an ihr beteiligten Massen. Die Anzahl und Form der Planeten dieser Sonnensysteme sind nun nochmals ein Produkt des schöpferischen Zufalls der Dichten, Entfernungen und Beschleunigungen der protosolaren Randwirbel. Was aber als Protoplanet Bestand haben wird, in welchem Sonnenabstand, mit welcher Masse, welcher Umlaufgeschwindigkeit er welche Entwicklung zum Planeten nehmen muß, das ist nochmals die gesetzliche Folge des Sonnensystems, dessen Teil er ist.

Der Zufall ist also schon für die Evolution des Kosmos eine Notwendigkeit. Die Notwendigkeiten dagegen, die in seiner Folge entstehen, sind ein Produkt des Zufalls. Das ist so in allen historischen, nicht umkehrbaren Prozessen. Dieser Kosmos, unser Sonnensystem, unsere Erde hätten ganz anders werden können. Es war sogar ganz unwahrscheinlich, daß unser Planet so wurde, wie er ist; und ebenso unwahrscheinlich waren alle Konsequenzen in der Folge seiner Bedingungen.

Jüngst ließ sich sogar der Nachweis führen, daß die Grundeigenschaften dieses Kosmos von historischer, nicht ohne weiteres wiederholbarer Art sein müssen. Denn die Rekonstruktion ergibt, daß die elektromagnetischen und die schwachen Wechselwirkungen im frühen Kosmos auseinander hervorgegangen sind. Und es wird erwartet, daß sich auch der Nachweis einer noch früheren Auftrennung der Gravitations- von den Kernkräften wird führen lassen. Es hätte also ein Kosmos selbst völlig anderer Phänomene werden können.

Ein vollkommen determinierter Kosmos enthielte sämtliche seiner Schöpfungen bereits in den Ausgangsbedingungen. Es wäre ›Evolution‹ im Wortsinn, eine Entwicklung, ein Auswickeln oder Entfalten des Präformierten; seine Ereignisse wären unausweichliches, prädestiniertes Schicksal. Die Ereignisse und Zustände unseres Kosmos hingegen sind nur prädisponiert. Sie sind Möglichkeiten des Zufalls. Das Schöpferische ist den α-Bedingungen unserer Welt nur der Möglichkeit nach notwendig vorgegeben. Die realen schöpferischen Akte liegen dagegen unvorhersehbar verstreut in der Geschichte seines Werdens. Genau in dem Sinne, wie wir das Schöpferische des Menschen nicht allein als präformiertes Schicksal erleben, sondern als unvorhersehbare Möglichkeit auf unserem Lebensweg.

So sind auch die Eingrenzungen des schöpferischen Zufalls, stets wieder in die Schranken der mit ihm entstehenden Gesetzlichkeit, Notwendigkeit und Ordnung verwiesen, am Weg der Geschichte entstanden. Sie sind in den Dispositionen als Möglichkeit nur jeweils eine, dann aber notwendige Folge. Eben wieder in der Weise, wie wir die Gesetze, etwa der Gotik, zwar aus der Disposition des Stilgefühls der Romantik, aber eben nur als eine unter ihren vielen Möglichkeiten, verstehen.

Die Eingrenzung der schöpferischen Freiheit

Hat man den richtigen Blick, dann zählt es zu den zunächst erstaunlichsten Phänomenen, daß die Evolution der Organismen das Wesentliche, das sie weiterzugeben hat, die Blaupause, die Information oder, besser, die Instruktion der Aufbau- und Betriebsanleitung, der Hinfälligkeit eines molekularen Fadens anvertraut: den Desoxyribonukleinsäure-Ketten in den Chromosomen unseres Erbmaterials.

Nun kann man fragen, ob diese Weitergabe der genetischen Instruktion überhaupt besser hätte abgesichert werden können. Das hätte sie zweifellos. Wir kennen aus jenen Körperzellen, bei denen es auf schnelle Produktion von Eiweißen ankommt, wie den Speicheldrüsenzellen der Obstfliege, Chromosomen, die 200 bis 300 identische Desoxyribonukleinsäure-Ketten nebeneinander enthalten. Wäre dieses Prinzip in den Keimzellen verwendet, dann würden der mutativen Änderung in einer der Desoxyribonukleinsäure-Basen 299 andere gegenüberstehen, die diese Änderung nicht enthalten. Die Veränderung, in der Regel ein Abschreibfehler mit lebensbedrohlichen Folgen für seinen Träger, wäre also leicht zu entdecken und zu reparieren.

Freilich wäre die Evolution mit diesem Prinzip zu keiner großen

Entfaltung gekommen. Vielleicht hätte sie die Bauform der Amöben nie überschritten. Ob dies unserer Biosphäre zum Nachteil gereicht hätte, lassen wir dahingestellt. Gewiß ist aber eines: Eine Evolution, in der jede Art darauf angewiesen ist, mit ihren Nachbarn um Erfindungsreichtum zu konkurrieren, kann es sich nicht leisten, zur Vermeidung möglicher Irrtümer auf das Schöpferische des Zufalls zu verzichten. Denn die zufällige Innovation ist die erste Voraussetzung jeder Adaptierung, der Konkurrenz um Adaptierungsgeschwindigkeit; sei es, mißlichen Bedingungen zu entkommen, oder die »nächstgrünere Wiese« vor dem Konkurrenten zu besetzen.

Die Chance, daß sich ein Basenpaar ändert, ist eine Zufallsgröße. Sie wird auf 10^{-6} oder 10^{-7} berechnet. Das bedeutet, daß jede Stelle der chemisch kodierten Nachricht im Durchschnitt in jedem millionsten oder zehnmillionsten Reproduktionsschritt einmal die Chance einer Veränderung hat oder daß dies bei Populationen von 10^6 bis 10^7 Individuen einmal pro Generation bei einem der Individuen zu erwarten steht. Das scheint nicht viel zu sein, kann aber dennoch zuviel werden.

Ein sehr einfacher Organismus, ein Kolibakterium, besitzt nämlich schon über 10^6 Basenpaare und damit rund 10^6 Triplets, Dreiergruppen derselben, wie diese jeweils in die »Buchstabenschrift« der zwanzig Aminosäuren übersetzt werden (welche »Buchstaben« die langen »Worte« der Eiweiße, aus denen der Organismus besteht, zusammensetzen). Diese Zeichenfülle entspricht recht gut dem eines Bandes der Großen Brockhaus-Enzyklopädie. Um nun, sagen wir, einen Druckfehler in diesem Band mit Hilfe des Zufalles richtigzustellen, bedarf es im Durchschnitt so vieler Versuche wie Zeichen, die der Band enthält, multipliziert mit der Anzahl der möglichen Zeichen. Das sind 6 400 000 mal 24 oder rund 154 Millionen Versuche.

Dies ist eine langwierige Prozedur. Und man könnte sich fragen, ob man den Fehler nicht rascher fände, wenn man pro Neuauflage anstelle von nur einer Zufallsänderung deren 10 oder 100 zuließe. Dabei wird man finden, daß die Chance, den Fehler zu verbessern, freilich um ein bis zwei Größenordnungen steigen würde; daß aber gleichzeitig 9 bis 99 neue Fehler in jede Neuauflage kämen. In wenigen Auflagen (Generationen) bestünde der Band nur noch aus einer Zufallsmischung von Buchstaben. Wir sagen: seine Instruktion würde zerfließen. So also ist die Beschleunigung nicht möglich.

Nun besitzen die einfachsten Vielzeller schon über 10^8 Basenpaare. Bei einer Mutationsrate von 10^{-7} bis 10^{-6} würden pro Reproduktionsschritt jedes Individuums bereits 10 bis 100 Änderungen in die Nachricht kommen, die sich fast alle als Irrtümer erwiesen. Entsprechend hat man die Existenz von Reparaturmechanismen voraussehen und dann nachweisen können, die geeignet sind, die Anzahl der Änderungen auf ein geeignetes Maß zu reduzieren. Soweit die anerkannte Lehrmeinung.

Ich habe jedoch die Meinung vertreten, daß die nötige Eingrenzung des blinden Zufalls in der Evolution noch ein ungleich effizienteres Prinzip adoptiert haben wird. Und zwar den allmählichen Ausschluß erfolgloser, also unsinniger Änderungen beziehungsweise die Konservierung der erfolgreichen. Wir wissen nämlich, daß bei der Entwicklung der Geninstruktion auf 10^9 und mehr Basenpaare es überwiegend die Schaltgene sind, deren Anzahl so beträchtlich zunimmt. Diese enthalten nun nicht Nachrichten zur Fertigung dieser Worte wie die Strukturgene, von denen bislang die Rede war. Vielmehr haben sie die Aufgabe, Verbindungen und Abstimmungen zwischen den Wortproduktionen herzustellen. Man nennt dies das epigenetische System. Dies läßt nach meiner Berechnung erwarten, daß die erfolgreichen Kombinationen, das sind jene, die für funktionell wechselabhängige Strukturen kodieren, erhalten bleiben, die ihnen zuwiderlaufenden aber ausgemerzt werden müßten.

Für unseren Gegenstand von der Zufallsfreiheit und ihrer Einschränkung kann diesen Zusammenhang die Parabel von den zwei blinden Spielern illustrieren. Jeder Spieler wirft einmal pro Runde seine zwei Würfel, und der König honoriert beispielsweise die Doppeleins. Alles darf mit den Würfeln gemacht werden, nur muß es eben blind geschehen. Beide Spieler (oder Arten) kennen die Zufallsgesetze. Der eine, nennen wir ihn *Archaios*, läßt die Würfel, wie sie sind, und kann damit rechnen, etwa jedes 36ste Mal Erfolg zu haben. Der andere, *Neos*, bindet vor dem Werfen immer wieder einmal die beiden Würfel zusammen und löst die Bindung nicht mehr, sobald er Erfolg hat. Nun kann er damit rechnen, mindestens jedes sechste Mal Erfolg zu haben. Er schließt damit das wahrscheinlich Erfolglose, soweit es das System zuläßt, aus. Dies entspricht unserem obigen Fall in seiner ersten Konsequenz. Er wird mindestens sechsmal häufiger als *Archaios* gewinnen.

Nun aber ändert der König (das Milieu) die Erfolgsbedingungen. Und während der unspezialisierte *Archaios* die, sagen wir, nun honorierte Doppelzwei wieder jedes 36ste Mal erreichen wird, wird *Neos* verlieren. Vielleicht für immer. Besonders, wenn wir annehmen dürfen, daß er, um sich seine Erfolge zu sichern, die beiden Würfel immer mehr, bis zur Unentwirrbarkeit, verknoten wird.

Der Erfolg der Eingrenzung des Zufalls

Dieses Prinzip genetischen Kenntnisgewinns muß sich um so mehr durchsetzen, als die Wechselabhängigkeiten, die funktionellen Zusammenhänge der Strukturen, in der Evolution anwachsen. Denn die Aufgabe, zwei Gene (jene Würfel), drei oder vier, gleichzeitig zu einem Treffer zu führen, weil die Strukturen, für die sie kodieren, nur Erfolg haben können, wenn sie gleichsinnig geändert werden, würde bald eine völlige Unmöglichkeit. So, wie die doppelte, drei- und vierfache Eins beim Würfeln nur mehr Chancen von $1/6^2$, $1/6^3$, $1/6^4$, (0,028, 0,0043, 0,00077) erreichen kann, reduziert sich die Trefferchance bei einer Mutationsrate von 10^{-6} auf 10^{-12}, 10^{-18} und 10^{-24}.

Es wird, wie bei jeder Fabrikation komplexer, funktionsverbundener Systeme, aus der Marktselektion eine Betriebsorganisation entstehen. Erst in ihren Grenzen hat der schöpferische Zufall wieder eine Chance. Denn die Trefferchance des Zufalls entspricht dem Kehrwert der Anzahl der Lose. Folglich kann eine Evolution, die darauf angewiesen ist, mit Hilfe des Zufalls schöpferisch zu sein, es sich nicht leisten, die Zahl der Lose ausufern zu lassen. Dem trägt wohl das starke Wachstum der Regulationsgene in der Evolution Rechnung. Zwecklose Kombinatorik wird zunehmend ausgeschlossen; immer mehr Funktionszusammenhänge werden eingebaut; es sind Entscheidungshilfen gegen Ungewißheit.

Die zweite Konsequenz ist allerdings eine andere. Denn nichts, was in seiner Evolution bereits strukturiert wurde, behält gleiche Änderungschancen seiner Teile. Jene Entscheidungshilfe (es werde die Doppeleins Erfolg haben) enthält ein Voraus- oder Vorurteil über Kommendes (die Honorierung durch den König ›Milieu‹). So wird mit wachsenden Vorausurteilen, wir nennen dies Spezialisierung, die Rückkehr in die Entflechtung unwahrscheinlicher. Die Evolution verliert an Freiheit und gewinnt nicht umkehrbare Geschichte, Richtung, ihre Zwecke und die Ordnung des ›Natürlichen Systems‹ der Organismen.

Man bedenke, mit welchem Erfolg das Werden der Land-Wirbeltiere die Schwimmblase zur Lunge wandelte und damit die nicht mehr entwickelbare Kiemenatmung substituierte. Aber die Rückkehr, wie sie nun der Delphin dringend benötigte, ist nicht mehr möglich. Obwohl auch die Embryonen des Delphins, wie die aller Säugetiere, das Kiemenstadium durchlaufen.

Dasselbe gilt natürlich für alle erblichen Entscheidungshilfen in Sachen Funktions-, Bewegungs-, Verhaltens- und Handlungsweisen, für Reflexe, Taxien und Instinkte. Sogar die angeborenen Lehrmeister unserer Vernunft enthalten als Produkt der Anpassung ebensolche Urteile im voraus. Man denke nur daran, mit welcher Selbstverständlichkeit wir den Raum als dreidimensional und die Zeit davon unabhängig als eindimensional erwarten. Auch falls wir die Relativitätstheorie mitzuvollziehen imstande sind, die uns vorführt, daß wir uns in Wahrheit in einem vierdimensionalen Raum-Zeit-Kontinuum befinden, erweisen sich diese Hilfen für unsere Anschauung als unveränderbar. So kommt es, daß wir uns weder den Beginn der Zeit noch das Ende des Raumes vorstellen können.

Auf diesem genetischen Speicher von Entscheidungshilfen baut der nächste, der assoziative Kenntnisgewinn der Evolution. Und wieder geht es darum, jene Irrtümer möglichst auszugrenzen, wie ihn das schöpferische Versuchen mit Hilfe des freien Zufalls mit sich bringen muß. Dieses assoziative schöpferische Lernen beginnt früh im Tierreich mit der bedingten Reaktion und setzt sich über die Beteiligung des werdenden Bewußtseins fort bis in die Forschung.

Läßt man beispielsweise einen Luftstrahl auf die *Cornea*, so wird das Lid infolge der Verdrahtung eines unbedingten (erblichen) Reflexes geschlossen. Läßt man regelmäßig vor dem Luftstrahl eine Glocke ertönen, so wird das Lid bald schon bei Wahrnehmung des Tones (des bedingten Reizes) geschlossen. Es entsteht im Nervensystem eine assoziative Verdrahtung der Meldungen jener Koinzidenz von Ton und Luftstrahl. Wie in weiser Voraussicht wird der Ton als Vorankündigung der Störung gewertet, und damit ist wieder ein Vorausurteil entstanden, eine Eingrenzung des zu Erwartenden. Und zwar nochmals angeleitet durch die biologische Bedeutung einer möglichst richtigen Prognostik kommender Ereignisse; denn diese ist eine Bedingung des Lebenserfolges.

Dieses Prinzip der Einschränkung der Freiheit unserer Erwartung setzt sich nun tatsächlich bis in unsere Denkvorgänge fort. Wie jede Kreatur verhalten nämlich auch wir uns so, als ob mit der Bestätigung der Prognose eines Ereignisses die Bestätigung der Folgeprognose über dessen Wiedereintreten wahrscheinlicher würde. Wir erleben dies als eine Annäherung an das, was wir »die Wahrheit« nennen. Der Erfolg einer solchen Erwartung beruht darauf, daß die meisten Koinzidenzen von Ereignissen in dieser Welt eben gewöhnlich nicht nur zufälliger Art sind. Und zwar trotz des indeterminierten Restes in diesem Kosmos. Wäre dies nicht so, wir würden nicht forschen, noch könnten wir es.

Gleichgültig, wie oft eine solche Erwartung enttäuscht worden ist, die Einengung der Freiheit unserer Phantasie auf die wahrscheinliche Gesetzlichkeit in den meisten Phänomenen dieser Welt erhöht eben ihre Trefferwahrscheinlichkeit.

Die Psychologie der Freiheit

Zunächst ist festzuhalten, daß auch unsere eigene schöpferische Freiheit des schöpferischen Zufalls nicht entraten kann. Keine Erfindung oder Entdeckung geht ja zur Gänze aus ihren Prämissen hervor. Denn da die Prämissen aller Erfinder und Entdecker im Wissen unserer Kultur vorliegen, also nachgeschlagen werden könnten, ließen sich alle noch wünschenswerten Erfindungen und Entdeckungen bereits jetzt machen.

In Wirklichkeit ist es so, daß schon das Wissen einer Kultur für uns so unübersehbar und vom einzelnen im Detail so unterschiedlich ausgewählt und gewichtet wird, daß schon deshalb keine Vollständigkeit erwartet werden kann. Folglich wird auch die Abstraktion und Kombination aus den bekannten Fällen auf eine neue Einsicht im einzelnen völlig unvorhersehbar sein.

Der Erfolg der schöpferischen Lösung beruht vielmehr darauf, das Suchfeld des Zufalls möglichst einzuengen. In der bewußten Reflexion beruht er nun wiederum darauf, vom Nichtbewährten, also Unsinnigen und Zwecklosen, möglichst viel auszuschließen, aber im verbleibenden, eingeengten Suchfeld der möglichen Lösung, dem Zufall schöpferischer Abstraktion und Kombinatorik weiteste Freiheit zu lassen. Dies ist des Denkers freie Disponibilität; eine Freiheit von Vorurteilen, Denkzwängen und Festlegungen durch die wissenschaftlichen und alle sonstigen Paradigmen seiner Kultur.

Auch hier also noch immer jener Antagonismus von schöpferischer Freiheit und begrenzender Gesetzlichkeit. Zufallssuche ohne Grenze hat keine Chance auf Erfolg. Gesetzlichkeit ohne Freiheit kann Neues nie entwickeln.

Solcherlei Gesetzlichkeit kann in einer Kultur auch in geradezu beliebigen Konventionen bestehen, so unerklärlich, ja widersprüchlich diese sein mögen. Meine Töchter beispielsweise sind wechselweise unter europäischen und amerikanischen Konventionen aufgewachsen. Und nachdem erlernt war, in Österreich beide Hände auf dem Tisch zu haben, mußte in den USA durchgesetzt werden, die linke Hand auf dem linken Knie zu belassen. Das gab bei Tisch oft Anlaß, den amerikanischen Freunden die österreichische Konvention begründen zu sollen. Und das einzige Argument, das einleuchtete, bestand in der Überlegung, daß man in Europa befürchten müsse, daß sich eine Hand unter dem Tisch auch sogleich auf dem Knie der Nachbarin finden würde.

Konventionen, wie unbegründbar auch manche sein mögen, bedeuten aber dennoch mit ihrer Freiheitsbeschränkung eine Entscheidungshilfe. Man braucht sich nicht auf beliebige Versuche einzulassen, wie etwa eine Dame zu begrüßen sei. Man nutzt die Voraussicht auf die wiewohl freiheitsberaubende Konvention seines Gegenübers, um zu vermeiden, Befremden oder Entsetzen auszulösen. Eben weil die Begrüßung seinem Fremdsein begegnen sollte.

Tatsächlich wäre ein Mensch ohne Kenntnis all jener freiheitsberaubenden sogenannten Selbstverständlichkeit der völligen Ratlosigkeit preisgegeben. Er müßte sich, bar jener Entscheidungshilfen, hinsichtlich jeglichen Urteils und auch der geringsten Handlung in fortgesetzte Grübeleien und beliebige, daher fast immer frustrierende Experimente mit seinen Mitmenschen einlassen. Ein Mensch ohne konventionelle Einstellungen fühlte sich verloren.

Dies führt zu der so vertrauten wie merkwürdigen Einsicht, daß eine Freiheit ohne Grenzen gar nicht als Freiheit erlebt wird. Anstelle eines Hochgefühls oder Lustbetontseins würden sich Unsicherheit und Verwirrung, unter Zeit- und Situationsdruck sogar Panik einstellen. Freiheitserlebnisse stellen sich erst unter Begrenzungen ein. Dann, wenn vieles an Entscheidungen, jener etwa, die unter solchen Umständen als selbstverständlich erscheinen, durch die Situation und die Gruppe schon vorausentschieden erscheint.

In diesem Sinn wirkt Freiheit der Entscheidung wie ein Volumen; wie ein uns vorgegebenes menschliches Maß, das, wird es seitlich nicht begrenzt, in beunruhigende Breite zu zerfließen droht, mit zunehmender Begrenzung aber sich zu eindrucksvoller Höhe türmt. Es mag sich um das Gefühl handeln, von nicht zu vielem Entscheidungsdruck befreit, frei entscheiden zu können; eben um die bekannte Ambivalenz.

Die Physik und die Soziologie der Freiheit

So, wie ich das Phänomen der Freiheit aus evolutiver Sicht zu entwikkeln hatte, war zunächst nur von schöpferischer Freiheit die Rede, im Anschluß daran von der Wirkung der Eingrenzung jener schöpferischen Freiheit des Zufalls, die ihr erst den Erfolg sichert. Sie ist es aber, die wir als die Ursache erhöhter Trefferchance verstehen und die sich gleichzeitig als die Vorbedingung unseres Freiheitserlebnisses erfahrbar macht.

Dieses Nacheinander meiner Darstellung hat aber eher didaktische als sachliche Gründe. Das Prinzip von Zufallschance und Zufallseingrenzung durchzieht alle Evolution: Es herrscht auch schon in der kosmischen. Nur hat es in unserer Sprechweise, die immer den Verdacht zuläßt, in Analogien und bloßen Parabeln zu vergleichen, keinen Sinn, bei der Evolution einer Sonne beispielsweise von Freiheitsbeschränkungen zu reden. Erst in der Evolution biologischer Systeme beginnt das Phänomen unseren Erlebnisinhalten näher zu kommen. Und wirklich mitvollziehbar wird es dann im Ablauf der assoziativen Auseinandersetzungen des Lebendigen mit seiner Welt, wie dies vom bedingten Reflex bis zu unseren bewußten Assoziationen führt. Das Prinzip jedoch ist stets dasselbe.

Nun hat man schon öfter in unserer Geistesgeschichte ein durchgehendes Prinzip der Freiheit vermutet. Die Determinismus-Indeterminismus-Debatte vor allem dreht sich um diesen Gegenstand. Sie hat aber alternative Lösungen gesucht. Daß es sich um ein Wechselspiel von schöpferischer Freiheit und ihrer Eingrenzung zur Hebung von Freiheitschancen und Freiheitserlebnis handelt, ist nicht bedacht worden. Dies folgt erst aus der Perspektive der Evolution.

So kommt es, daß noch der Physiker PASCUAL JORDAN den Versuch machte, die Entscheidungsfreiheit des Menschen als Scheinproblem auf die Freiheit des Zufalls zurückzuführen. Und da sein Ansatz auch von meinem Standpunkt aus so richtig ist wie seine Konsequenz ein Irrtum, ist der Zusammenhang für uns von Interesse.

Entscheidungen, die wir treffen, sind gewiß das Resultat unserer verrechnenden Nervenbahnen im Gehirn. Milliarden (10^9) Nervenzellen werden schon bei bescheidenen Lösungsversuchen durchflutet (über 10^{11} solcher Zellen enthält unser Gehirn). Vom ›Feuern‹ einer jeden dieser Zellen mag die letzte Entscheidung für eine Handlung abhängen. Ob nun eine Nervenzelle eine Erregung weitergibt oder nicht, hängt von der Spannung ihrer chemischen Verbindungen an ihren Schaltstellen, einer ihrer Synapsen, ab. Also von der Anzahl der dort auftretenden Moleküle und deren Ladung, dem Anregungszustand der Elektronen, welche die Atomkerne umkreisen. Letzten Endes wird der Anregungszustand des letzten Elektrons des letzten Transmitter- oder Übertragungsmoleküls der letzten Synapse der letzten der 10^9 Nervenzellen die Endursache einer unserer Entscheidungen sein. Das ist wohl richtig.

Nun aber zu meinen, daß sich die Freiheit unserer Entscheidung auf den physikalischen Zufall zurückführen ließe, das ist ein Irrtum. Zwar ist es richtig, daß jener Anregungszustand jenes letzten Elektrons Quantensprüngen unterliegen wird und auf diese Weise gewiß der physikalische Zufall an der Entscheidung beteiligt sein kann. Es ist bei der Mitwirkung von Milliarden Elektronen der beteiligten Transmittersubstanzen mal der Milliarden beteiligter Nervenzellen sogar wahrscheinlich, daß der physikalische Zufall beteiligt sein wird. Aber hier handelt es sich um das, was wir als das Phänomen der schöpferischen Freiheit kennengelernt haben. Und keineswegs um die Eingrenzung derselben durch Gesetze, die wir uns selber auferlegen. Und erst diese entspräche jener Selektion, die wir unter den Möglichkeiten unseres Handelns treffen und erst dann als Willensfreiheit im Sinne einer moralischen Entscheidung erleben.

Auf den Irrtum PASCUAL JORDANS hat schon BERNHARD HASSEN-

STEIN aufmerksam gemacht. Ein amüsantes Gedicht von ihm machte seinerzeit die Runde in der Schule von ERICH VON HOLST und KONRAD LORENZ, und ich will es hier anschließen.

Ein Wirkungsquant fliegt durch das Dorf,
es sucht das Hirn des Herrn von Korf.

Es findet dort in dem Gewühl
ein ganz bestimmtes Molekül.

Von Korf ist grad in schwerer Not:
»Ess' Wurst- ich oder Käsebrot?«

Das Quant, das wirft sich in die Brust:
»Du glaubst, du willst! Allein: Du mußt!

Nie kannst die Freiheit du erringen.
Doch ich bin frei und kann dich zwingen!«

Elektron »9« sprach: »Spring mich doch!«
Das Quant: »Ich überleg' mir's noch.«

Dann hat durch es Elektron »8«
'nen akausalen Sprung gemacht.

Von Korf nahm daraufhin spontan
die Wurst und fing zu essen an

und nahm die Sache ganz im stillen
dann als Beweis für freien Willen.

Dem Quant hat das den Rest gegeben:
frei-willig schied es aus dem Leben.

Es wäre ja auch wohl die absurdeste Form des Determinismus, durch den physikalischen Zufall seiner Freiheit beraubt zu sein. Die Einschränkung unserer Disponibilität zu unübersehbar vielen uns möglichen Urteilen, Entscheidungen und Handlungen, wie es sich für unser Freiheitserlebnis als erforderlich erweist, hat ganz andere Gründe. Sie ist in den Gesetzen begründet, die uns das Zusammenleben von Menschen auferlegen; letztlich aus den einschränkenden Entscheidungshilfen einer jeden Kultur.

Und dies führt über jenen Antagonismus der schöpferischen Freiheiten und den Freiheitsbereich, in dem entschieden werden muß, zu einem scheinbaren Paradoxon; daß wir nämlich unter dem Eindruck unübersehbarer Entscheidungsaufgaben nicht Freiheit, sondern Ratlosigkeit empfinden; daß hingegen das Freiheitsgefühl in dem Maße wächst, in dem uns Urteile und Entscheidungen abgenommen werden, wenn sie uns als selbstverständliche Einstellungen, als Produkte eigener Lösungsfindung erscheinen, wie auch immer sie sich allesamt als übernommene, adoptierte Produkte sogenannter sozialer Wahrheiten und Selbstverständlichkeiten erweisen.

Dieser Antagonismus führt dann auch zu jenem Paradoxon, daß sich in der Gruppe das höchste (tiefste) Freiheitserlebnis dort einstellt, wo die Unterwerfung unter den engsten Freiheitsraum, den eine Sozietät vorschreibt, als selbstverständlich erlebt wird. Das gespenstische, ja bedrohliche Bild, das Individuen solch maximalen Freiheitsausdruckes bieten, ist wohl nur unseren großen Dichtern darstellbar. Aber man wird sich das Bild mit einiger Lebenserfahrung selber bilden können, wenn man sich daran erinnert, daß es aus den Augen der Begeisterung, sei es der Hitler-Jungen, sei es der Mao-Brigaden, herausgeleuchtet hat.

Es ist das kopflose »Hurra!« hinter der Fahne. Und es ist eines der zu fürchtendsten Grenzgebiete der Freiheit. Der völligen, aufgezwungenen Freiheitsberaubung entgegengesetzt, ist es eine weitere Grenze der Humanität.

Die Freiheit der moralischen Entscheidung

Zwischen der Herausforderung durch den Ideenreichtum, die Disposition zu unabsehbaren und unvorhersehbaren Einfällen unserer schöpferischen Phantasie, und der Eingrenzung durch die uns aufgezwungenen sowie die von uns als vermeintliche Selbstverständlichkeiten adoptierten Freiheitsberaubungen, liegt jenes Gebiet »der Freiheit, die wir meinen«.

Und auch dieses Freiheitsproblem ist kein Scheinproblem. Vielmehr handelt es sich um Grenzziehungen gegenüber dem uns im Prinzip Möglichen, die wir selber treffen. Also um jene Entscheidungen, für die wir folglich auch persönlich zur Verantwortung gezogen werden können. Es handelt sich um eine Herein- oder Vorwegnahme der Gesetzlichkeit unseres kulturellen Milieus. Und in diesem Sinne entspricht es wieder dem allgemeinen Prinzip, den Auswahlbedingungen des Obersystems, das über die Erhaltungsbedingungen seiner Teile entscheidet.

Überzeugend ist diese freiwillige Auflage bekanntlich in KANTS ›kategorischem Imperativ‹ formuliert: »Handle so, daß die Maxime deines Willens jederzeit zugleich als Prinzip einer allgemeinen Gesetzgebung gelten könnte.« Was hier in der »Kritik der praktischen Vernunft« (1788, § 7) dargelegt ist, faßt den Wechselbezug von Rechtsetzung, Rechtsbegründung und Rechtsdurchsetzung. Diesem sind wir zwar unterworfen, wir sind aber auch stets ein, wenn auch beliebig bescheidener, schöpferischer und nie völlig determinierter Teil seiner Entwicklung. Oder wir sollten dies jedenfalls sein.

Man hat zu wenig darauf geachtet, woher das Recht und die Moral wohl kämen; woher der Souverän das Recht nähme, Recht zu setzen. Ist der überzeugendste Führer nicht stets der, der die Gesetze seiner Gruppe am sklavischsten befolgt? Kurz, wir sind ebenso beteiligt an der Entwicklung und am Wandel von Moral und Rechtsgefühl, wie wir uns einer Rechts- und Moralordnung füglich unterwerfen.

Es geht um die Entwicklung und Verantwortung eines kollektiven Kultur- und Lebensgefühles, das aus dem Ganzen auf den einzelnen ebenso wirkt, wie es von uns allen einzelnen auch für das Ganze vertreten werden muß. Es hat somit Wurzeln, die zunächst bis in die Anfänge unserer Sozietäten reichen.

Und auch diese einfachsten, gesetzlichen Einschränkungen, wie sie wechselweise zum Schutz des Individuums und seiner Sozietät aus beider Ursachen entstanden sind, haben Vorläufer im sogenannten moral-analogen Verhalten unserer vormenschlichen Vorfahren. Zwar werden sie verdächtigt, nur nach den Maßgaben ihrer »egoistischen Gene« zu handeln; wenn beispielsweise die alten Paviane ihr Leben aufs Spiel setzen, um ihre Gruppe zu retten. Aber auch dies ist dann ein Langzeit- und Gruppenegoismus, der beansprucht werden muß, um den Kurzzeit-Altruismus des einzelnen als egoistisch zu begründen. Dasselbe bei den Wächter-Vögeln, die ihre Haut für die Artinteressen riskieren.

Noch deutlicher zeigen die Phänomene des reziproken Altruismus, daß es auch genetisch erlernte Nutzenabschätzungen gibt; indem etwa der Putzerfisch im Maul des geputzten, großen Fisches von diesem eben nicht geschluckt wird. Aber am deutlichsten macht uns das Übergangsfeld zur Ökologie klar, daß die Nutzenabschätzung in das ganze Lebenssystem einer Art hineingreift, weil die Interessen der Nachbarn sich naturgemäß mit den eigenen verflechten.

Man denke nur an die Wiesengräser, die sich als Wiese erhalten, weil sie keine Bitterstoffe *(repellents)* eingebaut haben, die das Abweiden verhinderten. Im Gegenteil, sie bedürfen des Weideviehs, um kurzgeschoren und gedüngt zu werden. Sie leben so egoistisch für sich wie altruistisch für das Vieh. Niemand lebt für sich allein. Leben und Lernen ist dasselbe und beides ein Wechselbezug zwischen der Kreatur und ihrem physischen, biologischen, sozialen und zuletzt kulturellen Milieu.

Uns Menschen unterscheidet von jener Wahrnehmung des Milieus vor allem das hell gewordene Bewußtsein. Wir haben die Einschränkungen, die zu setzen uns das Leben abverlangt, selbst abzuwägen und folglich zu verantworten. Man mag es Egoismus nennen, wenn wir den Wald schützen, um unseren Kindern eine gesunde und schöne Welt zu sichern. Dies mag ein Altruismus sein hinsichtlich der Kurzzeit-Verzichte, die wir in Kauf nehmen, sowie hinsichtlich der Langzeit-Erhaltung mancher Baumarten. Es mag Langzeit-Egoismus sein, wenn wir mit einer moralischen Entscheidung einem fernen Ziel der Familie, der Nation, der Humanität dienen, und enthält doch einen Altruismus, dem ein ganzes Leben gewidmet sein kann.

Unsere moralische Freiheit enthält eine Eingrenzung unserer schöpferischen Freiheit. Und diese Eingrenzung nimmt wieder Gesetze wahr – nun Gesetze unserer kulturellen Ideale. Sie ist wieder eine Nutzenabschätzung, nun auch des Nutzens einer humanen Kultur, in der Hoffnung auf ein humanes und kulturelles Leben jeder einzelnen wie aller Kreaturen. Und da diese, wie wir hoffen, allmählich human werdende Kultur ein Produkt all unserer schöpferischen Freiheit ist wie auch der Nutzen, den wir in ihr so verschieden mitgeschaffen haben, wie wir ihn verschieden schätzen, sind wir auch frei wie verantwortlich dafür, wie wir diese Freiheiten im einzelnen wägen.

Die Freiheit, evolutiv gesehen, ist also zunächst eine schöpferische Freiheit, die das Schöpferische des Zufalls nicht entbehren kann. Aber ihre Trefferchancen wachsen mit ihrer stets nachgeregelten Eingrenzung. Diese besteht aus dem Wachsen von Gesetzlichkeit zunächst anorganischer, dann biologischer, zuletzt sozialer und kultureller Ordnung. Eine Gesetzlichkeit, die als Erhaltungs-, Überlebens- und Kulturbedingung dem jeweiligen Milieu entnommen ist.

So erleben auch wir zweierlei Freiheit. Eine schöpferische, in der jede Eingrenzung ein Hindernis bedeutet, und ihr gegenüber die Auflage, jene selbst einzugrenzen, um den Gesetzen unserer Kultur zu entsprechen. Und wir sind auch in dieser moralischen Entscheidung frei. Auch wenn es sich um eine Nutzenabschätzung handeln mag. Und zwar frei aus zwei Gründen: einmal, weil wir im Netzwerk der Lang- und Kurzzeit-Folgen immer nur ein Teil sind, auf den alles, was geschieht, zurückwirkt, und die Gründe unübersehbar wurden, die gegeneinander abzuwägen sind. Ein andermal, weil wir mit unserer schöpferischen Freiheit, zu welch bescheidenem Anteil auch immer, diese Kultur mitgeformt haben, und weil daher unsere Kreationen von dieser Kultur ebenso gewogen werden, wie wir sie wägen.

Literaturverzeichnis

ACKERMANN, G., 1984: Diskrimination von Zufall und Gesetz. Diss. Wien.

ALBERT, H., 1968: Traktat über kritische Vernunft. Mohr, Tübingen.

ASHBY, W., 1952: Design for a brain. Wiley & Sons, New York.

AVENARIUS, R., ^{3}1912: Kritik der reinen Erfahrung. Reisland, Leipzig.

BARTEL, K., 1986: Evolution, Mensch, Technik. Perspektiven für das nächste Jahrzehnt. Orac, Wien.

BERGER, P., und T. LUCKMANN, 1969: Die soziale Konstruktion der Wirklichkeit. Eine Theorie der Wissenssoziologie. Fischer, Frankfurt/Main.

BERTALANFFY, L. v., 1968: General Systems Theory. Foundation, development, application. Braziller, New York.

BOECKH, A., ^{2}1962: Enzyklopädie und Methodenlehre der philologischen Wissenschaften. Neuausgabe 1977. Wissenschaftliche Buchgesellschaft, Darmstadt.

BÖHME, W. (Ed.), 1984: Freiheit in der Evolution. Herrenalber Texte 57.

BOLTZMANN, L., 1979: Populäre Schriften. Ausgewählt und eingeleitet von Engelbert Broda. Vieweg & Sohn, Braunschweig - Wiesbaden.

BRACKMANN, A., 1980: A delicate arrangement. The strange case of Charles Darwin and Alfred Russel Wallace. Times Books, New York.

BRECHT, B., 1965: Leben des Galilei. Schauspiel. Suhrkamp, Frankfurt.

BRODA, E., 1955: Ludwig Boltzmann. Mensch, Physiker, Philosoph. Deuticke, Wien.

BRUNSWIK, E., 1934: Wahrnehmung und Gegenstandswelt. Psychologie vom Gegenstand her. Deuticke, Wien - Leipzig.

BRUNSWIK, E., 1952: The conceptual framework of psychology. Chicago Univ. Press, Chicago.

BRUNSWIK, E., 1957: Scope and aspects of the cognitive problem. In: J. Bruner et al. (Eds.): Contemporary Approaches to cognition. Harvard Univ. Press., Cambridge.

CAMPBELL, D., 1966: Pattern matching as an essential in distal knowing. Holt, Rinehart and Winston, New York.

CHARGAFF, E., 1980: Das Feuer des Heraklit. Skizzen aus einem Leben vor der Natur. Klett Cotta, Stuttgart.

CHOMSKY, N., 1981: Sprache und Geist. Suhrkamp, Frankfurt/Main.

CHURCHMAN, C., 1981: Der Systemansatz und seine »Feinde«. Haupt, Bern - Stuttgart.

DANCOFF, S., und H. QUASTLER, 1953: The information content and Error rate of living things. In: H. Quastler (Ed.): Information theory in biology. Univ. Illinois Press, Urbana, p. 263–273.

DARWIN, CH. 1873: Das Variieren der Thiere und Pflanzen im Zustande der Domestikation (aus dem Englischen von J. Carus). 2 Bde. Schweizerbart, Stuttgart.

DESSAUER, F., 1958: Naturwissenschaftliches Erkennen. Knecht, Frankfurt/Main.

DILTHEY, W., 1933: Einleitung in die Geisteswissenschaften. Teubner, Stuttgart.

DITFURTH, H. v., 1976: Der Geist fiel nicht vom Himmel. Die Evolution unseres Bewußtseins. Hoffmann und Campe, Hamburg.

DITFURTH, H. v., 1983: Evolutionäres Weltbild und theologische Verkündigung. In: R. Riedl und F. Kreuzer (Eds.): Evolution und Menschenbild. Hoffmann und Campe, Hamburg.
DOBLHOFER, E., 1957: Zeichen und Wunder. Die Entzifferung verschollener Schriften und Sprachen. Neff, Wien - Berlin - Stuttgart.
DÖRNER, D., 1975: Wie Menschen die Welt verbessern wollten und sie dabei zerstörten. Bild der Wissenschaft, 1975 (2): 48–53.
DROYSEN, J., 1929: Briefwechsel. Herausgegeben von R. Hübner. 2 Bde. Deutsche Verlagsanstalt, Stuttgart - Berlin - Leipzig.

EDERER, R., 1982: Die Grenzen der Kunst. Eine kritische Analyse der Moderne. Böhlau, Wien - Graz - Köln.
EHALT, H., 1984: Geschichte von unten. Böhlau, Wien - Graz - Köln.
EIGEN, M., 1971: Selforganization of matter and the evolution of biological macromolecules. Naturwiss. *58:* 465–522.
ERLER, B., [8]1986: Die tödliche Hilfe. Bericht von meiner letzten Dienstreise in Sachen Entwicklungshilfe. Dreisam, Freiburg.

FENZL, A., und E. TAMBOUR, 1985: Kardinal König. Herold, Wien - München.
FOERSTER, H. v., 1960: On Self-Organizing Systems and their Environments. In: M. Yovits und S. Cameron (Eds.): Self-Organizing Systems. London, p. 31 ff.
FOPPA, K., [9]1975: Lernen, Gedächtnis, Verhalten. Kiepenheuer und Witsch, Köln -Berlin.

GALBRAITH, J., 1970: Die moderne Industriegesellschaft. Droemer-Knaur, München -Zürich.
GEHLEN, A., 1940: Der Mensch; seine Natur und seine Stellung in der Welt. Junker und Dünnhaupt, Berlin.
GEIGER, M., 1928: Zugänge zur Ästhetik. Der Neue Geist, Leipzig - Berlin.
GIPPER, H., 1972: Gibt es ein sprachliches Relativitätsprinzip. Untersuchungen zur Sapir-Whorf-Hypothese. S. Fischer, Stuttgart.
GOETHE, J. W. v., 1795: Morphologische Schriften. Böhlau, Weimar.

HAKEN, H., 1981: Erfolgsgeheimnis der Natur. Synergetik: Die Lehre vom Zusammenwirken. Deutsche Verlagsanstalt, Stuttgart.
HARTMANN, N., 1964: Der Aufbau der realen Welt. Grundriß einer allgemeinen Kategorienlehre. De Gruyter, Berlin.
HASSENSTEIN, B., 1979: Wie viele Körner ergeben einen Haufen? Bemerkungen zu einem uralten und zugleich aktuellen Verständigungsproblem. In: A. Peisl u. A. Mohler (Eds.): Der Mensch und seine Sprache. Propyläen, Ullstein, Frankfurt/ Main - Berlin - Wien, p. 219–242.
HASSENSTEIN, B., 1979a: Willensfreiheit und Verantwortlichkeit. Naturwissenschaftliche und juristische Aspekte. In: B. Hassenstein, M. Mohr, G. Osche, K. Sander und W. Wülker (Eds.): Freiburger Vorlesungen zur Biologie des Menschen. Quelle & Meyer, Heidelberg, p. 202–221.
HAYEK, F. v., [2]1979: Mißbrauch und Verfall der Vernunft. Ein Fragment. Neugebauer, Salzburg.
HEMLEBEN, J., 1964: Ernst Haeckel; in Selbstzeugnissen und Bilddokumenten. Rowohlt, Hamburg.
HEMLEBEN, J., 1968: Charles Darwin; in Selbstzeugnissen und Bilddokumenten. Rowohlt, Hamburg.

HEMPEL, C., und P. OPPENHEIM, 1948: Studies in the logic of explanation. Philosophy of Science *15:* 135–175.

HEUSS, TH., [2]1962: Anton Dohrn. Wunderlich, Tübingen.

HUME, D., 1748: Die Untersuchung über den menschlichen Verstand. Neuausgabe (1967). Reclam, Stuttgart.

JANIK, A., und S. TOULMIN, 1984: Wittgensteins Wien. Hanser, München - Wien.

JANTSCH, E., 1979: Die Selbstorganisation des Universums. Vom Urknall zum menschlichen Geist. Hanser, München - Wien.

JOHNSTON, W., 1980: Österreichische Kultur- und Geistesgeschichte. Gesellschaft und Ideen im Donauraum 1848–1938. Böhlau, Wien - Köln - Graz.

KLIX, F., [3]1976: Information und Verhalten. Kybernetische Aspekte der organischen Informationsverarbeitung. Einführung in naturwissenschaftliche Grundlagen der Allgemeinen Psychologie. Huber, Bern - Stuttgart - Wien.

KLIX, F., 1980: Erwachendes Denken. Eine Entwicklungsgeschichte der menschlichen Intelligenz. VEB Deutscher Verlag der Wissenschaften, Berlin.

KOCH, H., 1973: Der Sozialdarwinismus. Seine Genese und sein Einfluß auf das imperialistische Denken. Beck, München.

KOESTLER, A., 1972: Der Krötenküsser. Der Fall des Biologen Paul Kammerer. Molden, Wien - München - Zürich.

KREUZER, F., 1981: Die kranken Riesen. Krise des Zentralismus. Gespräch mit Leopold Kohr, Egon Matzner, Erhard Busek. Deuticke, Wien.

KREUZER, F. (Ed.), 1981: Ich bin – also denke ich. Die Evolutionäre Erkenntnistheorie. Franz Kreuzer im Gespräch mit Rupert Riedl und Engelbert Broda. Deuticke, Wien.

KÜHN, A., 1950: Anton Dohrn und die Zoologie seiner Zeit. Pubb. Staz. Zool. Napoli (Supplementband 1950).

KUHN, TH., [2]1976: Die Struktur wissenschaftlicher Revolutionen. Suhrkamp, Frankfurt/Main.

KULLMANN, W., 1979: Die Teleologie in der aristotelischen Biologie. Aristoteles als Zoologe, Embryologe und Genetiker. Sitzungsber. Heidelberger Akademie d. Wiss., Philos.-histor. Klasse, 2. Abhandlung: 6–72.

KULLMANN, W., 1982: Wesen und Bedeutung der »Zweckursache« bei Aristoteles. Berichte zur Wissenschaftsgeschichte *5:* 25–39.

LEAVIS, F., 1969: Zwei Kulturen? die ›Bedeutung‹ von C. P. Snow. In: H. Kreuzer (Ed.): Literarische und naturwissenschaftliche Intelligenz. Klett, Stuttgart, p. 34–45.

LENIN, W. I., [6]1960: Materialismus und Empiriokritizismus. Dietz, Berlin.

LENNEBERG, E., 1972: Die biologischen Grundlagen der Sprache. Suhrkamp, Frankfurt/Main.

LESKY, E., 1981: Meilensteine der Wiener Medizin. Maudrich, Wien - München - Berlin.

LOCKE, J., 1902: An essay concerning human understandig. In: J. St. John (Ed.): The philosophical work of John Locke. Vol. I. G. Bell & Sons, London.

LORENZ, K., 1941: Kants Lehre vom Apriorischen im Lichte gegenwärtiger Biologie. Blätter f. Dtsche. Philos. 15.

LORENZ, K., 1943: Die angeborenen Formen möglicher Erfahrung. Zeitschrift f. Tierpsychologie. *5:* 235–409.

LORENZ, K., 1965: Über tierisches und menschliches Verhalten. Aus dem Werdegang der Verhaltenslehre. Gesammelte Abhandlungen. Bde. I und II. Piper, München.
LORENZ, K., 1973: Die Rückseite des Spiegels. Versuch einer Naturgeschichte menschlichen Erkennens. Piper, München - Zürich.
LORENZ, K., 1978: Vergleichende Verhaltensforschung; Grundlagen der Ethologie. Springer, Wien - New York.
LORENZ, K., und F. M. WUKETITS (Eds.), 1983: Die Evolution des Denkens. Piper, München - Zürich.

MACH, E., 1886: Die Analyse der Empfindungen und das Verhältnis des Physischen zum Psychischen. Fischer, Jena.
MALIK, F., 1979: Die Managementlehre im Lichte der modernen Evolutionstheorie. In: Die Unternehmung, Nr. 4. Bern, p. 303 ff.
MANNONI, O., 1971: Sigmund Freud; in Selbstzeugnissen und Bilddokumenten. Rowohlt, Hamburg.
MARINELLI, W., 1962: Die Geschichte der Zoologie in Wien. Verhandlungen der Deutschen Zoologischen Gesellschaft in Wien 1962. Akademische Verlagsgesellschaft Geest & Portig K. G., Leipzig.
MARR, D., 1982: Vision; A computational investigation into the human representation and processing of visual information. Freemann, San Francisco.
MATURANA, H., und F. VARELA, 1980: Autopoiesis and Cognition. Dordrecht, Boston.
MOHR, H., 1981: Biologische Erkenntnis, ihre Entstehung und Bedeutung. Teubner, Stuttgart.
MONOD, J., 1971: Zufall und Notwendigkeit. Philosphische Fragen der modernen Biologie. Piper, München - Zürich.

OESER, E., 1976: Wissenschaft und Information. Systematische Grundlagen einer Theorie der Wissenschaftsentwicklung (3 Bde.). Oldenbourg, Wien - München.

PIAGET, J., 1973: Einführung in die genetische Erkenntnistheorie. Suhrkamp, Frankfurt.
PIAGET, J., 1975: Der Aufbau der Wirklichkeit beim Kinde. Gesammelte Werke, Band 2. Klett, Stuttgart.
PIAGET, J., [3]1983: Biologie und Erkenntnis. Über die Beziehungen zwischen organischen Regulationen und kognitiven Prozessen. S. Fischer, Frankfurt/Main.
PITTENDRIGH, C., 1958: Adaptation, natural selection and behaviour. In: A. Roe und G. Simpson (Eds.): Behaviour and Evolution. Yale Univ. Press. Yale, p. 390–416.
POPPER, K., [5]1973: Logik der Forschung. Mohr (Siebeck), Tübingen.
POPPER, K., 1973a: Objektive Erkenntnis. Ein evolutionärer Entwurf. Hoffmann und Campe, Hamburg.
PLATE, L., 1925: Die Abstammungslehre. Tatsachen, Theorien, Einwände und Folgerungen in kurzer Darstellung. G. Fischer, Jena.
PRIGOGINE, I., 1955: Introduction to thermodynamics of irreversible process. Thomas, Springfield.
PRIGOGINE, I., 1979: Vom Sein zum Werden. Zeit und Komplexität in den Naturwissenschaften. Piper, München - Zürich.
PROBST, G., 1981: Kybernetische Gesetzeshypothesen als Basis für Gestaltungs- und Lenkungsregeln im Management. Haupt, Bern - Stuttgart.
PROBST, G., und H. SIEGWART, 1985: Integriertes Management. Bausteine des system-

orientierten Managements. Festschrift zum 65. Geburtstag von Prof. Dr. Dr. h. c. Hans Ulrich. Haupt, Bern - Stuttgart.

REMANE, A., [2]1971: Grundlagen des natürlichen Systems der vergleichenden Anatomie und der Phylogenetik. Koeltz, Königstein/Taunus.

RIEDL, R., 1975: Die Ordnung des Lebendigen. Systembedingungen der Evolution. Parey, Hamburg - Berlin.

RIEDL, R., 1976: Die Strategie der Genesis. Naturgeschichte der realen Welt. Piper, München - Zürich.

RIEDL, R., 1977: A systems-analytical approach to macro-evolutionary phenomena. The Quarterly Review of Biology *52:* 351–370.

RIEDL, R., 1978/79: Über die Biologie des Ursachen-Denkens. Ein evolutionistischer, systemtheoretischer Versuch. In: H. v. Ditfurth (Ed.): Mannheimer Forum 78/79, p. 9–70.

RIEDL, R., 1980: Die Entwicklung des Begriffs vom taxonomischen Merkmal und das Problem der Morphologie. Zool. Jahrb. Systematik *103:* 155–168.

RIEDL, R., 1980a: Homologien; ihre Gründe und Erkenntnisgründe. Verh. Deutsch. Zool. Ges., G. Fischer, Berlin - Stuttgart - New York, p. 164–176.

RIEDL, R., [3]1981: Biologie der Erkenntnis. Die stammesgeschichtlichen Grundlagen der Vernunft. Parey, Berlin - Hamburg.

RIEDL, R., 1981a: Die Folgen des Ursachendenkens. In: P. Watzlawick (Ed.): Die erfundene Wirklichkeit. Wie wissen wir, was wir zu wissen glauben? Beiträge zum Konstruktivismus. Piper, München, p. 67–90.

RIEDL, R., 1983: Evolution und Erkenntnis. Piper, München - Zürich.

RIEDL, R., 1985: Die Spaltung des Weltbildes. Biologische Grundlagen des Erklärens und Verstehens. Parey, Berlin - Hamburg.

RIEDL, R., 1986: Begriff und Welt. Biologische Grundlagen des Erkennens und Begreifens. Parey, Berlin - Hamburg.

RIEDL, R., und F. KREUZER (Eds.), 1983: Evolution und Menschenbild. Hoffmann und Campe, Hamburg.

RIEDL, R., und F. M. WUKETITS (Eds.), 1987: Die Evolutionäre Erkenntnistheorie; Bedingungen, Lösungen, Kontroversen. Parey, Berlin - Hamburg.

SCHATZ, O. (Ed.), 1981: Brauchen wir eine andere Wissenschaft? Salzburger Humanismusgespräche. Styria, Graz - Wien - Köln.

SCHRÖDINGER, E., 1977: Was ist Leben. Leo Lehn, München.

SCHUHMACHER, E., [7]1976: Small is beautiful. A study of economics as if people mattered. Abacus, London.

SCHWABL, H., 1958: Weltschöpfung. In: Paulys Realencyklopädie der classischen Altertumswissenschaften. Suppl. Bd. 9. Druckenmüller, Stuttgart, p. 1–142.

SHANNON, C., und W. WEAVER, 1949: The mathematical theory of communication. Univ. Illinois Press, Urbana.

SIMON, H., 1962: The architecture of complexity. Proc. Am. Philos. Soc. *106* (6): 467–482.

SMITH, M., R. BURIAN, S. KAUFFMAN, P. ALBRECH, J. CAMPBELL, B. GOODWIN, R. LANDE, D. RAUP und L. WOLPERT, 1985: Developmental constraints and evolution. The Quarterly Rev. of Biol. *60* (3): 265–287.

SNOW, C., 1967: Die zwei Kulturen. Klett, Stuttgart.

SPAULDING, E., 1968: The quiet invadors. The story of the Austrian impact upon America. Österr. Bundesverlag, Wien, und Ungar Publ. Co., New York.

STEGMÜLLER, W., 1974: Der sogenannte Zirkel des Verstehens. In: K. Hübner und A. Henne (Eds.): Natur und Geschichte. Rowohlt, Hamburg, p. 21–46.
STENT, G. 1981: Cerebral hermeneutics. J. Social. Biol. Struct. *4:* 107–124.

TEILHARD DE CHARDIN, P., 1959: Der Mensch im Kosmos. Beck, München.
THOMPSON, D., 1942: Growth and form. Cambridge Univ. Press., Cambridge.
TRILLING, L., 1969: Naturwissenschaft, Literatur und Kultur. Eine Stellungnahme zur Leavis-Snow-Kontroverse. In: H. Kreuzer (Ed.): Literarische und naturwissenschaftliche Intelligenz. Klett, Stuttgart, p. 47–63.

ULRICH, H., 1972: Systemorientiertes Management. Management: Intuition oder Information? Separatdruck Univac 1972.
ULRICH, H., 1981: Die Betriebswirtschaftslehre als anwendungsorientierte Sozialwissenschaft. In: M. Geist und R. Köhler (Eds.): Die Führung des Betriebes. Poeschel, Stuttgart, p. 1–25.
ULRICH, H., und G. PROBST, 1984: Self-Organization and management of sozial systems. Insights, promises, doubts and questions. Springer, Berlin - Heidelberg - New York - Tokyo.

VAIHINGER, H., ^{4}1920: Die Philosophie des Als-Ob. Meiner, Leipzig.
VARELA, F., 1979: Principles of Biological Autonomy. Elsevier, New York.

WADDINGTON, C., 1957: The strategy of the genes. Allen and Unwin, London.
WAGNER, G. P., 1984: The logical Basis of Evolutionary Epistemology. In: F. M. Wuketits (Ed.): Concepts and Approaches in Evolutionary Epistemology. D. Reidel Publ. Comp., Dordrecht - Boston - Lancaster, p. 285–307.
WALLACE, A., 1891: Der Darwinismus. Eine Darlegung der Lehre von der natürlichen Zuchtwahl und einiger ihrer Anwendungen. Vieweg, Braunschweig.
WATZLAWICK, P., 1976: Wie wirklich ist die Wirklichkeit? Wahn, Täuschung, Verstehen, Piper, Zürich - München.
WEINBERG, J., 1977: Die ersten drei Minuten. Der Ursprung des Universums. Piper, München - Zürich.
WEISMANN, A., 1902: Vorlesungen über Deszendenztheorie. 2 Bde. Fischer, Jena.
WEISS, P., 1970: Life, order and understanding. A theme in 3 variations. The graduate Journal, University of Texas, Austin.
WEISS, P. (Ed.), 1971: Hierarchically organized systems in theory and practice. Hafner, New York.
WEIZSÄCKER, C. F. v., ^{3}1977: Der Garten des Menschlichen. Beiträge zur geschichtlichen Anthropologie. Hanser, München - Wien.
WEIZSÄCKER, C. F. v., ^{3}1982: Die Einheit der Natur. DTV, München.
WENDT, H., ^{2}1953: Ich suchte Adam; Roman einer Wissenschaft. Grote, Hamm (Westf.).
WHORF, B., ^{2}1976: Sprache, Denken, Wirklichkeit. Beiträge zur Metalinguistik und Sprachphilosophie. Rowohlt, Reinbek/Hamburg.
WRIGHT, G. v., 1974: Erklären und Verstehen. Fischer Athenäum TB, Frankfurt.

Namensregister

Sachregister

Rupert Riedl

Evolution und Erkenntnis

Antworten auf Fragen aus unserer Zeit
3. Aufl., 16. Tsd. 1987. 360 Seiten. Serie Piper 378
Zu den herausragenden Entwicklungen der Naturwissenschaft in unserem Jahrhundert gehört die Umwälzung in der Biologie, der man den Rang einer »kopernikanischen Wende« zugesteht. Sie ist vom Wandel der Theorien von Evolution und Erkenntnis geprägt.
Der Wiener Biologe Rupert Riedl ist an der neuen evolutionären Erkenntnislehre maßgeblich beteiligt und hat in seinen erfolgreichen Büchern vielfältige Denkanstöße vermittelt. In »Evolution und Erkenntnis« entwickelt und vertieft er seine gegenüber dem Darwinismus erweiterte Evolutionstheorie: Die Gesetze des natürlichen Werdens und die unserer Erkenntnis erweisen sich als identisch.

Vom gleichen Autor liegt vor:

Die Strategie der Genesis

Naturgeschichte der realen Welt
6. Aufl., 24. Tsd. 1986. 381 Seiten mit 106 Zeichnungen. Serie Piper 290
Rupert Riedl ist an der mittlerweile weithin anerkannten evolutionären Erkenntnistheorie maßgeblich beteiligt. Ihre wichtigste und revolutionärste These: Denken ist eine Konsequenz des Lebendigen, Logik und Vernunft sind nicht die Grundlage, sondern die Folge des Denkens.

». . . auffallend ist die Selbstverständlichkeit der Erhellung von Zusammenhängen, die noch vor kurzem jedem Erklärungsversuch trotzten . . . Das ganze Gebäude strebt dem Rang einer ›abgeschlossenen Theorie‹ entgegen . . .«
Die Weltwoche

PIPER

Konrad Lorenz

Der Abbau des Menschlichen
4. Aufl., 126. Tsd. 1986. 294 Seiten. Serie Piper 489

Die acht Todsünden der zivilisierten Menschheit
17. Aufl., 414 Tsd. 1984. 112 Seiten. Serie Piper 50

Er redete mit dem Vieh, den Vögeln und den Fischen
1985. 215 Seiten mit 104 Zeichnungen des Verfassers. Geb.

Die Rückseite des Spiegels
Versuch einer Naturgeschichte menschlichen Erkennens. 4. Aufl., 105. Tsd. 1983. 353 Seiten. Geb.

So kam der Mensch auf den Hund
1986. 187 Seiten mit 110 Zeichnungen des Verfassers. Geb.

Das sogenannte Böse
Zur Naturgeschichte der Aggression. 1984. 317 Seiten. Geb.

Über tierisches und menschliches Verhalten
Aus dem Werdegang der Verhaltenslehre. Gesammelte Abhandlungen
Bd. I: 18. Aufl., 153. Tsd. 1984. 412 Seiten mit 5 Abb. Serie Piper 360
Bd. II: 13. Aufl., 113. Tsd. 1984. 398 Seiten mit 63 Abb. Serie Piper 361

Das Wirkungsgefüge der Natur und das Schicksal des Menschen
Gesammelte Arbeiten. Herausgegeben und eingeleitet von Irenäus Eibl-Eibesfeldt. 368 Seiten mit 23 Abb. Serie Piper 309

Die Evolution des Denkens
Herausgegeben von Konrad Lorenz und Franz M. Wuketis. 2. Aufl., 6. Tsd. 1984. 393 Seiten. Kart.

Konrad Lorenz/Franz Kreuzer
Leben ist Lernen
Von Immanuel Kant zu Konrad Lorenz. Ein Gespräch über das Lebenswerk des Nobelpreisträgers. 2. Aufl., 10. Tsd. 1983. 103 Seiten mit 1 Abb. Serie Piper 223

Karl R. Popper/Konrad Lorenz
Die Zukunft ist offen
Das Altenberger Gespräch. Mit den Texten des Wiener Popper-Symposiums. Hrsg. von Franz Kreuzer. 2. Aufl., 18. Tsd. 1985. 143 Seiten. Serie Piper 340

Irenäus Eibl-Eibesfeldt

Die Biologie des menschlichen Verhaltens

Grundriß der Humanethologie
2., überarb. Aufl., 9. Tsd. 1986. 998 Seiten mit rund 1000 Abb. Leinen in Schuber.
Der Begründer der Humanethologie legt die erste umfassende Darstellung der Biologie menschlichen Verhaltens vor.
Aus dem Inhalt: Die ethologischen Grundkonzepte – Sozialverhalten – das innerartliche Feindverhalten: Aggression und Krieg – Kommunikation – Die Entwicklung der zwischenmenschlichen Beziehungen – Der Mensch und sein Lebensraum: Ökologische Betrachtungen – Das Schöne und das Wahre – Das Gute: Der Beitrag der Biologie zu Wertlehre

Galápagos

Die Arche Noah im Pazifik
7., überarb. Neuaufl., 42. Tsd. 1984. 413 Seiten mit 239 farbigen und schwarzweißen Abb. Geb.

Grundriß der vergleichenden Verhaltensforschung – Ethologie

7., überarb. und erweiterte Aufl., 36. Tsd. 1987. 929 Seiten mit 443 Zeichnungen, Fotos, Bildfolgen und 12 Farbtafeln. Leinen in Schuber

Krieg und Frieden

aus der Sicht der Verhaltensforschung
2., überarb. Aufl., 25. Tsd. 1984. 329 Seiten mit Abb. Serie Piper 329

Liebe und Haß

Zur Naturgeschichte elementarer Verhaltensweisen
12. Aufl., 87. Tsd. 1985. 293 Seiten. Serie Piper 113

Die Malediven

Paradies im Indischen Ozean
3. Aufl., 11. Tsd. 1987. 324 Seiten mit 190 meist farbigen Abb. Geb.

PIPER